海南岛可饲料化资源利用与加工技术

吕仁龙　李茂　刘一明　主编

中国原子能出版社

图书在版编目（CIP）数据

海南岛可饲料化资源利用与加工技术 / 吕仁龙，李茂，刘一明主编. --北京：中国原子能出版社，2024.4

ISBN 978-7-5221-3365-2

Ⅰ. ①海… Ⅱ. ①吕… ②李… ③刘… Ⅲ. ①饲料加工–研究–海南 Ⅳ. ①S816.34

中国国家版本馆 CIP 数据核字（2024）第 080384 号

海南岛可饲料化资源利用与加工技术

出版发行 中国原子能出版社（北京市海淀区阜成路 43 号 100048）
责任编辑 王 蕾
责任印制 赵 明
印 刷 河北宝昌佳彩印刷有限公司
经 销 全国新华书店
开 本 787 mm×1092 mm 1/16
印 张 16.5
字 数 245 千字
版 次 2024 年 4 月第 1 版 2024 年 4 月第 1 次印刷
书 号 ISBN 978-7-5221-3365-2 **定 价 86.00 元**

编 委 会

主　编：吕仁龙　李　茂　刘一明

副主编：周汉林　韩建成　张雨书

编　委：吴　群　冀凤杰　杨虎彪

　　　　张　洁　孙郁婷　张立冬

前 言

海南岛位于北纬 18° 到 20° 之间，属于热带季风气候，岛内物种资源丰富。大型牲畜养殖主要以海南黑山羊、海南小黄牛，以及海南地方猪为主。由于岛内夏季温度高、空气湿度大，难以制备干草，冬季温度低，禾本科牧草生长缓慢等多种因素，导致岛内面临严重粗饲料短缺问题。近年来，随着热带青贮技术提升，得到了一些缓解，但面临动物养殖数量的逐渐增加依然形势严峻。岛内可饲料化资源丰富，主饲料包括王草、全株玉米秸秆，副产物包括木薯茎叶、甘蔗尾叶、香蕉茎秆等。为弥补冬季饲料短缺，研究者们正试图开发其他副产物资源用于饲料加工，整合热带地区可饲化资源，通过青贮等方式，制作常年稳定供应的家畜饲料。

研究团队经过多年摸索和资源评价，结合国际上的饲料生产利用模式，以发酵型全混合日粮技术为核心，采用鲜草 + 干草 + 农林副产物 + 精饲料的配方设计模式，针对不同副产物特性及产量，设计不同发酵型全混合日粮配方，从而最大程度地利用农林副产物资源、降低饲料成本。发酵型全混合日粮产品添加多种促发酵益生菌，能有效改善适口性和消化率、提高动物生

长性能，且可长期储存，方便运输。

我国热带地区气候适宜、原料丰富、富含功能性物质植物较多，对动物机体代谢有良好的促进作用，研究团队开发热带地区植物资源，分别从原料、功能性提取物、促发酵剂等几个方面开展热带地区植物资源筛选与利用，希望未来按计划形成热带地区特有的“草、畜、农、林”一体化循环模式，完善副产物回收机制，加速农林副产物饲料化进程，建立完善海南自贸港特色循环家畜养殖体系。

吕仁龙

目　录

第 1 章　热带地区粗饲料

1.1　热带地区副产物资源

热带地区副产物资源丰富，无刺仙人掌、甘蔗渣、桃棕榈副产物、热带水果渣等均有较高的饲料利用率。无刺仙人掌有较大的干物质消化率和较高的水分利用率（Fábio et al.，2020），粗饲料中添加无刺仙人掌（112～637 g/kg）可提高干物质和粗蛋白的摄入量，提高羔羊的生产性能（Beltrão et al.，2021）；含尿素的仙人掌枝和甘蔗渣组成的粗饲料也具有较高的营养价值（Siqueira et al.，2019）；桃棕榈新鲜桃棕副产品中的中性洗涤纤维（NDF）平均含量为 723 g/kg，体外干物质（DM）消化率为 54.03%，无论是青贮料还是新鲜形式，都可以用于分娩期间的饮食（Dos et al.，2015；Ícaro et al.，2013）。菠萝副产物（青贮能量值高于玉米青贮）（Darley et al.，2013）、牛油果饼［NDF 518 g/kg DM、酸性洗涤纤维（ADF）393 g/kg DM、酸性洗涤木质素（ADL）258 g/kg DM 和酸性洗涤不溶性氮（ADIN）38 g/kg DM］（Nkosi et al.，2020）、香蕉茎（有良好的瘤胃降解性）（Walber et al.，2020）青贮均有良好效果。Júlio 等（2019）研究不同水果渣替代高粱青贮，发现嘌呤衍生物排泄、微生物效率、氮摄入量、氮损失（尿和粪）和氮平衡无差异（$P>0.05$），可用菠萝、香蕉、芒果和西番莲果渣替代部分高粱青贮饲料（75%）。将这些副产物作为原料应用到发醋型全混合日粮（FTMR）中，有很大的应用前景。

1.2 发酵型全混合日粮

FTMR 是通过机械搅拌，使粗饲料、精饲料以及必须矿物质等充分混合后，密封储存加工的日粮。它不仅能提供全面均衡的营养（张兴隆等，2002；贾玉山等，2020；秦娟娟等，2019；吕仁龙等，2019），还能拓展饲料资源，降低饲料成本；调节动物肠道内微生物情况，助于消化吸收；延长饲料保存时间，缓解粗饲料短缺问题（王涛等，2021）。热带地区由于夏季温度高，降雨量大，空气湿度大导致夏季过剩的牧草，无法制备干草，从而出现冬季饲料短缺的现象（吕仁龙等，2019）。热带植物可作为饲料原料的种类丰富，大多适口性较好，具有作为反刍动物粗饲料或 FTMR 原料的巨大潜力。本文通过对 FTMR 现状、饲喂效果、应用等方面综述，总结热带地区 FTMR 研究进展和未来发展前景，以便充分利用热带地区作物及副产物。

FTMR 营养价值高、适口性好、可长期保存。热带地区夏季植被生长迅速，可作为动物饲料的副产物资源丰富，发展 FTMR 能够缓解热带地区冬季粗饲料短缺问题，充分利用副产物资源，提升资源利用率。FTMR 通过青贮发酵，使得许多粗纤维含量高，适口性差的农林副产品可以得到充分的利用。吕仁龙（2019a）讨论了在 FTMR 中用稻壳替代不同比例王草（DM），发现当替代 5%时可提升其发酵品质。王雪等（2019）研究发现，采用玉米芯制作的 FTMR 在不同的粗精比下，营养成分均有提高。精粗比 20∶80 的全混合日粮发酵后磷含量上升 40%，而精粗比为 30∶70 时，粗蛋白质和钙含量上升更多，40∶60 时，香味、颜色等品相更佳。王志军（2016）利用单因素和双因素对比组进行试验设计，结合回归分析和聚类分析等统计分析方法，发现 50%玉米秸秆、30%苜蓿干草和 20%燕麦组合最佳，且发酵后生产性能和羊肉风味最好（平均日增重可达 194.59 g/d，总氨基酸含量为 88.76 mg/100 mg）。饲

喂 FTMR 可以提高绵羊的瘤胃消化率，降低甲烷排放和能量损失，且对甲烷排放的抑制作用有助于乳酸在瘤胃内转化为丙酸（Cao et al., 2010）; 用 FTMR 饲喂小尾寒羊可以促进其生长，提高机体免疫力，改善小尾寒羊消化吸收的功能（邱玉朗等，2013）；饲喂奶牛可以提高瘤胃发酵中细菌和真菌的丰富度和多样性，同时可以增加脂质和氨基酸代谢（Song et al.，2023）。

2.1　王草特性

王草（*Pennisetum purpureum* × *P.americanum* cv.Reyan No.4）又名皇竹草、巨象草，英文名 King Grass。由中国热带农业科学院从国外引进王草，种植驯化后又称“热研 4 号王草”，自引进以来，因其生长迅速、生物量大的特点，在我国南方地区（海南、两广地区、云贵川地区等）有着广泛的种植。王草生适应性强，耐旱能力强，能抵抗 38～40 ℃的高温，耐刈割，耐涝性好，大水淹没茎株 2/3 以下都能正常生长。王草产量大，一般一公顷（hm^2）产鲜草在 300 吨（t）以上，在营养条件好的土地，产量能达 450 t。

王草生长迅速，水分含量大，茎叶柔嫩、适口性好，新鲜的王草水分含量相对较高而蛋白质含量相对较低。目前，热研 4 号主要用于刈割青草，用于反刍动物（如奶牛、肉牛、羊等）和单胃动物（如猪、鱼、兔等）的养殖。其营养成分与刈割高度、时间等有关系。在南方地区，王草作为高产优质牧草，在羔羊的舍饲中作为主日粮，一般是单一饲喂，饲喂效果不佳，育肥效果不好。吴灵丽等研究表明，在海南黑山羊日粮中用发酵木薯渣替代 20%（DM）王草能提高其平均采食量、平均日增重。单一王草作为粗饲料，其营养不足以供给海南黑山羊的生长需要，而且在冬季，王草生长缓慢，因此使

用王草作为主要粗饲料的同时，还需要与其他牧草进行搭配。此外，发酵王草在饲养海南地方猪上也有积极效果，尽管在日增重上略有下降，但显著降低了饲养成本，给中小型养殖户和散养户带来了显著经济效益。因此，近年来生物发酵王草也在地方猪养殖上发挥了积极效果。

2.2　王草混合青贮技术要点

2.2.1　王草混合青贮技术概述

王草是热带地区重要粗饲料资源（Li et al.，2019），因其产量高，适口性好，是热带地区反刍动物不可替代的日粮来源，但由于其生长依赖高温和雨水，导致了夏季过剩，冬季严重短缺的现状（Santoso et al.，2011；Li et al.，2014）。海南岛内四季空气湿度较大，难以制备干草，因此，制备青贮来用于冬季饲喂反刍动物是一个必要手段，然而，过高的水分又容易腐败变质难以青贮，自然晾晒失水速率较慢，补充一定比例低水分植物混合青贮是目前岛内青贮加工的主要方法。

稻秆在中国产量巨大，但是蛋白质含量低，酚类物质、硅和木质素含量高从而影响稻草消化率，在饲料中应用较少（Van et al.，2006），近年来，研究者们发现，稻草在经过青贮处理后，其饲用价值有显著提升（Kim et al.，2006），NH_3-N 含量降低，pH 降低（郭旭生等，2002），丙酸含量增加（$P<0.05$），乙酸/丙酸显著降低，总挥发性脂肪酸浓度升高（辛杭书等，2015）。开发稻草饲用可以缓解粗饲料短缺，还能减少大量稻草焚烧丢弃处理形成的环境污染。由于稻秆茎部空心，水溶性碳水化合物含量低，附生乳酸菌少，不易直接青贮（Cai，2006）。一般情况下，需要补充一些添加剂处理与其混合青贮，如尿素处理、糖蜜处理等。

2.2.2 糖蜜对不同比例干稻草和王草混合青贮品质的影响

添加糖蜜显著提高青贮稻草的粗蛋白、可溶性碳水化合物含量和体外干物质消化率，显著降低微贮稻草的粗纤维含量，显著增加乳酸、乙酸含量（毛一帆等，2021），对稻草中的霉菌有一定的抑制作用（潘艺伟等，2020）。稻秆青贮中最适添加量为5%蔗糖（税静，2009），1.5%甘蔗糖蜜或1.5%～3.0%大豆糖蜜（潘艺伟等，2020）。

目前，关于添加糖蜜对王草与干稻草混合青贮的营养成分以及瘤胃发酵的相关报告较少，因此，本研究旨在探究糖蜜对不同比例干稻草与王草混合青贮品质的影响，和在体外培养下，糖蜜对干物质消化率以及对瘤胃液发酵的影响。

2.2.2.1 材料与方法

1. 试验材料

王草栽培于中国热带农业科学院热带作物品种资源研究所附属实验基地（北纬195° 109.5′，东经109° 30′，海拔149 m），于2019年12月15日，草高约1.5～1.8 m时收割，干稻草购江西省高安市牛根农作物秸秆专业合作社。王草和稻草的营养成分见表2-1。

表 2-1 王草和稻草的营养成分

单位：g/kg

材料	粗蛋白质	粗脂肪	NDF	ADF	粗灰分	NFC
王草	96.2	72.1	511	342	88.1	233
稻草	49.9	20.2	654	351	151	125

2. 试验设计与处理

设计四个不同干物质比例处理组，即王草∶稻草＝100∶0（T1组）、9∶1（T2组）、8∶2（T3组）、7∶3（T4组），同时每个处理分别作无添加（control）和添加2%糖蜜（molasses）。

3. 青贮制备

收割的王草粉碎，并进行短暂自然晾晒至水分 75%，混合青贮按照干稻草的添加质量比设定四个处理组，即，王草：稻草＝100：0（T1），王草：稻草＝90：10（T2），王草：稻草＝80：20（T3），王草：稻草＝70：30（T4）。设定两种不同添加处理，即无添加处理（对照组）和糖蜜添加组（M）。将王草和干稻草切割 2～3 cm 长度，按照上述比例装入 30 cm×20 cm 的聚乙烯青贮袋中，每个处理重复三次，共计 2 添加处理×4 稻秆比例处理×3 重复＝24 包。用真空打包机（Sinbo，上海）抽真空后密封，室温 25～30 ℃储存发酵 60 d。开封后，取 50 g 样品 85 ℃干燥后，制成粉末用于测定常规营养成分含量和 in vitro 培养，另取 50 g 用于分析挥发性脂肪酸。

4. 测定方法

（1）营养成分分析

各处理组营养成分中的粗蛋白（CP）、干物质（DM）、粗脂肪（EE）、粗灰分（Ash）和酸性洗涤纤维（ADF）含量的测定按照 AOAC（1998）方法测定，中性洗涤纤维（NDF）含量按照 Van Soest（2006）的方法测定。非纤维性碳水化合物（NFC）计算公式参照 NRC（2001）进行：

$$NFC（\%）=100-CP（\%）-Ash（\%）-EE（\%）-NDF（\%）$$

（2）发酵品质分析

王草青贮开封后，取 50 g 样品，切碎后加入 200 mL 蒸馏水，使样品置于液面之下，密封后放入 4 ℃冰箱静置保存 24 h，之后用 4 层纱布将汁液过滤。用雷磁 pHS-3C 精密 pH 计测定滤液的 pH，然后将滤液倒入离心管，用离心机（Hermle，美国）离心，设定转速 12 000 r/min，离心 5 min 后用 1 个 0.22 μm 微孔滤膜过滤至进样瓶，用高效液相色谱（HPLC）仪分析乳酸（LA）、乙酸（AA）、丙酸（PA）和丁酸（BA）含量。HPLC 设定条件为：色谱柱为 RP-18 色谱柱（5 μm，4.6 mm×25 mm），检测器为日立 Primaide 型紫外检测器，流动相为甲醇，流速为 1 mL/min，检测波长为 210 nm，进样体积为 10 μL。

青贮中挥发性盐基氮（VBN）的含量用微量扩散法分析。取 1 个康卫皿，在内皿加入 1 mL 硼酸指示剂(指示剂为硼酸、甲基红、溴甲酚绿的乙醇溶液),外皿加入 1 mL 离心后的青贮汁液和饱和碳酸钾(K_2CO_3)溶液(浓度为 52.5%),盖盖密封,使外皿的青贮汁液和碳酸钾溶液充分混合,静置 24 h 后,用滴定盐酸(0.01 mol/L)滴定。

(3)体外培养分析

培养后的干物质(DM)消化率参照 Cao 等(2009)的方法测定。培养液挥发性脂肪酸采用高效气相色谱仪(GC,安捷伦,7890B)测定乙酸、丙酸及丁酸含量(测定前离心,方法同上)。GC 设定条件为,色谱柱:HP-INNOWAX(19091N-133)毛细管柱,30 m × 0.25 mm × 0.25 μm;柱温 160 ℃,汽化室温度 200 ℃,氮气流速 30 mL/min,氢气流速 60 mL/min,空气流速 360 mL/min,进样量 1 μL。培养液中挥发性氨态氮测定方法同上。

5. 数据处理与分析

用 Excel 2010 对原始数据进行初步统计,再用 SAS 软件进行双因素分析。

2.2.2.2 结果与分析

1. 不同稻草比例对王草混合青贮营养成分、发酵品质及体外培养的影响

不同稻草比例对王草混合青贮营养成分、发酵品质及体外培养的影响分别见表 2-2～表 2-4。由表 2-2 可见,发酵 60 天后,随着稻草比例的增加,各青贮料的 CP 最高降低 19%($P<0.001$),T4 组较对照组 EE 含量降低 16%($P<0.01$)、NDF 提高 7%($P<0.05$)、ADF 和 Ash 分别提高 20%和 10%($P<0.001$)。NFC 呈下降趋势,但结果不显著,可见添加稻草对其营养成分影响较大。由表 2-3 可见,干稻草的添加量影响了 pH、乳酸、乙酸、丙酸、丁酸的含量。随着干稻草添加量的增加,pH 显著升高($P<0.001$),乳酸含量升高,乙酸、丙酸含量降低,但差异性不显著。由表 2-4 可见,稻草添加比例对体外培养的各指标无显著影响。

表 2-2　不同稻草比例混合青贮在糖蜜添加有无条件下对营养成分的影响

单位：%

营养成分	无添加				糖蜜添加				SEM	P 值		
	T1	T2	T3	T4	T1	T2	T3	T4		糖蜜添加	稻草比例	交互作用
水分	81.1	81.4	82.1	81.0	81.0	81.6	81.2	82.6	0.26	0.375 3	0.162 9	0.050 2
粗蛋白质	10.3	9.60	9.08	8.37	10.2	9.62	9.20	8.63	0.10	0.269 5	0.000 1	0.436 7
粗脂肪	8.83	9.23	8.20	7.43	9.20	8.37	8.57	8.20	0.31	0.478 7	0.006 7	0.085 2
NDF	63.1	65.2	67.1	67.6	56.4	62.7	61.2	61.3	1.40	0.000 1	0.011 9	0.435 4
ADF	35.3	38.6	39.7	42.5	34.7	38.3	38.5	39.0	0.99	0.064 6	0.000 3	0.371 4
粗灰分	11.1	11.3	11.6	12.2	9.03	9.87	9.90	10.6	0.19	0.000 1	0.000 1	0.366 5
NFC	6.65	4.68	4.03	4.33	15.3	9.48	11.1	11.3	1.45	0.000 1	0.066 4	0.641 5

SEM：平均标准误差

表 2-3　不同稻草比例混合青贮在糖蜜添加有无条件下对发酵品质的影响

营养成分	无添加				糖蜜添加				SEM	P 值		
	T1	T2	T3	T4	T1	T2	T3	T4		糖蜜添加	稻草比例	交互作用
pH	4.36	4.52	4.70	4.86	3.90	3.90	3.86	4.01	0.02	0.000 1	0.000 1	0.000 1
乳酸/（g/kg DM）	0.77	1.39	1.35	0.89	1.22	0.91	0.96	1.28	0.20	0.958 8	0.842 8	0.063 4
乙酸/（g/kg DM）	0.78	0.93	1.01	0.86	1.35	1.24	1.30	1.33	0.18	0.005 0	0.960 5	0.838 4
丙酸/（g/kg DM）	0.00	0.74	1.13	0.99	0.96	0.86	0.93	0.74	0.30	0.459 2	0.328 4	0.190 6
丁酸/（g/kg DM）	0.11	0.10	0.09	0.07	0.05	0.06	0.08	0.14	0.03	0.567 9	0.649	0.097 3

SEM：平均标准误差

表 2-4　不同稻草比例混合青贮在糖蜜添加有无条件下对体外培养的影响

营养成分	无添加				糖蜜添加				SEM	P 值		
	T1	T2	T3	T4	T1	T2	T3	T4		糖蜜添加	稻草比例	交互作用
pH	6.69	6.69	6.71	6.70	6.64	6.64	6.64	6.63	0.01	0.000 1	0.865 5	0.253 9
产气/（mL/g DM）	47.2	47.0	49.9	47.8	65.4	62.8	62.5	60.2	1.89	0.000 1	0.583 4	0.380 8
干物质消化率/%	28.6	28.2	22.3	26.2	32.9	25.9	26.0	30.4	3.69	0.362 5	0.374 9	0.768 1
乙酸/mol%	0.62	0.61	0.61	0.58	0.59	0.64	0.62	0.62	0.01	0.305 7	0.391 3	0.076 1
丙酸/mol%	0.18	0.18	0.18	0.19	0.19	0.19	0.20	0.19	0.00	0.000 6	0.700 9	0.284 2
异丁酸/mol%	0.01	0.01	0.01	0.01	0.01	0.00	0.00	0.00	0.00	0.001 4	0.472 4	0.261 3
丁酸/mol%	0.05	0.05	0.05	0.06	0.06	0.05	0.05	0.05	0.00	0.961 0	0.243 8	0.064 4
异戊酸/mol%	0.14	0.15	0.15	0.16	0.15	0.12	0.12	0.13	0.01	0.014 9	0.632 8	0.209 1
戊酸/mol%	0.01	0.01	0.01	0.01	0.01	0.00	0.00	0.00	0.00	0.013 6	0.408 6	0.152 9

SEM：平均标准误差；mol%为各挥发性脂肪酸占总挥发性脂肪酸的比例，采用各酸的 mol%比能很好地反映瘤胃内 VFA 组成的关系。

2. 糖蜜添加对干稻草和王草混合青贮营养成分及发酵品质的影响

由表 2-2 可知，与无添加相比，添加糖蜜处理显著提高了青贮的 NFC 含量（$P<0.001$），最大提升了 175%（T3 组）；显著降低了混合青贮的 NDF 和 Ash 含量，试验 T1～T4 组 NDF 分别降低了 11%、4%、9%、9%（$P<0.001$），Ash 降低了 19%、13%、15%、13%。与对照组相比，糖蜜添加组的 pH 显著降低（$P<0.001$），乙酸含量显著升高，T1 组提升最大为 73%，其次是 T4 组 55%（$P<0.05$），乳酸、丙酸、丁酸含量没有显著变化（表 2-3）。体外消化率方面，糖蜜添加组的 pH（$P<0.001$）值显著降低，产气和丙酸含量显著升高，最大分别为 38%和 5%（$P<0.001$），干物质消化率、乙酸、丁酸在添加组和对照组之间无显著差异（表 2-4）。

3. 糖蜜添加和不同稻草比例的交互影响

糖蜜添加和不同稻草比例对混合青贮料的营养成分没有显著影响，发酵品质的 pH 显著降低（$P<0.001$），对体外培养指标无显著影响。

2.2.2.3 讨论

热带禾本科牧草中可溶性碳水化合物含量高，缓冲能力强，乳酸菌数量较低，因此一般青贮情况下，难以获得高乳酸青贮产品（Yahaya et al.，2004），王草中糖分含量较高，易获得低 pH 青贮产品，便于长期保存。糖蜜能为乳酸菌提供发酵底物，促进乳酸快速生成（邱小燕等，2014），可以改善玉米秸秆（李龙兴等，2018）、籽粒苋与稻秸混合料（穆麟等，2019）的青贮品质。

1. 不同稻草比例对王草混合青贮营养成分，发酵品质及体外培养的影响

随着稻草比例的增加，CP（$P<0.001$）、EE（$P<0.05$）含量显著降低，这是由于稻草中含有较低的 CP、EE 含量。NDF 含量影响动物采食量，ADF 影响动物消化率：两者含量越低，其青贮料的采食量和消化率越高（胡海超等，2021）。NDF（$P<0.05$）和 ADF（$P<0.001$）均显著升高，青贮饲用价值降低，可能会减少家畜的采食量，与刘建勇等（2014）和陈功轩等（2019）的研究结果相同。

pH 体现青贮发酵品质，高 pH 环境易造成大量蛋白质降解（胡海超等，2021），降低青贮料的营养价值。稻草的添加使得 pH 显著升高（$P<0.001$），原因是稻草可溶性碳水化合物含量低，附着天然乳酸菌少（赵政等，2010），抑制了乳酸菌发酵，导致 pH 升高。体外培养的 pH、产气、干物质消化率和挥发性脂肪酸均无显著变化，可能是因为稻草的纤维含量和王草相似，其瘤胃消化相似导致的。

2. 糖蜜添加对青贮营养成分，发酵品质及体外培养的影响

NDF 包括纤维素和半纤维素等，能全面体现饲粮中纤维物质含量（刘洁等，2012），添加糖蜜显著降低了青贮的 NDF（$P<0.001$），与 Metha Wanapat 等（2013）研究一致，可能是由于乳酸发酵降低 pH，使细胞壁碳水化合物发生酸水解（Yuan et al.，2016），从而降低了 NDF 含量，增加了水溶性碳水化合物（Zhang et al.，2020）。NFC 体现可发酵碳水化合物的含量（刘洁等，2012），也有研究测量可溶性糖含量、水溶性碳水化合物来估计可发酵碳水化合物含量（余汝华等，2003）。NFC 含量显著提高，因为添加糖蜜有助于提高体系中可溶性碳水化合物的含量，促进乳酸发酵，提高发酵质量（潘艺伟等，2020），与 Li 等（2014）研究结果一致。

添加糖蜜 pH 显著降低（$P<0.001$），均在 4.2 以下，达到优质青贮的 pH 标准（Catchpoole et al.，1971）。原因是添加糖蜜能促进乳酸菌生长产生乳酸，快速降低 pH，从而抑制梭状芽孢杆菌或其他有害细菌的活性（Nishino et al.，2012），与李龙兴等（2018）、穆麟等（2019）、Gang Guo 等（2014）结果一致。乙酸主要来源于乙酸菌或异型发酵乳酸菌（Danner et al.，2003；李龙兴等，2018），乳酸和乙酸的含量提高，添加糖蜜组的乙酸含量显著高于无添加组（$P<0.01$），说明青贮过程中含有较多的异型发酵乳酸菌，使得乙酸含量和乳酸含量呈相同的变化趋势，提高了青贮有氧稳定性，与 Danner 等（2003）、Alli 等（1984）研究一致。

添加糖蜜使体外培养 pH（$P<0.001$）显著降低，产气、丙酸含量显著升高（$P<0.001$）。瘤胃 pH 的正常变化范围是 5.5～7.5（黄秋连等，2021），本

研究在正常范围内波动。体外产气反映了饲料的发酵程度（Getachew et al.，1998），并能估计其代谢能（Li 等，2014）。饲料与体外缓冲剂胃液反应，碳水化合物发酵生成挥发性脂肪酸、气体和微生物细胞。产生的气体主要为二氧化碳和甲烷（Getachew et al.，1998）。由于糖蜜增加了其碳水化合物的含量，所以体外产气量显著提高（$P<0.001$）。研究表明，饲料中的纤维素含量较高，瘤胃中发酵产生的乙酸比例较高，由于添加糖蜜降低了纤维含量，所以乙酸含量下降，同时可溶性碳水化合物的增加，会提高以丙酸为主的挥发性脂肪酸的产生，所以丙酸含量显著升高，乙酸/丙酸比例降低，与 J.D.Sutton 等（2003）研究一致。

2.2.2.4 结论

干稻草与王草混合青贮后，随着稻草比例升高，发酵品质逐渐降低，但在适量添加糖蜜后，能显著改善发酵品质。本研究结果表明，用 30%干稻草与 70%新鲜王草混合并添加 2%糖蜜青贮后，能得到较高品质的混合青贮料，并且有较好的干物质消化率。

第 3 章　柱花草及其饲料配方

柱花草（*Stylosanthes guianensis*）具有产量高、品质好、耐旱等特点，可作为饲料、绿肥、地被植物，是热带亚热带地区重要的豆科牧草（蒋昌顺，2005）。柱花草的蛋白质、矿物质等含量丰富，是优质粗饲料，但茎秆表面附着粗糙茸毛，适口性较差。另外，柱花草生产具有明显季节性，夏季生长高峰期若不能及时收割利用，柱花草会继续生长至老化，饲用价值降低，造成冬春季节家畜饲料供应不足（严琳玲等，2016）。在地方猪养殖上，柱花草主要以草粉和发酵方式添加到日粮中，在中小养殖户中，通常也使用较好的发酵草料作为一种补充饲料。

3.1　柱花草单一青贮技术要点

柱花草单一青贮主要采用纤维素酶进行处理。为了探究纤维素酶对柱花草营养成分和青贮品质的影响，试验以热研 2 号柱花草为材料，设对照组（CK 组）和 4 个纤维素酶添加组（S1～S4 组），每组 3 个重复，对照组不添加纤维素酶，S1～S4 组分别添加 5、10、20、40 mg/kg 纤维素酶，青贮 30 d 后取样分析营养成分和青贮品质。结果表明：S1～S4 组的干物质含量和粗蛋白含量均显著高于对照组（$P<0.05$），中性洗涤纤维和酸性洗涤纤维含量均显著

低于对照组（$P<0.05$）。与对照组相比，添加纤维素酶的 S1～S4 组能显著降低柱花草青贮饲料的 pH（$P<0.05$），S1～S4 组的乳酸含量均显著高于对照组（$P<0.05$）。与对照组相比，S4 组（添加 40 mg/kg 纤维素酶）的干物质、粗蛋白和乳酸含量分别提升了 10%、12%和 69%，中性洗涤纤维、酸性洗涤纤维含量及 pH 降低了 10%、8%和 15%。说明添加纤维素酶可以有效改善柱花草青贮品质并提升营养价值，添加 40 mg/kg 纤维素酶较为适合。

青贮使饲草质地柔软，能够保存主要营养成分，是贮藏柱花草有效方法。前期研究结果表明，柱花草直接青贮发酵品质较差，通过添加添加剂或其他处理能有效提升柱花草青贮品质（张亚格等，2016）。纤维素酶是常见的青贮添加剂，在青贮过程中可降解植物细胞壁成分，促进乳酸发酵并抑制腐败菌，进而提高青贮饲料发酵品质，已应用于全株玉米（王亚芳等，2020）、紫花苜蓿（任志花等，2020）、王草（李茂等，2020）等青贮。而柱花草青贮添加纤维素酶的研究报道较少，适宜添加比例尚不清楚。本研究以柱花草为研究对象，探究不同比例纤维素酶对柱花草化学成分和青贮发酵品质的影响，为调制优质柱花草青贮饲料提供科学依据。

3.1.1 试验材料

热研 2 号柱花草（营养期），中国热带农业科学院热带作物品种资源研究所十队实验基地提供；纤维素酶（酶活力≥15 000 U/g），由日本国际农林水产研究中心惠赠。

3.1.2 试验方法及数据分析

试验设对照组（CK 组）和添加 5、10、20、40 mg/kg 纤维素酶的处理组（S1、S2、S3、S4 组）。饲料相对值（RFV）的计算，RFV=［（88.9－0.779 ADF）×120/NDF］/1.29（Rohweder et al.，1978）。青贮饲料 Flieg 氏评分：以乳酸、乙酸及丁酸的含量占总酸之比来表示青贮质量高低，分为优

（81～100 分）、良（61～80 分）、可（41～60 分）、中（21～40 分）和劣（0～20 分）五个等级（Flieg，2021）。

采用 Excel 2003 软件和 SAS 9.0 软件进行数据处理和统计分析，采用 Duncan's 法进行多重比较，P＜0.05 为差异显著，P＞0.05 为差异不显著。

3.1.3　结果与分析

3.1.3.1　不同组柱花草青贮饲料营养成分分析

试验结果见表 3-1。

表 3-1　柱花草青贮饲料营养成分含量测定结果（干物质基础）

单位：% DM

组别	DM	CP	NDF	ADF	RFA
CK 组	$30.10^{b}\pm2.04$	$10.49^{b}\pm0.72$	$51.04^{a}\pm4.85$	$40.76^{a}\pm2.83$	$104.16^{b}\pm6.71$
S1 组	$32.96^{a}\pm1.47$	$11.45^{a}\pm0.66$	$47.27^{b}\pm5.53$	$38.29^{b}\pm2.54$	$116.25^{a}\pm7.90$
S2 组	$32.47^{a}\pm2.09$	$12.02^{a}\pm0.51$	$46.48^{b}\pm4.12$	$38.83^{b}\pm4.10$	$117.38^{a}\pm8.44$
S3 组	$32.64^{a}\pm1.68$	$11.71^{a}\pm0.89$	$46.49^{b}\pm3.93$	$38.90^{b}\pm3.88$	$117.25^{a}\pm6.53$
S4 组	$33.26^{a}\pm2.87$	$11.75^{a}\pm0.25$	$45.87^{b}\pm6.25$	$37.41^{c}\pm3.64$	$121.19^{a}\pm8.34$

注：同列数据肩标小写字母相同表示差异不显著（P＞0.05），小写字母不同表示差异显著（P＜0.05）。

由表 3-1 可知：S1、S2、S3 和 S4 组 DM、CP 含量均显著高于 CK（P＜0.05），添加纤维素酶各组间 DM、CP 含量均差异不显著（P＞0.05）。表明添加纤维素酶能提升柱花草青贮的 DM、CP 含量。S1、S2、S3 和 S4 组的 NDF 含量显著低于 CK 组（P＜0.05），S1、S2、S3 和 S4 各组间差异不显著（P＞0.05）。S4 组的 ADF 含量显著低于其他组（P＜0.05），S1、S2 和 S3 组之间差异不显著（P＞0.05），但均显著低于 CK 组（P＜0.05）。与 CK 组相比，经计算 S4 组（添加 40 mg/kg 纤维素酶）的 DM、CP 含量分别提升了 10%、12%，NDF、ADF 含量降低了 10%、8%。S1、S2、S3 和 S4 组的 RFV 均显著高于 CK 组（P＜0.05），S1、S2、S3 和 S4 各组间差异不显著（P＞0.05）。

3.1.3.2　不同组柱花草青贮饲料青贮品质分析

由表 3-2 可知：添加纤维素酶能显著降低柱花草青贮饲料的 pH（$P<0.05$），添加纤维素酶各组间 pH 无显著差异（$P>0.05$）。S1、S2、S3 和 S4 组的乳酸含量均显著高于 CK 组（$P<0.05$），其中 S3 和 S4 组的乳酸含量显著高于其他组（$P<0.05$）。S2 组的乙酸含量显著低于其他组（$P<0.05$），组乙酸含量与 S1、S3、S4 组均差异不显著（$P>0.05$）。S1、S3 组丙酸含量均显著低于其他组（$P<0.05$），CK 组与 S2、S4 组均差异不显著（$P>0.05$）。CK 组丁酸含量显著高于其他组（$P<0.05$）。S4 组总酸含量显著高于其他组（$P<0.05$）。与 CK 组相比，经计算 S4 组（添加 40 mg/kg 纤维素酶）的乳酸含量提升了 69%，pH 降低了 16%。

表 3-2　柱花草青贮饲料发酵品质测定结果（干物质基础）　　单位：%

组别	pH	乳酸	乙酸	丙酸	丁酸	总酸
CK 组	$5.27^a \pm 0.52$	$2.28^c \pm 0.09$	$1.90^a \pm 0.15$	$1.15^a \pm 0.08$	$0.69^a \pm 0.04$	$6.02^c \pm 0.39$
S1 组	$4.59^b \pm 0.33$	$3.12^b \pm 0.13$	$1.87^a \pm 0.09$	$0.84^b \pm 0.06$	$0.31^b \pm 0.03$	$6.14^c \pm 0.50$
S2 组	$4.52^b \pm 0.21$	$3.22^b \pm 0.07$	$1.46^b \pm 0.10$	$0.98^a \pm 0.06$	$0.21^b \pm 0.04$	$5.87^c \pm 0.41$
S3 组	$4.25^b \pm 0.38$	$3.68^a \pm 0.19$	$1.74^a \pm 0.08$	$0.82^b \pm 0.05$	$0.17^b \pm 0.03$	$6.41^b \pm 0.28$
S4 组	$4.43^b \pm 0.19$	$3.85^a \pm 0.24$	$1.77^a \pm 0.06$	$1.03^a \pm 0.09$	$0.08^c \pm 0.01$	$6.73^a \pm 0.36$

注：同列数据肩标小写字母相同表示差异不显著（$P>0.05$），小写字母不同表示差异显著（$P<0.05$）。

3.1.3.3　不同组柱花草青贮饲料 Flieg 氏评分

由表 3-3 可知，CK 组柱花草青贮 Flieg 氏评分仅为 56 分，等级仅为可，青贮品质差，S1、S2 和 S3 组等级均为良，S4 组等级为优。

表 3-3　柱花草青贮 Flieg 氏评分结果

组别	乳酸	乙酸	丁酸	总分	等级
CK 组	9	19	28	56	可
S1 组	16	19	34	69	良

续表

组别	乳酸	乙酸	丁酸	总分	等级
S2 组	18	22	37	77	良
S3 组	19	21	38	78	良
S4 组	19	21	43	83	优

3.1.4 讨论

3.1.4.1 纤维素酶对柱花草青贮饲料营养品质的影响

青贮时添加纤维素酶一方面可将植物细胞壁的结构性多糖降解转化为单糖，为微生物发酵提供更多的底物；另一方面降低了饲料中纤维含量，改善了青贮饲料的营养品质。但是纤维素酶对青贮原料的影响也不尽相同。朱妮等（2019）在甘蔗梢青贮中添加纤维素酶，发现纤维素酶处理组 DM、CP 含量均高于对照组。而任志花等（2020）的研究结果表明，纤维素酶处理会提升紫花苜蓿青贮的 DM 含量、降低其 CP 含量。本试验中添加纤维素酶各组的 DM 含量均显著高于 CK 组，说明添加纤维素酶后柱花草青贮饲料的 DM 损失减少，柱花草营养成分得以更好保留。柱花草青贮中添加纤维素酶后其 CP 含量显著高于 CK 组，可能是由于青贮早期植物细胞呼吸作用和微生物将消耗部分蛋白质、糖类，而纤维素酶可以水解植物的结构性碳水化合物，为青贮发酵提供底物，加快乳酸菌的生长繁殖，从而产生更多有机酸，降低 pH 值，抑制植物酶活性及其他微生物生长，从而减少了蛋白质的消耗。

NDF、ADF 与动物对饲料的采食率和消化率有关，陈作栋等（2018）和孙贵宾等（2018）研究发现，纤维素酶对皇竹草和全株玉米青贮的 NDF、ADF 含量并无显著影响，而王亚芳等（2020）研究发现，添加纤维素酶可以显著降低全株玉米青贮 NDF 含量，对 ADF 含量无影响。朱妮等（2019）研究发现，纤维素酶能降低青贮原料的 NDF、ADF 含量。出现不同的影响结果，可能是由于纤维素酶容易失活，并且其活性受环境影响较大造成的。本试验中添加纤维素酶的各组可以显著降低柱花草青贮的 NDF、ADF 含量。这两者含量的降低说明纤维素酶分解了柱花草植物细胞壁的纤维等成分，降低了柱花草的粗纤维含量，从而改善了柱花草的营养价值。

3.1.4.2 纤维素酶对柱花草青贮饲料青贮品质的影响

pH 和有机酸是评价发酵品质的主要指标，降低 pH 可促进乳酸菌发酵并改善青贮品质，有机酸（乳酸、乙酸、丙酸和丁酸）及其总量是反映发酵过程优劣的重要指标之一。纤维素酶可以破坏植物细胞结构性多糖，为乳酸发酵提供更多发酵底物，从而影响青贮饲料的青贮品质。李茂等（2020）、朱妮等（2019）和任志花等（2020）研究结果均表明，纤维素酶能降低青贮饲料的 pH。马清河等（2011）和张雪蕾等（2018）在王草青贮和饲用苎麻青贮中添加不同比例的纤维素酶，发现添加纤维素酶比例越大其 pH 越低。在本试验中，添加纤维素酶各组的 pH 均显著低于对照组，在 4.25～4.59 之间。而添加纤维素酶的各组之间均差异不显著。随着添加酶量的增加，pH 开始缓慢降低，在 40 mg/kg 添加量处 pH 稍微上升，这可能与纤维素酶的适宜添加量有关，也可能是与试验材料或纤维素酶本身的酶活性等有关。

受不同试验原料和试验条件的影响，添加纤维素酶对青贮饲料有机酸含量的影响不同。任志花等（2020）在紫花苜蓿青贮中添加 0.15 g/kg 纤维素酶，结果表明，处理组乳酸、乙酸和丁酸含量均显著高于对照组。而魏晓斌等（2019）在紫花苜蓿青贮中添加 0.005 g/kg 纤维素酶，结果表明，纤维素酶处理组可以显著提升乳酸含量，降低乙酸含量，对丁酸含量并无显著影响。在本试验中，添加纤维素酶可以显著提升柱花草青贮中的乳酸含量，仅 S2 组乙酸含量显著低于 CK 组，添加纤维素酶各组能显著降低柱花草青贮的丁酸含量。随着纤维素酶添加量增加，乳酸含量呈上升趋势，丁酸含量呈下降趋势。柱花草青贮时，某些微生物的活动会分解乳酸、糖类，将蛋白质水解，这个过程会产生丁酸及大量的氨和胺，丁酸散发着恶臭味，使青贮饲料因腐烂而失去饲用价值。所以丁酸的含量越少，说明青贮中的有害微生物越少，青贮

饲料越容易保存。本试验中添加纤维素酶的量越大，丁酸的含量就越少，说明纤维素酶对柱花草青贮防腐效果显著。通过 Flieg 氏评分可以看出，添加纤维素酶含量为 40 mg/kg 时的柱花草青贮等级可达到优，相较于 CK 组有了显著的提升，说明添加纤维素酶能改善柱花草青贮品质。

3.1.5 结论

添加纤维素酶能显著提升柱花草青贮饲料的 DM、CP 含量，降低 NDF、ADF 含量。通过添加纤维素酶能显著降低柱花草青贮饲料的 pH，提升乳酸含量。综上，柱花草添加纤维素酶可以有效改善青贮品质并提升营养价值，本试验条件下，添加 40 mg/kg 纤维素酶效果最好。

3.2 柱花草混合青贮技术要点

本研究采用柱花草与王草混合青贮，探究热科院品资所畜牧中心自行研发的促发酵剂及不同比例柱花草王草混合青贮对青贮品质的影响。试验以热研 2 号柱花草为材料，设计柱花草和王草的混合干物质量比分别为 T1（0∶100）、T2（10∶90）、T3（20∶80）、T4（30∶70）、T5（40∶60）、T6（50∶50），每组 3 个重复，分别进行无添加处理及添加 0.03%促发酵剂。

测定其基本营养成分及青贮浸提液 pH，并进行体外培养试验，测定方法及指标参照第二章 2.2.2.1 中的测定方法，数据处理及分析参照第二章 2.2.2.1 中的数据处理与分析。

3.2.1 结果与分析

由表 3-4 可知，不同比例柱花草和王草混合青贮对青贮的水分、粗蛋白、中性洗涤纤维、pH 有显著影响。随着柱花草比例的增加，混合青贮的水分显著降低（$P<0.05$），粗蛋白含量显著升高（$P<0.05$），pH 呈下降趋势

（P<0.05）。添加促发酵添加剂显著升高了其粗纤维含量（P<0.05）。促发酵剂和添加柱花草比例对饲料的酸洗洗涤纤维有显著影响（P<0.05）。

表 3-4 添加剂及不同比例王草柱花草混合青贮对营养成分、发酵品质的影响

营养成分	无添加						促发酵添加剂						SEM	P 值		
	T1	T2	T3	T4	T5	T6	T1	T2	T3	T4	T5	T6		添加剂	柱花草比例	交互作用
水分	80.4	80.0	79.3	77.8	74.5	72.0	82.6	80.1	77.1	76.3	73.7	73.0	0.75	0.643 6	0.000 1	0.071 4
粗蛋白质/% DM	8.88	9.00	9.04	9.75	10.0	10.6	9.17	9.25	9.88	10.2	10.2	10.1	0.21	0.056 0	0.000 1	0.104 0
脂肪/% DM	1.33	2.23	2.13	2.52	2.43	3.16	2.92	3.26	4.39	3.00	1.77	1.93	0.39	0.018 1	0.060 0	0.001 3
中性洗涤纤维/% DM	71.0	72.8	71.7	68.6	68.0	65.8	64.4	70.7	70.2	68.1	68.6	68.0	1.48	0.137 9	0.019 1	0.112 0
酸性洗涤纤维/% DM	33.9	38.0	35.5	37.3	34.3	34.0	35.9	35.1	33.1	35.3	39.6	36.1	1.12	0.613 0	0.156 3	0.005 1
粗纤维/% DM	30.4	31.8	31.0	32.9	32.2	33.9	37.3	32.0	33.4	37.8	35.7	34.7	1.58	0.002 1	0.269 8	0.310 7
pH	4.93	4.89	4.75	4.64	4.61	4.69	4.84	4.86	4.89	4.70	4.66	4.53	0.10	0.945 4	0.021 0	0.685 5

在体外培养模拟瘤胃发酵中（表 3-5），添加不同比例柱花草对其产气量、pH 值、瘤胃氨态氮含量有显著影响（P<0.05）。随着柱花草比例的增加，产气量呈上升趋势（P<0.05），瘤胃氨态氮含量呈先上升后下降趋势（P<0.05）。添加促发酵剂显著提高了体外培养产气量、干物质消化率以及瘤胃氨态氮含量（P<0.05）。促发酵剂及柱花草比例对体外培养的丙酸、瘤胃氨态氮含量有显著的交互影响（P<0.05）。

表 3-5 添加剂及不同比例王草柱花草混合青贮对体外培养发酵品质的影响

发酵参数	无添加						促发酵添加剂						SEM	P 值		
	T1	T2	T3	T4	T5	T6	T1	T2	T3	T4	T5	T6		添加剂	柱花草比例	交互作用
产气/（mL/g）	7.62	4.45	2.93	3.46	6.79	14.7	17.6	19.4	20.0	22.8	19.0	25.8	1.66	0.000 1	0.000 2	0.066 3
干物质消化率/% DM	25.2	19.2	16.8	13.5	18.0	19.3	30.6	26.5	30.0	27.4	25.5	27.1	3.04	0.000 1	0.271 2	0.653 5
pH	6.90	6.90	6.89	6.88	6.89	6.87	6.91	6.90	6.89	6.87	6.88	6.86	0.01	0.908 4	0.000 8	0.819 6

续表

发酵参数	无添加						促发酵添加剂						SEM	P 值		
	T1	T2	T3	T4	T5	T6	T1	T2	T3	T4	T5	T6		添加剂	柱花草比例	交互作用
乙酸/%	57.7	57.3	57.5	56.9	57.7	57.3	57.3	57.3	57.3	57.5	57.7	56.9	0.55	0.810 6	0.870 1	0.944 2
丙酸/%	32.3	29.5	30.5	31.8	28.2	29.3	29.7	28.9	28.7	29.8	32.1	28.7	0.96	0.295 8	0.230 0	0.030 2
丁酸/%	8.35	8.67	7.19	6.69	7.99	7.83	7.39	7.44	8.12	6.53	7.42	7.49	0.44	0.136 9	0.044 6	0.220 4
戊酸/%	1.01	0.98	1.00	1.11	1.01	1.08	0.99	1.05	0.93	1.12	0.95	0.92	0.06	0.336 6	0.250 2	0.626 7
瘤胃氨态氮（mg/100 mL）	1.35	1.33	2.02	1.50	1.22	1.38	1.35	2.80	5.06	4.98	4.99	5.66	0.33	0.000 1	0.000 1	0.000 1

3.2.2　讨论

结果表明，柱花草含水量、中性洗涤纤维含量低于王草，粗蛋白、粗纤维含量高于王草。随着柱花草比例的增加，青贮的 pH 显著降低（$P<0.05$），可能是由于柱花草中性洗涤纤维含量较低，有助于发酵导致的。体外培养试验中，添加柱花草的组较无添加组的产气量和干物质消化率有不同程度的降低，可能是由于柱花草的粗纤维含量较高导致的。添加促发酵剂对混合青贮发酵无积极影响，但能显著提升饲料体外培养消化率及产气量、瘤胃氨态氮含量（$P<0.05$），可能是由于促发酵剂中含有多种益生菌，能有效提升瘤胃微生物活性，促进瘤胃体外培养发酵。

3.2.3　结论

综上所述，添加柱花草和王草混合青贮质量比为 50 : 50 时发酵品质较好，添加促发酵添加剂能显著提升饲料体外培养发酵品质，有利于提升动物饲养效率。

第 4 章　全植株玉米及其饲料配方

4.1　全植株玉米单一青贮技术要点

本研究主要针对全株玉米青贮方法开展讨论、全株玉米购自海南省东方市玉米基地，收割切碎后用于开展本研究试验设计四个处理组分别为对照组（无添加）、处理一（糖蜜添加）、处理二（乳酸菌添加）、处理三（纤维素酶添加）四个处理，控制水分在 60%左右进行青贮，测其营养成分、发酵品质以及体外培养消化情况。测定方法及指标参照第二章 2.2.2.1 中的测定方法。实验数据采用 SAS 9.2 进行单因素统计分析（$P<0.05$）。

4.1.1　结果

由表 4-1 可见，添加剂处理全植株玉米单一青贮显著提升了其脂肪含量（$P<0.05$）。在表 4-2 中，糖蜜处理显著降低了青贮的 pH（$P<0.05$），乳酸含量较对照组显著提升（$P<0.05$），处理三组乙酸含量显著高于对照组（$P<0.05$）。体外培养方面（表 4-3），添加剂处理显著提升了体外培养的产气量（$P<0.05$），对干物质消化率等无显著影响（$P<0.05$）。

表 4-1　各处理组的混合青贮中的营养成分　　单位：% DM

营养成分	对照组	处理一	处理二	处理三	SEM
水分	64.30	63.30	64.74	58.43	0.87
粗蛋白质	3.98	3.87	4.13	3.83	0.14
粗脂肪	0.29[b]	0.60[a]	0.66[a]	0.67[a]	0.05
中性洗涤纤维	26.88	23.61	27.30	22.98	1.89
酸性洗涤纤维	14.64	12.48	13.93	11.79	0.87
粗灰分	5.26	5.02	5.22	5.15	0.13

表 4-2　各处理组的混合青贮发酵品质

发酵参数	对照组	处理一	处理二	处理三	SEM
pH	4.22[a]	3.94[b]	4.30[a]	4.18[ab]	0.06
乳酸（g/kg DM）	16.9[b]	41.9[a]	33.9[a]	36.6[a]	3.00
乙酸（g/kg DM）	26.3[b]	21.0[b]	24.3[b]	33.7[a]	1.40
丙酸（g/kg DM）	5.35	0.00	0.00	0.00	2.31
丁酸（g/kg DM）	1.56	1.07	0.86	1.07	0.54

表 4-3　各处理组产气、干物质消化率、蛋白质消化率及瘤胃发酵

发酵参数	对照组	处理一	处理二	处理三	SEM
产气（mL/g）	169[b]	208[a]	201[a]	207[a]	10.85
干物质消化率（% DM）	63.2	67.1	62.2	65.5	2.03
pH	6.41	6.46	6.46	6.43	0.03
乙酸（%）[1)]	58.0	58.4	56.6	55.6	1.26
丙酸（%）	30.5	28.1	31.2	32.2	1.45
异丁酸（%）	1.27	1.28	1.35	1.40	0.17
丁酸（%）	7.19	8.61	7.64	7.50	0.56
异戊酸（%）	2.09	2.51	2.21	2.29	0.16
戊酸（%）	0.92	1.10	0.97	1.01	0.07

注：1）摩尔分数。

4.1.2　结论

结果表明，全植株玉米秆青贮品质较好，中性洗涤纤维、酸性洗涤纤维较低，青贮发酵 pH 低，水分为 60%时单一青贮较为适宜。添加剂处理可以显著提升体外培养产气量（$P<0.05$），添加糖蜜处理能显著降低其青贮 pH（$P<0.05$）。

4.2 全植株玉米混合青贮技术要点

全株玉米混合青贮采用玉米和木薯茎叶混合青贮，设置双因素处理，分别为：T1（玉米：木薯茎叶＝100：0）、T2（玉米：木薯茎叶＝90：10）、T3（玉米：木薯茎叶＝80：20）、T4（玉米：木薯茎叶＝70：30）、T5（玉米：木薯茎叶＝60：40）、T6（玉米：木薯茎叶＝50：50）。检测其营养成分、发酵品质以及体外培养消化情况。测定方法及指标参照第二章 2.2.2.1 中的测定方法。数据处理及分析参照第二章 2.2.2.1 中的数据处理与分析。

4.2.1 结果

由表 4-4 可见，随着木薯茎叶比例的增加，青贮的蛋白质含量显著降低（$P<0.05$），高水分显著提升了青贮饲料的脂肪含量（$P<0.05$）。青贮品质方面（表 4-5），添加木薯茎叶显著提升了青贮的 pH（$P<0.05$）。体外培养试验中（表 4-6），添加木薯茎叶的比例显著影响其瘤胃乙酸含量（$P<0.05$），不同水分显著影响其瘤胃丙酸含量（$P<0.05$）。

4.2.2 结论

结果表明，高水分玉米秆和木薯茎叶混合青贮发酵品质较好，青贮 pH 均在 4.2 以下，乳酸含量较高，体外培养消化率较高。添加木薯茎叶降低了饲料的营养成分，但是提升了瘤胃发酵乙酸含量，对瘤胃消化有益。采用全植株玉米和木薯茎叶混合青贮可行，最高比例可达 50：50。

表 4-4　不同水分和不同比例全植株玉米和木薯茎叶混合青贮营养成分

单位：% DM

	水分 75%						水分 85%						SEM	P 值		
	T1	T2	T3	T4	T5	T6	T1	T2	T3	T4	T5	T6		水分	木薯茎叶比例	交互作用
水分	78.1	76.2	75.5	74.9	74.3	73.8	84.8	82.9	82.4	82.1	81.8	80.8	0.75	0.204 4	0.354 1	0.500 7
粗蛋白质	11.0	1.1	9.67	9.13	8.56	7.75	10.8	10.3	10.0	9.15	8.73	8.35	0.16	0.678 9	0.000 1	0.005 4
粗脂肪	1.64	2.19	1.52	2.80	1.55	1.37	2.07	4.20	4.51	3.71	5.20	4.87	0.60	0.000 1	0.157 4	0.051 7
中性洗涤纤维	51.2	50.6	51.4	49.3	50.6	51.4	51.9	48.7	50.2	50.7	50.5	49.5	1.45	0.284 2	0.492 3	0.696 3
酸性洗涤纤维	24.4	25.8	27.2	27.3	24.9	31.8	25.7	27.6	27.0	27.7	27.5	29.4	2.07	0.339 2	0.587 4	0.830 8
粗灰分	9.43	8.96	8.50	7.73	7.21	6.92	9.21	8.76	7.84	7.87	7.36	6.91	0.11	0.076 9	0.133 2	0.188 3
粗纤维	19.3	19.6	19.6	20.8	21.6	22.9	18.7	19.2	19.3	21.5	20.9	18.5	2.40	0.365 2	0.632 6	0.894 7

表 4-5　不同水分和不同比例全植株玉米和木薯茎叶混合青贮发酵品质

	水分 75%						水分 85%						SEM	P 值		
	T1	T2	T3	T4	T5	T6	T1	T2	T3	T4	T5	T6		水分	木薯茎叶比例	交互作用
pH	4.06	4.02	4.03	4.05	4.04	4.07	4.05	3.93	3.95	3.98	4.05	4.08	0.00	0.013 9	0.024 1	0.034 1
乳酸（g/kg DM）	8.18	9.22	8.00	8.63	7.89	6.77	8.93	10.98	9.92	9.28	9.44	8.66	2.43	0.367 2	0.636 0	0.899 4
乙酸（g/kg DM）	5.80	5.80	5.03	5.07	4.96	4.06	6.88	8.10	7.01	6.38	6.67	6.11	1.29	0.267 9	0.464 0	0.656 2
丙酸（g/kg DM）	0.09	0.05	0.07	0.04	0.00	0.00	0.08	0.12	0.07	0.04	0.03	0.01	0.00	0.007 9	0.013 7	0.019 4
丁酸（g/kg DM）	1.93	1.96	0.35	0.43	0.34	0.12	0.16	0.61	0.50	0.18	0.23	0.14	0.41	0.151 2	0.261 9	0.370 4

表 4-6　不同水分和不同比例全植株玉米和木薯茎叶混合青贮体外培养发酵情况

	水分 75%						水分 85%						SEM	P 值		
	T1	T2	T3	T4	T5	T6	T1	T2	T3	T4	T5	T6		水分	木薯茎叶比例	交互作用
pH	6.60	6.61	6.60	6.62	6.58	6.54	6.64	6.62	6.60	7.04	6.61	6.61	0.06	0.055 9	0.096 8	0.136 9
产气（mL/g DM）	39.7	39.3	39.0	41.7	42.0	42.0	37.3	40.7	40.0	38.0	39.0	40.2	2.82	0.395 8	0.685 5	0.969 4
干物质消化率（% DM）	43.8	43.3	42.2	43.0	42.6	42.7	39.2	42.7	42.0	40.8	40.6	40.2	2.45	0.368 8	0.638 8	0.903 4
乙酸（%）[1]	62.6	58.1	62.7	62.5	48.6	62.7	63.4	61.9	61.8	62.0	41.5	61.5	1.30	0.277 1	0.000 1	0.011 6
丙酸（%）[1]	28.4	26.1	27.8	27.9	37.8	27.5	27.8	28.5	28.7	28.4	19.1	28.2	0.61	0.000 1	0.532 2	0.000 1
异丁酸（%）[1]	1.21	1.12	1.18	1.19	1.65	1.81	1.17	1.24	1.25	1.22	0.83	1.23	0.13	0.084 4	0.146 1	0.206 7
丁酸（%）[1]	5.01	5.02	5.62	5.81	7.11	5.88	5.14	5.42	5.63	5.81	4.81	6.15	0.26	0.119 3	0.206 6	0.292 1
异戊酸（%）[1]	1.86	1.75	1.85	1.82	2.54	2.79	1.88	1.94	1.96	1.91	1.94	1.94	0.27	0.121 8	0.210 9	0.298 2
戊酸（%）[1]	0.93	0.93	0.90	0.87	1.19	1.31	0.92	0.98	0.97	0.92	0.85	0.93	0.06	0.059 5	0.103 1	0.145 8

注：1）摩尔分数。

第 5 章　全植株木薯及其饲料配方

5.1　木薯概况

木薯，又称南洋薯、木番薯（Cassava），大戟科木薯属植物，拉丁学名 *Manihot esculenta* Crantz，是热带和亚热带地区广泛种植的一年生根茎作物，原产亚马逊地区，随着种植技术传播，现在在南、北纬 30 度以内的地区都能见到木薯，其已经成为全球热带地区约 500 万人的主食，耐旱、适应强（崔艺燕等，2018）。木薯是当前生产淀粉和生产生物能源的重要原料，也是世界第三大食物能量来源之一。我国在 19 世纪 20 年代开始种植木薯，目前在两广地区、海南、云南等热带地区有广泛我国热带地区四大作物就包括了木薯，现在主要是利用木薯块根。木薯块根淀粉含量高，可达 30%，当下主要用于食用、生产淀粉等。不仅用于食用，木薯淀粉还能用于食品、饮料、医药、纺织、造纸等行业，可以用于制作酒精，生产柠檬酸、谷氨酸、赖氨酸等，也能生产葡萄糖、果糖等。随着科技发展，近年来，木薯因其能生产环保型燃料乙醇，成为了热门的生物质能源作物，国际市场对木薯的需求量逐年增长，预测在 2020 年世界木薯产量将达到 2.71 亿吨（张芹等，2017）。

木薯种植生产过程中除了产生块根外，每年产生大量副产物，其中包括木薯块根生产完剩下的木薯渣以及木薯叶等，木薯叶产量达每年约 300 万吨

（徐缓等，2016）。其中木薯叶产量也不容忽视。木薯叶过去一直不被人们重视，主要被利用来沤肥做绿肥使用或者用于干柴燃烧，有的甚至直接弃置。这是巨大的资源浪费。当下天然植物叶的利用已经备受国内外的重视，作为新资源开发食品、保健品及工业原料等，同为薯类的甘薯叶，已经广泛在菜市场流通当作日常青菜了，并且已经开发了很多相关的食品和保健品等。而木薯叶的开发利用也越来越受重视。

5.1.1　木薯叶的营养价值及重要用途

与主要由碳水化合物组成的根部不同，树叶可以在植物的任何生长阶段收获。有报道（邓干然等，2018）表明，每公顷木薯可产新鲜木薯叶 20～30 t，其产量可观。木薯叶中含有丰富的蛋白质，其矿物质、维生素 B1、B2、C 以及胡萝卜素含量也丰富，营养组成与绝大多数的热带豆科牧草相似。通常被认为是良好蛋白质来源。与其他绿色水果相比，木薯叶在蛋白质供给上更具优势。现有的文献（Latif et al.，2015）表明，除了蛋氨酸、赖氨酸和异亮氨酸含量较低外，木薯叶蛋白的氨基酸组成比牛奶、奶酪、大豆、鱼和鸡蛋的氨基酸组成要好。然而，虽然叶子的宏观和微观营养含量可能很高，但所使用的加工技术可能会导致营养的巨大损失。

许多研究已经证明，树叶除了营养成分丰富外，它们还含有大量具有高抗氧化活性的植物化学物质（Siqueira et al.，2007；吴秋妃，2019）。研究表明，木薯叶中含有大量的植物生物活性物质，在亚马逊丛林生活的印第安人，以木薯叶粉为食，其抗病能力有明显的提升。其中起作用的主要是木薯叶中的黄酮类化合物和类胡萝卜素。黄酮类化合物，具有消除氧自由基、抗癌症、抗氧化等作用。类胡萝卜素是维生素 A 合成的前提，能淬灭单线态氧和捕捉过氧化自由基，具有较强的抗氧化作用，可以提高机体免疫能力、预防心血管疾病等。木薯叶作为保健品开发的前景广阔，但其具体的利用方式还需进一步研究。

木薯叶营养物质丰富，但也含有抗营养因子，这也是制约木薯叶利用的

一大难题。木薯叶中的抗营养因子主要是氢氰酸、单宁和植酸（Piccirillo et al., 2016）。氢氰酸食用过多会导致动物出现中毒，单宁和植酸主要影响动物消化和采食等。因此，在使用木薯叶之前，应该对其采取适当的加工方法。

现在对木薯叶的利用主要是用于动物饲养。在国外有学者（Wanapat et al., 2000）将木薯进行密植，种植 3～4 个月后在距离地面约 20 cm 处收获未木质化的木薯顶端，然后每两个月收割一次。收获后，将木薯叶生物量晒干 2～3 天，即可获得干（85%干物质）的木薯饲料，称为“木薯干草”。晒干可使氢氰酸含量降低 90%以上，可制得品质优良的木薯干草。与豆粕和苜蓿干草相比，木薯干草含有约 25%的粗蛋白，氨基酸组成相对较好。此外，木薯干草只含有 2%～4%的缩合单宁，而成熟的木薯叶片在收获根茎时含有超过 6%的缩合单宁。生产木薯干草作为高蛋白饲料是提高整个木薯作物蛋白质能量比的一种手段。

新鲜木薯叶包含部分叶柄，经过干燥磨碎成粉，制成木薯叶粉，主要用于鸡鸭牛等的饲料添加，改善日粮营养水平。20 世纪 60 年代我国广西广东地区将木薯叶用于蓖麻蚕的养殖（钟社棣，1960），木薯叶蚕生产的蚕丝质量较好，深受市场喜爱。发展到后期，用木薯叶养蚕的目的，从蚕丝的使用变成了蚕蛹的食用，研究表明，木薯叶养蚕，其蚕蛹蛋白含量高、氨基酸含量丰富，营养价值丰富深受市场喜爱（贾雪峰等，2016）。

木薯叶养蚕多是将其制成木薯叶粉进行利用，生产中还将木薯叶粉用于家禽的饲养。在肉鸭饲粮中用 5%木薯叶粉代替麦麸，对生长性能没有负面影响，但可以降低成本，并且不会对其健康造成影响（夏中生等，1992）。李茂等（2016）表示添加 5%木薯叶粉能提高鹅生长性能，对其健康没有影响。木薯叶粉添加量 30%以下，对肉鸡的生长性能没有影响，但是能降低其饲料成本（马亨德兰纳散等，1976；王东劲等，2000）。

木薯叶在肉猪饲养中也有应用，在生长育肥猪生产中，在其日粮中添加木薯叶，其脂肪量、背膘厚随着添加比例（4%，8%，12%）增加而降低，对其屠宰率没有影响（Phuc，2006）。而关于木薯叶在妊娠母猪日粮的应用，有

报道表明，添加 10%晒干木薯叶，能提升产仔数，降低仔猪腹泻率（Phuc，2006）。虽然其对生长性能等有所提升，但是木薯叶中抗营养因子限制了其在单胃动物中的应用。

Thang 等（2010）将木薯叶和柱花草直接用于杂交牛饲养时，结果表明，只饲喂木薯叶时杂交牛生长速率慢，相对于混合组采食量有所降低，对氮滞留率也有负面影响。这可能与直接饲喂木薯叶其抗营养因子含量无法降低有关。而在另一篇报道（Do et al.，2002）中，木薯叶与氨化后的稻草进行不同比例组合饲喂山羊，结果表明木薯叶摄入量在 0～47% DM 时，其采食量、有机物消化率、粗纤维消化率和氮素每日保留量都显著增加。木薯叶经过青贮处理后其抗营养因子含量会得到显著降低，用添加 5%糖蜜青贮的木薯叶饲喂侏儒山羊，能改善其瘤胃参数。在山羊棕榈油废弃物日粮中添加木薯叶青贮饲料和有机微量矿物质对山羊营养组分消化率和总氮无显著影响，但是能提高其日增重（Adhianto et al.，2020）。

5.1.2　木薯叶青贮的研究进展

牧草饲料保存时间有限，过久会腐败霉变，降低牧草营养价值甚至产生毒性。而青贮饲料是将鲜草进行密封发酵，达到可以长期保存的目的，青贮是用于长期保存饲料的最经典的方法之一（佟桂娟，2014）。牧草在合适的其青贮调制方法下，能提升其营养品质（赵士萍等，2016）。在多雨潮湿的热带地区，如海南岛，木薯叶粉的制作消耗较大难以实现，因而将木薯叶制成青贮饲料是保存木薯叶作为旱季饲喂饲料的一种合适方法。另外，木薯叶中含有氢氰酸，是其作为蛋白饲料资源的主要阻碍。研究表明，木薯叶中的氢氰酸经过自然干燥或青贮发酵后大部分可以被降解，达到可以被动物采食的程度（曾俊棋，2015；田静等，2017；Man et al.，2001）。

新鲜木薯叶含水量大，碳水化合物含量低，研究表明其直接青贮的青贮品质较差。青贮饲料品质差，可以通过添加青贮添加剂改善其青贮品质。添加适宜浓度的有机酸（李茂等，2019a）、葡萄糖（李茂等，2019b）、单宁酸

（李茂等，2019c）等均能显著提升木薯叶青贮的营养价值。不仅如此，吕仁龙等（2020）发现将木薯叶与菠萝皮进行混合青贮，也能提升其青贮品质。姜义宝等（2005）、马健等（2016）、李琳等（2020）及陈鑫珠等（2021）分别将不同高度的高丹草、禾王草、芦竹、王草进行青贮，研究其发酵品质，结果表明，青贮饲料的营养品质还受到植物生长高度和刈割时间等的影响。而不同高度对木薯叶营养价值和青贮品质的影响还没有报道。

海南岛在我国最南端，地处热带地区，该地区牧草具有夏季生长旺盛冬季生长缓慢的生长特点，导致夏季牧草过剩，冬季牧草不足，制约着海南岛畜牧业的发展。在我国北方地区，主要是制作干草，用于克服冬季牧草短缺的问题，而海南岛降雨频繁，常年湿润多雨，空气湿度大，难以制备干草，干草保质期较短。综上所述，将木薯叶制成青贮饲料，不仅能降低木薯叶中的氢氰酸含量，还能改善冬季牧草短缺的问题，为短缺的蛋白饲料增加一种来源。

5.2 全植株木薯单一青贮

木薯作为一种重要的热带作物，其叶部具有很高饲用价值的资源。然而，木薯的生长高度可能会对其叶子的饲用价值和青贮品质产生影响。因此，本节将详细探讨生长高度对木薯叶饲用价值和青贮品质的影响。

5.2.1 试验材料

试验所需的木薯、王草均种植在中国热带农业科学院儋州的试验基地。当地的气候为热带季风气候，气候特点是夏秋高温多雨，冬春季节低温干旱。

5.2.2 试验设计及方法

试验分为4个木薯的不同生长高度处理，分别为0.9 m（H1）、1.2 m（H2）、

1.5 m（H3）和 1.8 m（H4），样品收割后，切碎至 2～3 cm，晾晒一天后，每个取 200 g 烘干磨粉。将晾晒好的样品称取称取约 200 g，装入真空袋中，每个处理 3 个重复，装好后用真空机密封，在常温避光（约 25 ℃）的环境下贮藏，30 天以后开袋，取样进行营养成分分析和青贮品质评价。

常规营养成分和青贮品质测定指标参照——微生物蛋白（MCP）含量测定参照李世霞等（2008）采用三氯乙酸沉淀蛋白法测定。

体外发酵参数计算使用 $GP=a+b(1-e^{-ct})$ 模型（GP 为贮藏时间 t 的产气量）（Orskov et al.1979），将测得的时间节点的产气量代入上述模型，根据非线性最小二乘法原理求得快速发酵部分产气量（a）、慢速发酵部分产气量（b）、慢速发酵部分的产气速率（c）、潜在产气量（$a+b$）。

5.2.3　结果

5.2.3.1　生长高度对木薯叶饲用价值和青贮品质的影响

不同生长高度的木薯叶进行营养成分测定，其结果如表 5-1 所示。结果表明，不同生长高度对木薯叶的 DM、CP 和 ASH 含量有影响，对 NDF、ADF 和 EE 含量没有影响。DM 含量以 H1 最高，显著高于其他组（$P<0.05$）。H2 木薯叶 DM 含量显著低于其他组（$P<0.05$），但其 CP、EE 含量较高。四个不同生长高度木薯叶 RFV 值差异不显著（$P>0.05$），但是随着高度增加有降低的趋势。

由表 5-2 可知不同生长高度对木薯叶青贮营养成分的影响和木薯叶的略有差别，H1 和 H4 木薯叶青贮的 DM 显著高于其他组（$P<0.05$）。不同生长高度对木薯叶青贮的 NDF、ADF 和 EE 含量没有影响，和木薯叶保持一致。H2 木薯叶青贮 ASH 含量显著高于其他组（$P<0.05$），四个高度木薯叶青贮之间 RFV 值差异不显著（$P>0.05$）。

不同生长高度木薯叶的青贮品质如表 5-3 所示。H2 木薯叶青贮的 pH、乙酸含量显著高于其他组（$P<0.05$），乳酸含量显著低于 H1 和 H4（$P<0.05$），丁酸含量显著高于 1.8 m（$P<0.05$），0.9 m 丙酸含量显著高于其他组（$P<$

0.05)。Flieg 评分结果显示，H2 木薯叶青贮发酵品质最差，评分显著低于其他组（$P<0.05$），其中以 H4 木薯叶青贮评分最高，等级划分为良。

结果表明，木薯叶营养品质随着生长高度增加而降低，以 1.2 m 高度木薯叶营养品质较好。而不同生长高度木薯叶青贮结果显示 1.2 m 木薯叶营养价值虽较好，但是其直接青贮效果不佳，因此木薯叶直接青贮以 1.8 m 高度刈割青贮效果较好。

表 5-1　生长高度对木薯叶营养成分的影响

分组	DM/%	CP/%DM	EE/%DM	NDF/%DM	ADF/%DM	ASH/%DM	RFV
H1	18.99±0.30^{a}	3.27±0.16^{b}	6.85±0.66	49.11±3.09	42.61±4.10	7.36±0.18^{b}	107.19±13.44
H2	14.07±0.29^{c}	18.36±0.49^{a}	6.50±1.25	51.93±0.88	38.87±0.78	8.73±0.34^{a}	105.07±2.04
H3	17.41±0.36^{b}	12.92±0.56^{b}	7.88±0.28	53.49±0.28	42.9±2.02	8.09±0.28^{ab}	96.48±2.74
H4	17.69±0.48^{b}	13.31±0.87^{b}	8.84±1.89	53.26±0.43	44.84±0.69	6.55±0.10^{c}	94.28±1.25

注：同一项目数据肩标无字母或相同字母表示差异不显著（$P>0.05$），同一项目数据标不同字母表示差异显著（$P<0.05$）。下表同。

表 5-2　生长高度对木薯叶青贮营养成分的影响

分组	DM/%	CP/%DM	EE/%DM	ADF/%DM	NDF/%DM	ASH/%DM	RFV
H1	21.65±1.37^{a}	12.24±0.34^{b}	6.12±0.31	61.22±3.15	60.6±2.03	7.31±0.14^{bc}	63.86±5.25
H2	17.83±0.79^{b}	15.57±1.06^{a}	7.02±0.9	61.71±1.28	55.02±3.81	9.73±0.31^{a}	69.50±5.12
H3	18.05±0.23^{b}	11.6±0.75^{b}	6.39±0.51	63.64±3.42	57.46±1.49	7.98±0.34^{b}	65.06±5.12
H4	25.83±3.14^{a}	12.34±0.46^{b}	6.52±0.94	64.59±5.7	58.87±4.7	6.81±0.11^{c}	63.39±9.75

表 5-3　生长高度对木薯叶青贮品质的影响

分组	pH	乳酸/（g/kg DM）	乙酸/（g/kg DM）	丙酸/（g/kg DM）	丁酸/（g/kg DM）	Flieg 评分
H1	4.29±0.23^{b}	4.89±1.37^{a}	0.32±0.18^{b}	0.10±0.03^{a}	0.42±0.10^{ab}	62.00±4.16^{a}
H2	5.21±0.15^{a}	0.93±0.08^{b}	1.58±0.05^{a}	0.03±0.00^{b}	0.83±0.28^{a}	4.67±2.67^{b}
H3	4.37±0.13^{b}	3.22±0.32^{ab}	0.26±0.09^{b}	0.00±0.00^{b}	0.35±0.23^{ab}	63.67±4.10^{a}
H4	3.93±0.04^{b}	5.30±0.68^{a}	0.21±0.05^{b}	0.02±0.00^{b}	0.18±0.03^{b}	73.33±3.33^{a}

5.2.3.2　生长高度对木薯叶体外发酵特征的影响

将不同生长高度木薯叶进行体外发酵试验，其产气情况如表 5-4 所示。

72 h 体外产气量以 H2 木薯叶最高，显著高于其他组（$P<0.05$）。体外产气参数计算结果显示，四个高度之间 a 值差异不显著（$P>0.05$），b 值和 $a+b$ 值以 H2 高度最高。不同生长高度木薯叶之间的体外培养消化率差异不显著（$P>0.05$），MCP 含量 H3 显著高于 H1 和 H4（$P<0.05$），氨态氮含量 H4 最高，显著高于 H1（$P<0.05$）。

表 5-4　生长高度对木薯叶体外发酵特征的影响

分组	72 h 产气量/mL	产气参数				体外消化率/% DM	微生物蛋白/(mg/mL)	氨态氮/(mg/dL)
		a/mL	b/mL	$a+b$/mL	c/(mL/h)			
H1	23.73 ± 1.40^{b}	1.38 ± 0.98	24.69 ± 1.59^{ab}	23.3 ± 1.24^{a}	0.069 ± 0.002	56.01 ± 4.04	1.46 ± 0.37^{bc}	33.52 ± 2.87^{b}
H2	26.33 ± 0.97^{a}	1.82 ± 2.61	27.29 ± 3.50^{a}	25.46 ± 1.11^{a}	0.07 ± 0.003	59.1 ± 3.64	1.7 ± 0.41^{ab}	36.22 ± 3.21^{ab}
H3	20.23 ± 0.67^{c}	0.18 ± 1.69	19.16 ± 2.34^{b}	19.33 ± 0.65^{b}	0.081 ± 0.005	59.13 ± 2.89	2.41 ± 0.51^{a}	35.81 ± 3.2^{ab}
H4	20.73 ± 1.79^{c}	0.18 ± 3.99	19.85 ± 5.86^{b}	20.03 ± 2.07^{b}	0.077 ± 0.014	55.66 ± 1.25	0.89 ± 0.15^{c}	39.84 ± 0.62^{a}

不同生长高度木薯叶青贮体外发酵特征如表 5-5 所示。H1 木薯叶 72 h 产气量最高为 31.53 mL，显著高于其他组（$P<0.05$）。H2 木薯叶青贮体外产气参数 a 值显著低于其他组（$P<0.05$），b 值、c 值显著高于其他组（$P<0.05$）。体外消化率 H2 组最高，达到 70.77%，显著高于 H3 和 H4（$P<0.05$），H1 组微生物蛋白含量最高，显著高于 H4（$P<0.05$）。不同高度对木薯叶青贮体外发酵的氨态氮含量无显著差异（$P>0.05$）。

表 5-5　生长高度对木薯叶青贮体外发酵特征的影响

分组	72 h 产气量/mL	产气参数				体外消化率/% DM	微生物蛋白/(mg/mL)	氨态氮/(mg/dL)
		a/mL	b/mL	$a+b$/mL	c/(mL/h)			
H1	31.53 ± 0.65^{a}	3.63 ± 1.52^{a}	34.34 ± 1.44^{b}	30.72 ± 0.49^{a}	0.082 ± 0.002^{b}	62.79 ± 5.01^{ab}	1.44 ± 0.12^{a}	39.45 ± 0.46
H2	29.27 ± 1.21^{b}	8.12 ± 1.57^{b}	37.22 ± 2.13^{a}	29.11 ± 1.14^{ab}	0.093 ± 0.009^{a}	70.77 ± 6.2^{a}	0.65 ± 0.10^{c}	37.7 ± 2.17
H3	27.2 ± 1.04^{c}	5.55 ± 0.93^{a}	32.57 ± 1.39^{b}	27.01 ± 1.09^{bc}	0.073 ± 0.003^{b}	52.74 ± 3.2^{bc}	0.68 ± 0.06^{c}	37.23 ± 0.88
H4	28.4 ± 0.69^{bc}	3.67 ± 0.85^{a}	31.64 ± 0.64^{b}	27.97 ± 0.6^{c}	0.075 ± 0.006^{b}	45.6 ± 7.43^{c}	0.95 ± 0.14^{b}	38.87 ± 0.59

5.2.3.3　生长高度对木薯叶瘤胃发酵参数的影响

将取得的培养液进行瘤胃发酵参数测定，测定结果如表 5-6 和表 5-7 所示。

不同高度对木薯叶瘤胃发酵参数的影响如表 5-6 所示，可知，H3 木薯叶瘤胃液 pH 显著高于 H1 和 H2（$P<0.05$），H4 木薯叶体外培养瘤胃液 pH 显著高于 H1（$P<0.05$），组间 pH 差别不超过 0.1，差别较小。不同高度木薯叶进行体外培养，其乙酸、丙酸、异丁酸、异戊酸、戊酸摩尔比例均无显著差异（$P>0.05$），H2 丁酸摩尔比例显著低于其他组（$P<0.05$）。

表 5-6　生长高度对木薯叶瘤胃发酵参数的影响

	H1	H2	H3	H4
pH	6.67±0.01[c]	6.69±0.01[bc]	6.73±0.02[a]	6.71±0.03[ab]
乙酸/mol%	60.66±1.94	59.09±2.35	59.62±1.02	59.34±0.55
丙酸/mol%	15.32±0.38	15.32±0.16	15.16±0.44	15.30±0.17
异丁酸/mol%	0.60±0.04	0.66±0.04	0.64±0.01	0.65±0.01
丁酸/mol%	4.41±0.15[a]	4.14±0.13[b]	4.49±0.07[a]	4.58±0.06[a]
异戊酸/mol%	18.44±1.52	20.2±2.26	19.5±0.62	19.54±0.32
戊酸/mol%	0.57±0.04	0.59±0.04	0.59±0.01	0.60±0.01

不同高度木薯叶青贮体外培养瘤胃发酵参数结果如表 5-7 所示。结果表明，不同高度木薯叶青贮体外培养瘤胃液 pH、乙酸摩尔比例差异不显著（$P>0.05$），H1 和 H4 丙酸摩尔比例显著高于 H2 和 H3（$P<0.05$），H2 丁酸、异戊酸和戊酸摩尔比例显著低于其他组（$P<0.05$）。

表 5-7　生长高度对木薯叶青贮体外培养瘤胃发酵参数的影响

	H1	H2	H3	H4
pH	6.69±0.06	6.69±0.02	6.67±0.02	6.68±0.01
乙酸/mol%	57.33±0.92	56.13±1.28	58.09±1.23	56.13±1.16
丙酸/mol%	16.41±0.14[a]	14.17±0.47[c]	15.43±0.20[b]	16.53±0.27[a]
异丁酸/mol%	0.65±0.03[b]	0.74±0.02[a]	0.67±0.03[b]	0.68±0.02[b]
丁酸/mol%	4.85±0.07[a]	4.59±0.22[b]	5.00±0.10[a]	4.94±0.09[a]
异戊酸/mol%	20.11±0.96[b]	23.59±0.74[a]	20.18±1.29[b]	21.06±1.18[b]
戊酸/mol%	0.66±0.02[b]	0.78±0.01[a]	0.64±0.03[b]	0.66±0.03[b]

结果表明：1.2 m 木薯叶的营养价值较高，其瘤胃发酵参数表明，1.2 m 木薯叶在瘤胃培养时其超期效果较好。而不同生长高度对木薯叶青贮的影响表明，以 1.8 m 高度木薯叶制作青贮的发酵品质较好。

5.2.4　讨论

5.2.4.1　生长高度对木薯叶饲用价值和青贮品质的影响

植物组织的营养成分随着植物的生长过程发生着不同的变化，营养成分含量能反映该饲料的营养价值（刘玉等，2018）。饲草中 CP 含量是动物蛋白质需求的主要来源，可以评价牧草营养价值高低。本试验中，木薯叶 CP 含量以 1.2 m 高度为最高，达到 18.36%，冀凤杰等（2015）的报道表示木薯叶蛋白含量在 20.6%－37.4%，而本试验中四个高度木薯叶蛋白含量仅为 12.92%－18.36%，本试验结果较低，可能是由于植物生长过程还受不同季节和温度的影响。对不同高度木薯叶的营养成分研究可以看出，木薯叶和木薯叶青贮各生长高度之间的 NDF、ADF、EE 含量差异并不显著。本试验中木薯叶 NDF 和 ADF 含量虽不显著，但呈现随着生长高度变大的趋势，这与刘玉等（2018）在不同高度构树中的结果相似。说明在植物生长时期，植物高度越高，其纤维含量越高。RFV 值是利用 NDF 和 ADF 含量，计算得出饲草的相对饲用价值，本试验 RFV 值表明，木薯叶生长高度越高，木薯叶相对饲用值越低。本研究中木薯叶经过青贮处理，NDF、ADF 含量均超出了木薯叶的含量，这与罗阳等（2020）的研究相似，经过青贮后的 NDF 含量有所提升，可能是由于发酵过程中微生物对 NDF 含量产生了影响。不同高度木薯叶的营养价值研究，还应该综合考虑一年的气候，可以进一步将气候等因素考虑在内。

pH 和有机酸含量是评价发酵品质的主要指标，降低 pH 可促进乳酸菌发酵改善青贮品质，低 pH 能抑制有害菌的生长繁殖，保证青贮饲料的品质。优质青贮饲料的 pH 低于 4.2。有机酸含量是反映发酵过程好坏的重要指标。

青贮时，某些微生物的活动会分解乳酸、糖类，将蛋白质水解，这个过程会产生丁酸及大量的氨和胺，丁酸散发着恶臭味，使青贮饲料因腐烂而失去饲用价值。所以丁酸的含量越少，说明青贮中的有害微生物越少，青贮饲料越容易保存。将乳酸含量在 30～130 g/kg，丁酸含量小于 2 g/kg 的饲料可认为是优质青贮饲料。而本试验中将不同高度木薯叶直接进行青贮试验，0.9 m、1.2 m、1.5 m 高度的青贮品质都较差，仅 1.8 m 木薯叶符合优质青贮饲料的标准。而 Fileg 氏评分以青贮饲料中的乙酸、乳酸、丁酸含量为依据，根据三者所占重量比进行评分，得分越高，代表青贮饲料品质越好，本试验中 1.8 m 木薯叶评分最高。而现有研究表明，木薯叶直接青贮品质较差，添加其他添加剂，例如添加乙酸（0.2%）和丙酸（0.2%）（李茂等，2019a）、葡萄糖 20 g/kg（李茂等，2019b）、乙醇（5 mL/kg）（李茂等，2018）等，均能有效提升木薯叶青贮品质。

5.2.4.2 生长高度对木薯叶青贮体外发酵特征的影响

体外产气法现在被普遍用于饲料营养价值的评定。体外培养消化率反映出饲料的可消化程度，体外培养消化率越高，代表该饲料越容易消化。微生物蛋白是反刍动物蛋白质营养的最重要来源。不同高度对木薯叶的体外消化率的影响不显著。H1、H2 青贮后的消化率高于其青贮前，而 H3 和 H4 青贮后体外消化率却有所降低，这可能是由于青贮发酵影响了其中的营养物质组成。氨态氮是瘤胃内饲料含氮物质（蛋白和非蛋白含氮等）的终产物（邹彩霞等，2011），可以反映饲料内蛋白质降解和利用的程度。微生物蛋白是反刍动物蛋白质营养的最重要来源。氨态氮在 5～28 mg/dL 时有利于瘤胃微生物生长繁殖，过高过低都会影响其生长繁殖，本试验木薯叶和木薯叶青贮的氨态氮含量均高于上述范围，这可能与发酵环境有关。青贮的体外发酵氨态氮高于木薯叶的值，可能是青贮体外发酵微生物蛋白低于木薯叶的原因。

产气量高低与瘤胃中微生物活性的强弱以及饲料的发酵程度有关，一般认为产气越高，饲料的营养价值也就越高，其微生物的发酵活性也就越强（Qiao et al.，2015）。产气量主是底物中的碳水化合物、蛋白质、脂肪的发酵，不仅与其单一含量有关，还与三者的比例有关（Zhang et al.，2016）。木薯叶中 H2 的体外产气量和潜在产气量均最高，这与之前营养价值评定结果相似，说明木薯叶 H2 的营养价值更高，更有利于发酵，而木薯叶青贮中 H1 体外产气和潜在产气量最高，表明可能 H1 的营养组成更适合微生物发酵。而木薯叶青贮的体外产气均高于木薯叶的，表明木薯叶经过青贮处理后，其更有利于微生物发酵。

5.2.4.3　生长高度对木薯叶青贮瘤胃发酵参数的影响

瘤胃液的 pH 与瘤胃内环境的稳态和瘤胃发酵水平有关，体外产气发酵液的 pH 变动范围一般为 5.5～7.5（冯仰廉，2004；Calsamiglia 等，2002）表示体外发酵液最适宜范围为 6.6～7.0。不同高度木薯叶和木薯叶青贮的体外发酵 pH 范围在 6.67～6.73，在最适宜 pH 范围内。说明不同高度木薯叶和木薯叶青贮均不会破坏瘤胃环境的酸碱平衡，能将瘤胃环境稳定在一个适宜瘤胃微生物生长发育的酸碱度。饲料中营养物质经过瘤胃发酵产生的挥发性脂肪酸（VFA）是反刍动物主要的能量来源。不同高度对木薯叶的乙酸、丙酸、异丁酸、异戊酸、戊酸的影响均不显著，对丁酸含量有所影响，这可能与木薯叶中蛋白含量不同有关。瘤胃中饲料的可发酵碳水化合物含量会影响丙酸的含量，不同高度木薯叶青贮中丙酸，这可能是在不同高度木薯叶青贮后碳水化合物含量有所变化导致的。

综上所述，综合产量和成本等因素考虑，木薯叶直接利用时以 1.2 m 高度较为适宜，而木薯叶青贮以 1.8 m 生长高度制作更佳。

5.3 全植株木薯混合青贮技术要点

5.3.1 不同比例木薯叶和王草组合的体外发酵特性研究

5.3.1.1 试验设计

新鲜木薯叶与热研 4 号王草、木薯叶青贮饲料与热研 4 号王草均以 0∶100、10∶90、20∶80、30∶70、40∶60、50∶50、60∶40、70∶30、80∶20、90∶10、100∶0 的比例进行组合，进行体外产气试验，每种组合重复 3 次。体外发酵试验方法、相关指标、参数计算与全植株木薯单一青贮 1.2 相同。

5.3.1.2 结果

1. 不同比例木薯叶和王草组合的体外产气特征

不同比例木薯叶与王草进行组合，其体外产气特征如表 5-8 所示。体外发酵试验 24 h 内，木薯叶和王草比例为 10∶90、20∶80、60∶40 的产气量都高于 100%王草和 100%木薯叶；发酵后期 48 h、72 h 的体外产气量都以 100%王草最高，和王草进行组合的组都高于 100%木薯叶组的产气值。产气参数 *a* 值以木薯叶和王草比例为 80∶20 最高，其次是 100%木薯叶组和 90∶10 组，表明木薯叶在快速产气时期时产气较快；100%王草组 *b* 值和 $a+b$ 值均显著高于其他组（$P<0.05$），木薯叶和王草组合的试验组的 *b* 值和 $a+b$ 值均高于 100%木薯叶组；100%木薯叶组 *c* 值最高，显著高于其他组（$P<0.05$），除比例为 50∶50 组以外的其他木薯叶和王草组的 *c* 值均高于 100%王草组。

由表 5-9 可知不同比例木薯叶青贮与王草组合的体外产气特征。结果表明，24 h 产气量以 100%木薯叶青贮的产气量最高，48 h 和 72 h 产气以 100%王草组最高。体外产气参数结果显示，木薯叶青贮和王草的组合比例为 60∶40

和 70 : 30 时 a 值较高，显著高于单一王草和单一木薯叶青贮组（$P<0.05$）；b 值以木薯叶青贮和王草的组合比例为 0 : 100 和 10 : 90 组最高，显著高于单一木薯叶青贮组（$P<0.05$）；单一木薯叶组的 c 值显著高于其他组（$P<0.05$）。

表 5-8　不同比例木薯叶和王草组合的体外产气特征

木薯叶：王草	产气量/mL			产气参数			
	24 h	48 h	72 h	a/mL	b/mL	$a+b$/mL	c /（mL/h）
0 : 100	16.47±1.07[a]	27.63±1.02[a]	34.23±1.46[a]	0.06±2.97[abc]	63.54±2.46[a]	63.6±2.38[a]	0.014±0.008 de
10 : 90	16.87±1.42[a]	26.33±1.39[ab]	32.4±1.47[ab]	3.69±1.29[c]	44.63±1.32[b]	40.94±1.26[bc]	0.023±0.003 cde
20 : 80	17.57±0.81[a]	26.5±1.21[ab]	32.27±0.99[ab]	1.99±2.79[bc]	40.99±3.18[bcd]	39±0.71[bcd]	0.025±0.003 [cde]
30 : 70	16.33±1.77[ab]	23.83±2.8[abcd]	29.33±2.37[dc]	0.15±2.01[abc]	35.67±1.99[bcd]	35.52±0.68[bcde]	0.025±0.006 [cde]
40 : 60	14.8±1.42[ab]	21.9±5.51[cde]	26.73±5.78[cd]	3.05±1.84[ab]	33.86±1.85[bcd]	36.92±2.75[bcde]	0.02±0.008 [cde]
50 : 50	13.43±0.97[b]	21.53±0.97[cde]	26.07±1.27[cd]	5.58±1.95[a]	42.03±3.88[bc]	47.61±5.12[b]	0.01±0.003 [e]
60 : 40	17.7±3.5[a]	24.93±3.5[abc]	28.6±3[bc]	2.65±3.48[ab]	29.44±2.22[cde]	32.1±1.27[bcde]	0.033±0.015 [c]
70 : 30	15.67±0.15[ab]	22.2±0.17[bcde]	26.2±0.17[cd]	3.33±4.66[ab]	26.11±3.84[de]	29.44±0.82[cde]	0.028±0.006 [cde]
80 : 20	14.97±0.31[ab]	20.13±0.42[de]	23.13±0.42[de]	5.27±0.73[a]	18.87±0.19[e]	24.14±0.58[cde]	0.035±0.002 [c]
90 : 10	16.07±1.54[ab]	20.23±1.42[de]	22.9±2[de]	3.2±1.13[ab]	19.06±2.3[e]	22.26±1.52[de]	0.057±0.006 [b]
100 : 00	15.77±1.39[ab]	19.27±1.22[e]	21.43±1.5[e]	5.16±2.45[a]	14.87±4.12[e]	20.02±1.74[e]	0.091±0.019 [a]

表 5-9　不同比例木薯叶青贮和王草组合的体外产气特征

木薯叶青贮：王草	产气量/mL			产气参数			
	24 h	48 h	72 h	a/mL	b/mL	$a+b$/mL	c /（mL/h）
0 : 100	16.47±1.07[bc]	27.63±1.02[a]	34.23±1.46[a]	0.06±2.97[b]	63.54±2.46[a]	63.6±2.38[a]	0.014±0.008 [ef]
10 : 90	14.73±0.78[c]	25.83±0.78[ab]	31.97±0.86[ab]	2.23±0.09[ab]	53.34±3.16[ab]	55.56±3.22[ab]	0.012±0.002 [f]
20 : 80	16.1±1.51[bc]	26.47±1.62[ab]	32.47±1.62[ab]	1.1±0.4[ab]	46.05±0.52[bc]	47.15±0.76[bc]	0.016±0.002 [def]
30 : 70	14.4±0.3[c]	23.5±0.3[bc]	28.5±0.3[cd]	3.84±0.85[ab]	39.15±1.42[cd]	42.99±2.23[bcd]	0.014±0.002 [ef]
40 : 60	16.4±0.82[bc]	25.5±0.82[ab]	30.47±0.86[bc]	2.38±2.32[ab]	36.09±1.37[cde]	38.48±1.13[cde]	0.021±0.004 [cdef]
50 : 50	15.53±3.1[bc]	24.13±3.37[bc]	28.5±3.93[cd]	1.22±2.99[ab]	34.5±4.06[cdef]	35.72±1.87[cde]	0.023±0.009 [cde]
60 : 40	16.43±0.21[bc]	24.2±0.46[bc]	28.37±0.21[cd]	5.79±1.15[a]	26.76±0.11[def]	32.54±1.13[cde]	0.025±0.003 [cd]
70 : 30	16.7±0.79[bc]	23.83±1.07[bc]	27.67±1.3[cd]	5.39±1.93[a]	24.85±2.26[ef]	30.24±1.1[de]	0.03±0.005 [c]
80 : 20	16.3±0.42[bc]	22.4±0.42[c]	25.4±0.42[d]	4.87±0.94[ab]	21.03±0.74[f]	25.9±0.19[e]	0.041±0.001 [b]
90 : 10	17.87±2.26[b]	24.13±2.3[bc]	27.4±2.44[cd]	0.22±2.32[b]	27.45±3.09[def]	27.67±2.05[de]	0.048±0.008 [b]
100 : 00	21.77±0.55[a]	25.33±1.88[abc]	27.1±1.05[cd]	5.44±0.91[c]	33.57±1.28[def]	26.89±1.07[de]	0.072±0.003 [a]

2. 不同比例木薯叶和王草组合的体外培养消化率、微生物蛋白及氨态氮

如表 5-10 所示，木薯叶与王草组合比例为 0∶100 和 20∶80 时，其体外培养消化率显著高于其他处理组（$P<0.05$），其他处理组之间体外培养消化率差异不显著（$P>0.05$）。木薯叶与王草组合比例为 0∶100 和 20∶80 的微生物蛋白含量显著高于木薯叶和王草组合比例为 10∶90（$P<0.05$），其他比例组合之间无显著差异（$P>0.05$）。氨态氮含量以木薯叶和王草组合比例为 70∶30 时最高，显著高于木薯叶和王草比例为 20∶80、80∶20、90∶10（$P<0.05$），其中以木薯叶和王草比例为 20∶80、80∶20、90∶10 三组氨态氮含量最低，与其他组差异不显著（$P>0.05$）。

表 5-10　不同比例木薯叶和王草组合的体外培养消化率、微生物蛋白以及氨态氮

	比例	体外消化率/%	微生物蛋白/（mg/mL）	氨态氮/（mg/dL）
木薯叶∶王草	0∶100	62.94±7.78[a]	0.89±0.12[ab]	36.94±10.73[ab]
	10∶90	61.73±4.37[b]	0.57±0.39[b]	38.77±4.58[ab]
	20∶80	77.00±11.36[a]	2.10±1.31[a]	32.82±14.03[b]
	30∶70	56.02±9.12[b]	1.91±1.04[ab]	40.31±3.52[ab]
	40∶60	64.57±1.97[b]	1.33±0.89[ab]	40.57±5.17[ab]
	50∶50	61.74±1.56[b]	1.31±1.11[ab]	36.24±6.45[ab]
	60∶40	60.82±7.89[b]	1.45±0.81[ab]	40.76±8.42[ab]
	70∶30	54.97±1.97[b]	0.94±0.29[ab]	47.58±1.62[a]
	80∶20	56.29±0.99[b]	1.54±0.78[ab]	33.01±4.74[b]
	90∶10	57.36±3.21[b]	0.88±0.08[ab]	30.11±1.27[b]
	100∶0	59.13±2.89[b]	2.41±0.51[a]	35.81±3.20[ab]

不同比例木薯叶青贮和王草组合的体外培养消化率、微生物蛋白及氨态氮结果如表 5-11 所示。木薯叶青贮和王草比例为 0∶100 的体外培养消化率最高，显著高于其他处理组（$P<0.05$），木薯叶青贮和王草比例为 10∶90、30∶70 时，其体外培养消化率高于单一木薯叶青贮组，其中木薯叶青贮和王草比例为 90∶10 时，体外培养消化率最低，仅为 23.97%。木薯叶青贮和王草比例为 70∶30 组与 50∶50 组的微生物蛋白含量差异不显著（$P>0.05$），显著高于其他处理组（$P<0.05$）。木薯叶青贮和王草比例为 10∶90、90∶10、30∶70 组的氨态氮含量显著高于单一王草、单一木薯叶青贮（$P<0.05$）。

表 5-11　不同比例木薯叶青贮和王草组合的体外培养消化率、微生物蛋白以及氨态氮

	比例	体外消化率/%	微生物蛋白 /（mg/mL）	氨态氮 /（mg/dL）
木薯叶青贮：王草	10∶100	62.94±7.78[a]	0.89±0.12[b]	36.94±10.73[b]
	10∶90	56.27±3.72[ab]	0.63±0.18[b]	53.82±2.00[a]
	20∶80	43.05±2.48[bcde]	1.07±0.26[b]	47.38±1.37[ab]
	30∶70	53.22±4.61[bc]	0.77±0.38[b]	55.82±7.46[a]
	40∶60	30.57±2.96[ef]	1.08±0.15[b]	48.81±2.03[ab]
	50∶50	43.46±1.52[bcde]	1.13±0.17[ab]	36.84±8.90[b]
	60∶40	47.17±6.23[bcd]	1.06±0.05[b]	45.11±0.92[ab]
	70∶30	35.52±6.65[def]	1.80±0.45[a]	48.77±1.15[ab]
	80∶20	39.43±6.28[cde]	1.19±0.08[bc]	46.58±0.19[ab]
	90∶10	23.97±5.58[f]	0.88±0.19[b]	51.76±2.48[a]
	100∶00	52.65±1.77[bc]	0.70±0.04[b]	36.98±0.41[b]

3. 不同比例木薯叶和王草组合体外培养瘤胃发酵参数

不同比例木薯叶和王草组合体外培养瘤胃发酵参数如表 5-12 所示。单一木薯叶体外培养瘤胃液 pH 最高。木薯叶和王草比例为 90∶10 组的乙酸摩尔比例显著木薯叶和王草比例为 0∶100、10∶90、20∶80 和 30∶70 组（$P<0.05$）。体外培养液中丙酸含量随着木薯叶添加比例增大而变小，但单一木薯叶组丙酸摩尔比例较高。异丁酸、丁酸摩尔比例均以木薯叶和王草比例为 10∶90 组较高，木薯叶和王草比例为 90∶10 较低。木薯叶和王草比例为 90∶10、0∶100 组的异戊酸含量显著低于木薯叶和王草比例为 10∶90 组（$P<0.05$）。各组间戊酸摩尔比例差异并不显著（$P>0.05$）。

不同比例木薯叶青贮和王草组合体外培养瘤胃发酵参数如表 5-13 所示。木薯叶青贮和王草比例为 80∶20 时 pH 较高，最大 pH 差异在 0.1 以内。木薯叶青贮和王草比例为 10∶90、20∶80、30∶70、40∶60、60∶40、80∶20 乙酸摩尔比例显著高于 70∶30 和单一木薯叶青贮组（$P<0.05$），其中单一木薯叶青贮组最低。异丁酸、异戊酸、戊酸摩尔比例以单一木薯叶青贮组最高。

表 5-12　不同比例木薯叶和王草组合体外培养瘤胃发酵参数

	比例	pH	乙酸/mol%	丙酸/mol%	异丁酸/mol%	丁酸/mol%	异戊酸/mol%	戊酸/mol%
木薯叶青贮：王草	0：100	6.65±0.01^{d}	60.75±1.96^{d}	15.71±0.56^{ab}	0.62±0.04^{a}	4.45±0.12^{a}	17.93±2.31^{a}	0.54±0.04
	10：90	6.66±0.02^{d}	61.69±0.78^{cd}	15.72±0.19^{ab}	0.6±0.02^{ab}	4.38±0.10^{ab}	17.08±0.65^{abc}	0.53±0.01
	20：80	6.66±0.01^{cd}	63.33±2.30^{bcd}	15.33±0.41^{abc}	0.57±0.06^{abc}	4.29±0.22^{abc}	15.97±2.34^{abc}	0.51±0.06
	30：70	6.69±0.01^{bc}	63.75±3.73^{abcd}	15.01±0.31^{abcd}	0.55±0.09^{abcd}	4.21±0.39^{abc}	15.96±2.88^{abc}	0.51±0.08
	40：60	6.7±0.02^{b}	66.24±3.64^{abcd}	14.77±0.57^{bcd}	0.51±0.09^{abcd}	4.13±0.43^{abc}	13.88±2.59^{abc}	0.47±0.07
	50：50	6.69±0.02^{bc}	68.14±3.77^{ab}	13.8±0.46^{ef}	0.45±0.08^{cd}	3.65±0.47^{cd}	13.51±2.75^{abc}	0.45±0.08
	60：40	6.71±0.01^{ab}	66.6±3.74^{abcd}	14.36±0.39^{de}	0.49±0.09^{abcd}	3.88±0.39^{abcd}	14.21±2.82^{abc}	0.47±0.06
	70：30	6.72±0.02^{ab}	67.24±4.68^{abc}	13.57±0.52^{ef}	0.47±0.11^{abcd}	3.72±0.4^{bcd}	14.51±4.58^{abc}	0.48±0.11
	80：20	6.72±0.02^{ab}	69.85±4.07^{a}	13.2±0.43^{f}	0.42±0.09^{d}	3.43±0.36^{d}	12.68±3.19^{bc}	0.43±0.08
	90：10	6.73±0.03^{a}	68.48±3.72^{ab}	14.47±1.04^{cde}	0.46±0.09^{bcd}	3.8±0.50^{abcd}	12.36±2.04^{c}	0.44±0.06

表 5-13　不同比例木薯叶青贮和王草组合体外培养瘤胃发酵参数

	比例	pH	乙酸/mol%	丙酸/mol%	异丁酸/mol%	丁酸/mol%	异戊酸/mol%	戊酸/mol%
木薯叶青贮：王草	0：100	6.66±0.04^{d}	60.99±0.26^{cd}	15.88±0.17^{a}	0.61±0.01^{ab}	4.33±0.04^{bc}	17.66±0.32^{a}	0.54±0.01^{b}
	10：90	6.69±0.03^{bcd}	70.67±3.69^{ab}	12.98±0.98^{d}	0.41±0.08^{c}	3.44±0.54^{de}	12.07±2.45^{bc}	0.43±0.09^{bcd}
	20：80	6.67±0.02^{cd}	69.07±2.7^{ab}	13.51±1.71^{bcd}	0.44±0.06^{c}	3.63±0.52^{cde}	12.89±1.44^{bc}	0.45±0.06^{bcd}
	30：70	6.7±0.01^{abc}	72.39±0.13^{a}	13.33±0.46^{bcd}	0.37±0.02^{c}	3.34±0.05^{e}	10.19±0.46^{c}	0.37±0.01^{d}
	40：60	6.68±0.01^{bcd}	71±1.06^{ab}	13.23±0.34^{cd}	0.38±0.03^{c}	3.53±0.03^{de}	11.44±0.73^{bc}	0.42±0.01^{cd}
	50：50	6.69±0.03^{bcd}	68.17±2.93^{b}	14.55±1.13^{abcd}	0.44±0.07^{c}	4.12±0.41^{bcd}	12.25±1.31^{bc}	0.47±0.04^{bcd}
	60：40	6.71±0.02^{abc}	70.61±2.21^{ab}	13.51±1.28^{bcd}	0.38±0.06^{c}	3.69±0.66^{cde}	11.38±1.27^{bc}	0.42±0.05^{cd}
	70：30	6.72±0.02^{ab}	64.33±2.10^{c}	15.18±0.45^{abc}	0.54±0.06^{b}	4.76±0.31^{ab}	14.65±1.26^{b}	0.54±0.04^{b}
	80：20	6.74±0.03^{a}	69.11±1.58^{ab}	13.1±1.88^{cd}	0.41±0.01^{c}	3.84±0.07^{cde}	13.05±3.40^{bc}	0.5±0.11^{bc}
	90：10	6.7±0.02^{abcd}	68.07±1.14^{b}	13.74±1.76^{bcd}	0.41±0.01^{c}	4.09±0.33^{bcd}	13.21±2.71^{bc}	0.49±0.09^{bc}
	100：00	6.67±0.02^{cd}	58.13±1.23^{d}	15.43±0.2^{ab}	0.7±0.04^{a}	4.9±0.1^{a}	20.15±1.29^{a}	0.69±0.03^{a}

5.3.1.3　讨论

1. 不同比例木薯叶和王草组合的体外产气特征

饲料中碳水化合物含量影响体外发酵产气量高低（焦万洪等，2015），有

机物可发酵程度可以通过体外发酵产气量反映出来（黄江丽等，2020）。试验中单一王草的产气值均高于王草与木薯叶和木薯叶青贮的组合组以及单一木薯叶组，这是由于王草是禾本科牧草，碳水化合物含量高，其产气也较高。潜在产气量的变化规律也与产气量变化类似。不同比例木薯叶与王草组合中，以木薯叶与王草组合比例 50∶50 的潜在产气量较高，说明二者组合的营养物质组成更有利于瘤胃微生物的发酵。并且木薯叶在占比较少的组，其体外产气高于木薯叶占比较多的组，说明木薯叶与王草组合在木薯叶占少时比较适合瘤胃发酵。不同比例木薯叶青贮的潜在产气量与木薯叶占比呈现正相关关系。产气速率（c 值）主要与饲草中蛋白含量高低有关，试验中单一王草组的 c 值基本小于和木薯叶或木薯叶青贮组合组和单一木薯叶或木薯叶青贮组，这可能是由于木薯叶或木薯叶青贮的加入提升了底物的蛋白质含量，氮源的增加会促进瘤胃微生物的活力，从而提升产气速率。

2. 不同比例木薯叶和王草组合的体外培养消化率、微生物蛋白以及氨态氮

体外消化率与底物瘤胃发酵程度有关。木薯叶与王草组合比例为 20∶80、40∶60 时，其体外消化率都高于单一王草，表明高蛋白的木薯叶加入后，能提升单一王草的消化率。而大多数木薯叶和王草组合的体外培养消化率都大于单一木薯叶的，高能量的王草也能促进木薯叶在瘤胃液的消化。而木薯叶青贮与王草的组合比例仅为 10∶90 和 30∶70 时，其体外培养消化率高于单一木薯叶青贮，说明木薯叶青贮添加比例较少时，才能提升饲料的消化率。饲料中的蛋白经过瘤胃微生物发酵后，会转化为氨态氮，瘤胃中的氨是微生物合成菌体蛋白的氮源（张吉鹍等，2014）。氨态氮浓度与蛋白在瘤胃内的降解和微生物对氨的摄取利用有关。试验中氨态氮的变化与微生物蛋白的变化基本保持正相关关系。木薯叶与王草组合比例为 10∶90、30∶70、40∶60、60∶40、70∶30 的组氨态氮含量均高于单一王草和单一木薯叶，说明木薯叶和王草组合能促进瘤胃微生物的生长繁殖，能增加其对氮的利用程度。而大多数木薯叶青贮和王草的组合比例的氨态氮的浓度都高于单一王草和木薯叶青贮，这说明将木薯叶青贮和王草组合能有效促进其中微生物对氮的利用，

二者之间是有互相促进作用的，其中以木薯叶青贮与王草组合比例为 10 : 90 和 30 : 70 效果比较好。

3. 不同比例木薯叶和王草组合体外培养瘤胃发酵参数

pH 是反映瘤胃内环境稳定状态的重要指标，其主要受发酵底物性质、饲喂过程以及瘤胃液中 VFA 组成的影响。保持一个良好的瘤胃 pH 是保证瘤胃发酵正常进行的基础和前提（郑宇慧等，2021）。Marden 等（2005）认为瘤胃比较适宜的 pH 在 6.37～6.93。本试验中所有试验组的 pH 在 6.65～6.74，属于适宜的范围，说明不同木薯叶和王草组合以及木薯叶青贮和王草的组合均不会破坏瘤胃酸碱平衡，能保持瘤胃处于适宜微生物生长繁殖的状态。木薯叶与王草组合的 pH 呈现随着木薯叶添加比例增大 pH 也逐渐增大的趋势，各组间虽有差异，但差别都较小，说明可以通过调整木薯叶和王草的不同比例达到调整瘤胃液 pH 的目的。而不同比例木薯叶青贮与王草组合并未呈现相关的规律，这可能与木薯叶青贮成分有关，这可能影响着瘤胃微生物的生长，从而影响 pH。

饲料中的碳水化合物发酵后会生成 VFA。而 VFA 不仅与发酵底物的碳水化合物浓度有关，还与瘤胃微生物活性强弱有关（孟梅娟等，2016）。不同比例木薯叶与王草的组合的乙酸占比随着木薯粉比例的增加而增加，说明木薯叶的加入能提升乙酸的生成，而木薯叶青贮与王草组合呈现先增加后降低的趋势，说明低木薯叶青贮的加入能提升乙酸的生成，木薯叶青贮占比提升反而会降低乙酸的生成。本研究中乙酸丙酸丁酸占比较少，异戊酸占比较高，与吕仁龙等（2020）用海南黑山羊瘤胃液做的试验有所差别，可能是由于采样的时间和发酵底物不同所导致的。

5.3.1.4 结论

综上所述，不同比例木薯叶和王草组合体外发酵，以木薯叶占比小于等于 50%时，体外发酵效果更好，更有利于瘤胃发酵；不同比例木薯叶青贮和王草组合体外发酵，结果表明当木薯叶青贮和王草组合比例为 10 : 90～30 : 70

时，其组合效果更佳。

5.3.2　不同比例木薯叶青贮和王草对海南黑山羊瘤胃液及瘤胃微生物的影响

5.3.2.1　试验设计

试验分组为 T1、T2、T3、T4、T5 组，饲养完成后的海南黑山羊，从口腔插管抽取瘤胃液，密封保存于玻璃密封瓶中，保持 39 ℃水浴带回实验室，经过 4 层纱布过滤，－20 ℃保存。挥发性脂肪酸含量测定与第二章 2.2.2.1 中的挥发性脂肪酸含量测定相同。

提取瘤胃液总 DNA，根据保守区（V3-V4 区）设计引物，进行 PCR 扩增，纯化、定量和均一化扩增获得的产物，建好文库并质检，用 Illumina HiSeq 2 500 平台进行测序。高通量测序（Illumina HiSeq 等测序平台）得到的原始图像数据文件，经碱基识别（Base Calling）分析转化为原始测序序列（Sequenced Reads）。

用 Trimmomatic v0.33 软件，过滤测序得到的序列；用 cutadapt 1.9.1 软件识别与去除引物序列；用 FLASH v1.2.7 软件，进行拼接，得到的拼接序列；使用 UCHIME v4.2 软件，鉴定并去除嵌合体序列，得到最终有效数据。

将获得的有效数据进行微生物多样性分析，包括：划分 OTUs 分析、Alpha 多样性分析、Beta 多样性分析、微生物物种组成分析等。

5.3.2.2　结果

1. 不同组合日粮对海南黑山羊瘤胃挥发性脂肪酸的影响

由表 5-14 可知，不同比例木薯叶青贮和王草组合饲喂的海南黑山羊瘤胃 pH 差异不显著（$P>0.05$）。瘤胃挥发性脂肪酸测定结果显示，不同比例木薯叶青贮和王草对瘤胃的乙酸、丙酸、异丁酸、异戊酸和戊酸摩尔比例均影响不显著（$P>0.05$），丁酸摩尔比例以 T2 最高，占比为 6.55%。

表 5-14 不同组合日粮对海南黑山羊瘤胃挥发性脂肪酸的影响

分组	瘤胃 pH	乙酸/mol%	丙酸/mol%	异丁酸/mol%	丁酸/mol%	异戊酸/mol%	戊酸/mol%
T1	7.08±0.06	54.58±4.69	10.87±0.54	1.00±0.15	5.47±0.95[ab]	27.63±4.77	0.45±0.09
T2	7.16±0.08	56.23±1.81	10.43±0.65	0.90±0.05	6.55±1.17[a]	25.48±1.92	0.41±0.01
T3	7.11±0.10	56.41±9.40	9.21±2.00	0.92±0.24	5.98±1.89[a]	27.04±8.26	0.44±0.19
T4	7.21±0.12	56.96±3.99	10.82±0.37	0.9±0.12	5.65±0.94[ab]	25.30±4.44	0.38±0.06
T5	7.21±0.14	54.55±4.24	10.57±0.48	1.05±0.12	3.86±0.79[b]	29.6±4.67	0.38±0.03

2. 粮海南黑山羊瘤胃微生物的 Alpha 多样性和 Beta 多样性

将不同比例木薯叶青贮和王草饲喂的海南黑山羊瘤胃液测序，其中 T2、T3、T4 仅获得 4 只海南黑山羊瘤胃液，测序共 22 个样品，共获得 1 726，741 对 Reads，双端 Reads 质控、拼接后共产生 1 712，821 条 CleanReads，每个样品至少产生 61 908 条 CleanReads，平均产生 77 856 条 CleanReads。

使用 Usearch 软件对 1 712 821 条 Reads 在 97.0%的相似度水平下聚类，不同比例木薯叶青贮和王草饲喂的海南黑山羊瘤胃微生物操作分类单元（OTU）聚类结果如图 5-1 所示，试验 T1、T2、T3、T4、T5 组分别含有 891、884、871、884、872 个 OTU，其中五个处理组包含 797 个共同的 OTU，仅 T5 组拥有一个独特的 OTU。

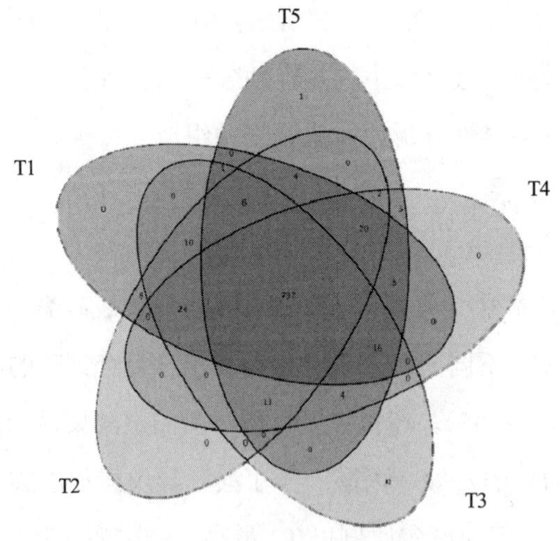

图 5-1 不同组合日粮海南黑山羊瘤胃微生物分类操作单元（OTU）的韦恩图

Alpha 多样性可以反映出各组之间的物种丰度以及多样性。其中 Shannon 指数、Simpson 指数与物种多样性有关，指数越高物种多样性越高（黎凌铄等，2021）。而 ACE 指数和 Chao 指数主要与物种丰富度有关。由表 5-15 可知，用不同比例木薯叶青贮和王草饲喂海南黑山羊，对其瘤胃微生物的 Chao 指数、ACE 指数、Simpson 指数和 Shannon 指数均无显著影响（$P>0.05$）。

表 5-15　各组瘤胃液细菌 α 多样性指数分析

项目	T1	T2	T3	T4	T5
Shannon 指数	6.85±0.22	6.39±0.23	6.23±0.18	6.76±0.27	6.08±0.3
Simpson 指数	0.97±0.01	0.96±0.01	0.96±0.01	0.97±0.01	0.94±0.02
ACE 指数	795.55±12.97	782.23±22.03	782.33±11.96	788.98±18.93	758.61±17.24
Chao 指数	816.91±16.11	785.64±23.2	794.48±14.38	808.44±17.75	780.34±21.59
覆盖率	0.99	0.99	0.99	0.99	0.99

使用主坐标分析法（Principal Coordinates Analysis，PCoA）在 OUT 水平上对所有样品进行主成分分析，结果如图 5-2 所示，主成分 1 可信度为 22.47%，主成分 2 可信度为 11.07%，各点在坐标图上的距离越近表明该组相似性越大，随着添加量的改变，微生物群落也发生了改变，T1 和 T2 距离很近，而 T3 和 T4 距离接近，T5 最远，群落结构存在差异。

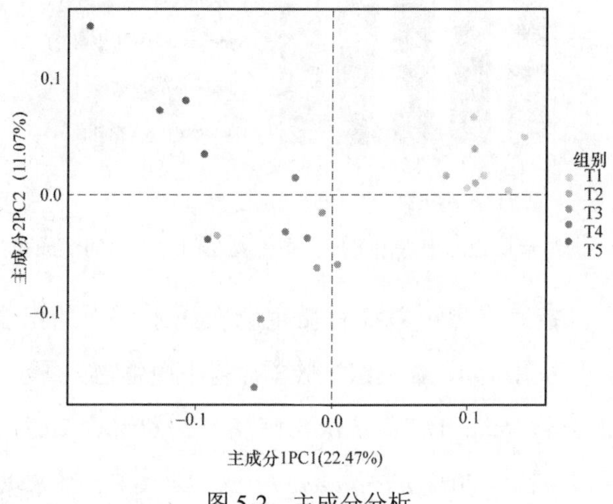

图 5-2　主成分分析

3. 不同组合日粮海南黑山羊瘤胃微生物的物种组成及差异分析

由图 5-3 可知，不同组合日粮饲喂后的海南黑山羊瘤胃微生物在门水平上，最丰富的是 *Bacteroidetes*（拟杆菌门），五个试验组平均相对丰度 56.60%，其次是 *Firmicutes*（厚壁菌门）31.15%、*Synergistetes*（协生菌门）4.81%、*Proteobacteria*（变形菌门）3.31%、*Patescibacteria*（髌骨菌门）1.99%、*Kiritimatiellaeota*（瘤胃细菌门）0.60%、*Cyanobacteria*（蓝藻门）0.49%、*Chlamydiae*（衣原体门）0.19%、*Epsilonbacteraeota*（弯曲菌门）0.16%、*Verrucomicrobia*（疣微菌门）0.15%等。其中各组优势菌群主要是 *Bacteroidetes*（拟杆菌门）、*Firmicutes*（厚壁菌门）、*Synergistetes*（协生菌门）三种，占总细菌比例的 90%以上。结果表明虽各组在菌群丰富度之间存在差异，但差异均不显著（$P>0.05$）。

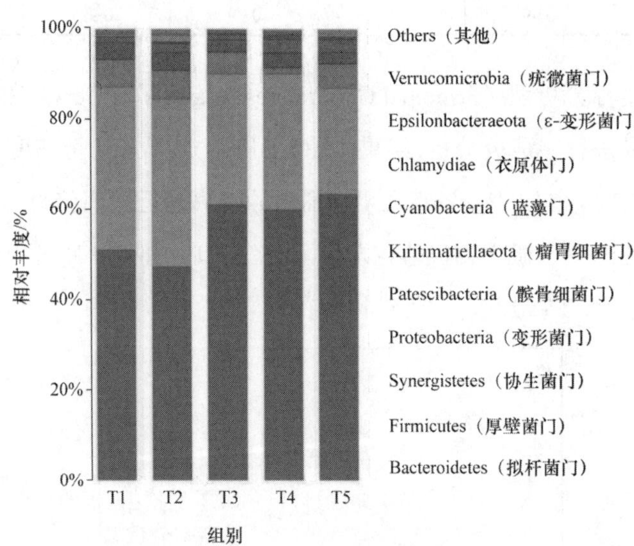

图 5-3　不同组合日粮海南黑山羊瘤胃微生物在门水平上的组成和相对丰度

不同组合日粮海南黑山羊瘤胃微生物在属水平上的组合和相对丰度如图 5-4 所示，由图可知，在五组试验羊瘤胃中微生物在属水平平均相对丰度从高到低是 *Prevotella*_1（普雷沃氏菌属）29.60%、*Rikenellaceae*_RC9_gut_group（理研菌属）14.70%、*uncultured_bacterium*_f_F082（未培养菌）7.00%、

Fretibacterium（弗雷缇菌属）4.78%、*Butyrivibrio*_2（丁酸菌属）4.50%、*uncultured_bacterium*_f_Lachnospiraceae（未培养的毛螺菌科）4.49%、*Quinella*（奎因氏菌属）3.23%、*Christensenellaceae*_R-7_group（克里斯滕森氏属）2.75%、*Veillonellaceae*_UCG-001（韦荣氏菌属）2.36%、*Prevotellaceae*_UCG-003（普雷沃氏菌科）2.00%等 10 个优势属，占整个瘤胃微生物属的 75%左右，在相对丰度上，仅 T1 组的 *Quinella* 属相对丰度（12.00%）显著高于其他组［T2（0.84%）、T3（1.69%）、T4（1.46%）、T5（0.16%）］（$P<0.05$），其他微生物属在各组的相对丰度均差异不显著（$P>0.05$）。

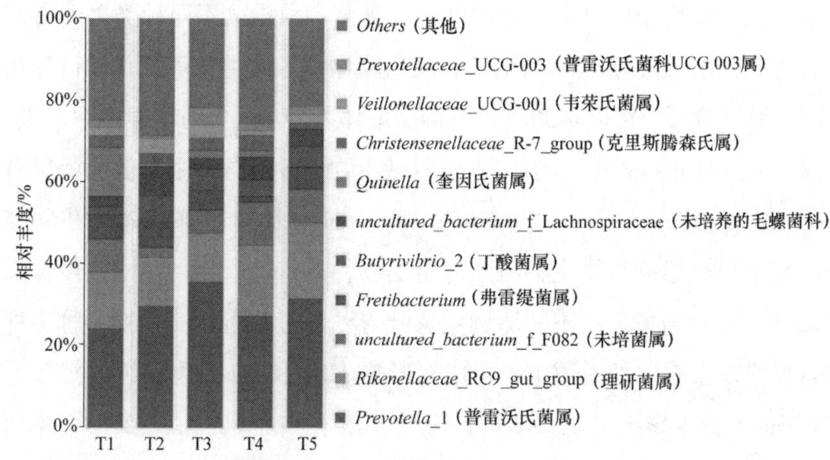

图 5-4　不同组合日粮海南黑山羊瘤胃微生物在属水平上的组成和相对丰度

5.3.2.3　讨论

1. 不同组合日粮对海南黑山羊瘤胃挥发性脂肪酸的影响

VFA 组成比例是反映瘤胃消化代谢活动的重要指标之一（高健，2017）。瘤胃 pH 可以反映瘤胃内环境稳态和瘤胃发酵状态，其高低受 VFA 组成的影响（华金玲等，2019）。本研究中五个组之间的 pH 并无显著差异，但有着随着木薯叶青贮添加比例逐渐增大的趋势，这可能是由于木薯叶青贮中的氢氰酸或单宁等对瘤胃微生物组成产生了影响，从而影响了瘤胃 pH。

瘤胃中各挥发酸所占比例反映了瘤胃消化代谢能力，根据 VFA 组成可以

评价机体中能量的转化（史陈博等，2020）。乙酸是机体合成体脂、乳脂以及葡萄糖等的必需原料，丙酸是糖异生过程最重要的前体物质，丁酸可以转化为 β-羟丁酸，然后在肝脏和肌肉等位置参与机体代谢，可以为机体提供能量（Astuti et al.，2015）。试验中不同比例木薯叶青贮和王草组合仅对丁酸含量有所影响，各组丁酸比例木薯叶青贮添加比例增大先增大后减小，这说明在低比例木薯叶青贮与王草组合时，能提升海南黑山羊瘤胃中的丁酸比例，而添加过多后会产生副作用，可能导致肝脏和肌肉等部位的能量代谢降低。

2. 不同组合日粮海南黑山羊瘤胃微生物多样性的影响

反刍动物瘤胃中附着着大量的细菌、真菌和原虫，不同种类之间有互相竞争和协同作用（张盼盼等，2018）。反刍动物瘤胃微生物可以帮助机体从饲料中摄取营养物质，可以帮助机体抵御病原体入侵，反刍动物瘤胃中微生物，细菌最重要（Grilli et al.，2016），瘤胃微生物多样性与宿主的健康状况有关（Yan et al.，2008；Lettat et al.，2012；Van et al.，2004）。瘤胃液微生物多样性分析可以反映出瘤胃微生物组成群落的物种丰富度、物种多样性以及微生物组成等。试验结果表明不同比例木薯叶青贮与王草组对微生物物种多样性和丰富度没有影响，但对微生物组成有影响，T1 和 T2 微生物组成相似，T3 和 T4 相似。覆盖率高于 97%即可认为取样充分（Mao et al.，2015），本研究中各组覆盖率均在 99%，覆盖率高说明本次测序结果较准确，能反映出在本试验中海南黑山羊瘤胃液微生物多样性情况。

近年来对山羊瘤胃微生物多样性的研究逐渐增多（王继文等，2015；司丽炜等，2020）。李茂等（2021）用外源酶处理过的王草和甘蔗梢饲喂海南黑山羊，将其瘤胃微生物测序，在其结果中表明，各组 OTU 含量均差不多在 3 000 左右，而本试验中仅在 870 个左右，造成这种现象的原因可能是日粮组成差别、试验羊的月龄不同以及海南黑山羊饲养时间段的不同。

瘤胃微生物菌群的组成是判断反刍动物机体健康与否的重要指标（谢骁，2018）。Kim 等（2011）将 Gen Bank 数据库中的瘤胃微生物序列进行了分析，其结果表明在反刍动物瘤胃微生物中相对丰度最高的是 *Firmicutes*（厚壁菌门），其次是 *Bacteroidetes*（拟杆菌门）。而在本研究中，瘤胃微生物中相对

丰度最高的 *Bacteroidetes*（拟杆菌门），其次是 *Firmicutes*（厚壁菌门）。王继文等（2015）、李茂等（2021）也发现山羊瘤胃微生物中相对丰度最高的是 *Bacteroidetes*（拟杆菌门），其次是 *Firmicutes*（厚壁菌门）。张会会等（2021）、黎凌铄等（2021）发现在牛瘤胃微生物也是相对丰度最高的是 *Bacteroidetes*（拟杆菌门），其次是 *Firmicutes*（厚壁菌门）。这可能是由于二者测序方法不同，Kim 等（2011）总结的序列主要是用变性梯度凝胶电泳和限制酶切片多态性等得到的，而本试验是用高通量测序技术。而吴琼等（2020）用高通量测序技术测定草原红牛瘤胃微生物多样性，其结果和 Kim 一致，这表明不仅是测序方法，还有其他因素影响，并且反刍动物优势微生物种群还无法确定。瘤胃微生物还受品种（冯仰廉，2004）、日粮组成（司丽炜等，2020）、月龄（Jami et al.，2013）等因素影响。李茂等（2021）研究表明海南黑山羊瘤胃液中微生物门水平相对丰度从高到低是 *Bacteroidetes*（拟杆菌门）61.95%、*Firmicutes*（厚壁菌门）21.38%、*Proteobacteria*（变形菌门）9.29%、*Synergistetes*（协生菌 门）1.34%，而本试验中 *Proteobacteria*（变形菌门）和 *Synergistetes*（协生菌门）的相对丰度高低与其不同，这可能由于试验动物月龄、饲养季节和饲养环境不同导致的。本试验表明，不同比例木薯叶青贮和王草组合对海南黑山羊瘤胃微生物在门水平上无显著影响。

从属水平看，本试验中 5 个组的优势属是 *Prevotella*_1，和甄玉国等（2018）和李茂（2021）等的结果一致，而在 G1 组中，*Quinella* 属成了第三优势菌属，其相对丰度显著高于其余组，说明在海南黑山羊日粮中添加木薯叶青贮后能影响其瘤胃微生物在属上的组成。有研究表明（Wina et al.，2010）单宁能抑制瘤胃蛋白降解菌的生长。木薯叶青贮中单宁和氢氰酸的影响，可能是导致出现 *Quinella* 属相对丰度变化的原因，但具体的原因还进一步探究。

5.3.2.4　结论

综上所述，不同比例木薯叶青贮和王草对海南黑山羊瘤胃内环境 pH 稳态不会产生显著影响，添加低比例木薯叶青贮时，其丁酸摩尔比例含量有所提升，而木薯叶青贮比例超过王草后，会降低丁酸摩尔比例。Alpha 多样性和

Beta 多样性表明，木薯叶青贮添加不会对瘤胃微生物物种丰富度和物种多样性造成影响，但随着添加量的改变，微生物群落结构发生了改变，T1 和 T2 距离很近，而 T3 和 T4 距离接近，T5 最远，群落结构存在差异。在门水平上，添加不同比例木薯叶不会对瘤胃微生物组成造成影响，但是在属水平上，会影响 Quinella 属的相对丰度，对其他属的相对丰度影响较小。

5.3.3 不同比例木薯叶青贮和王草对海南黑山羊生长性能、血液指标的影响

5.3.3.1 试验设计

1. 动物试验设计与饲养管理

试验选取 25 只体重、日龄相近，且健康状况良好的断奶海南黑山羊，分为 5 个组，每组 5 只羊，保证每组体重差异不显著。设 T1、T2、T3、T4、T5，精粗比 50 : 50，精料相同，精饲料配方见表 5-16。粗饲料组成见表 5-17，按王草和木薯叶青贮比例：0 : 100、25 : 75、50 : 50、75 : 25、100 : 0。饲养试验在中国热带农业科学院热带作物品种资源研究所海南黑山羊基地进行，时间为 2020.7 至 2020.9，饲养前用消毒剂对羊圈和料槽进行全面消毒，将山羊进行统一驱虫，预试期 10 天，正试期 60 天，所有山羊均单笼饲养。按照先喂精料后喂粗饲料的方式进行饲喂，早上 7 : 30 饲喂精料，半小时后饲喂粗饲料，下午 5 : 00 补饲精料，自由饮水，日粮原料营养成分见表 5-18。

记录各组精料和粗饲料投喂量及剩余量，隔 20 天称一次黑山羊体重，数据获得后计算其生长性能。

表 5-16 试验精料配方

原料	含量
玉米	67
豆粕	18
麸皮	9.8

续表

原料	含量
贝壳粉	1.4
小苏打	0.6
食盐	1.4
碳酸氢钠	0.8
预混料	1.0
合计	100

表 5-17　各组海南黑山羊日粮组成

组别	精料/%	王草/%	木薯叶青贮/%
T1	50	50.0	0.0
T2	50	12.5	37.5
T3	50	25.0	25.0
T4	50	37.5	12.5
T5	50	0.0	50.0

表 5-18　海南黑山羊日粮原料营养成分

	王草	木薯叶青贮	精料
DM/%	12.05	21.91	86.33
CP/%	13.60	15.04	16.63
EE/%	3.03	3.71	3.53
NDF/%	66.38	51.49	10.76
ADF/%	37.47	41.17	4.81
Ash/%	11.47	8.85	7.69

2. 血液采集及指标测定

颈部静脉采血法采血，采集好的血液样品带回实验室进行指标检测。血液生化指标检测采用北京生产的 PUZS-600B 全自动生化仪，免疫指标检测、抗氧化指标采用试剂盒检测（南京建成生物工程研究所）。

3. 生长性能计算

正试期开始当天每只羊空腹体重为初始重，试验结束后第二天空腹体重为末重，试验期间记录每天的饲喂量、剩余量。

采食量=日投喂量–日剩余量

总采食量=试验期60天的采食量相加

日均采食量=总采食量/试验天数

总增重=末重–初始重

平均日增重=（末重–初始重）/试验天数

料重比=平均日采食量/平均日增重

某成分表观消化率=100%–粪便某成分总量/（饲粮某成分总量–剩余粮某成分总量）×100%

5.3.3.2 结果

1. 不同比例木薯叶青贮和王草对海南黑山羊生长性能的影响

不同比例木薯叶青贮和王草对海南黑山羊生长性能的影响如表5-19所示。不同组合日粮各组之间的初始重、末重和采食量的差异均不显著（$P>0.05$），T1平均日增重显著低于其他组（$P<0.05$），而T1组的耗料增重比显著高于其他组（$P<0.05$）。养分表观消化率结果表明（表5-20），不同组合日粮对海南黑山羊DM、NDF、Ash表观消化率的影响不显著，EE表观消化率随着木薯叶青贮添加比例增加而逐渐减小，T1组CP表观消化率显著高于T2和T3组（$P<0.05$）。

表5-19 不同组合日粮对海南黑山羊生长性能的影响

分组	初始重/kg	末重/kg	平均日增重/g	平均日采食量/g	耗料增重比
T1	10.73±0.90	12.66±0.64	32.17±4.85^{b}	503.22±9.58	16.94±2.18^{a}
T2	10.81±0.73	13.95±0.65	52.33±4.52^{a}	503.86±11.71	9.91±0.86^{b}
T3	10.74±0.65	13.95±0.61	53.47±1.22^{a}	531.52±10.59	9.97±0.37^{b}
T4	11.02±0.57	14.13±0.50	51.83±3.97^{a}	485.31±20.82	9.54±0.71^{b}
T5	11.11±0.75	14.68±0.75	59.50±3.90^{a}	498.6±21.82	8.49±0.58^{b}

表 5-20　不同组合日粮对海南黑山羊养分表观消化率的影响

分组	DM 表观消化率/%	CP 表观消化率/%	EE 表观消化率/%	NDF 表观消化率/%	ADF 表观消化率/%	Ash 表观消化率/%
T1	74.14±5.20	78.44±4.38^{a}	83.39±8.22^{a}	64.97±6.63	46.35±13.77	62.67±7.52
T2	69.58±4.10	69.61±2.50^{b}	74.8±3.88^{ab}	54.87±8.05	30.98±10.20	60.75±5.67
T3	70.51±1.64	69.08±1.84^{b}	65.37±6.67^{b}	53.68±2.74	29.45±5.24	63.37±2.65
T5	74.09±5.69	72.52±4.02^{ab}	62.65±6.84^{b}	56.11±9.98	35.55±10.14	62.58±2.27

2. 不同比例木薯叶青贮和王草对海南黑山羊血液生化指标的影响

不同组合日粮对海南黑山羊血液生化指标的影响如表 5-21 所示，不同组合日粮之间的总蛋白（TP）、白蛋白（ALB）、尿酸（UA）、甘油三酯（TG）、葡萄糖（GLU）、总胆固醇（TCHO）和碱性磷酸酶（ALP）含量差异并不显著（$P>0.05$）。T1 组谷丙转氨酶（ALT）、肌酐（CRE）含量显著高于 T5（$P<0.05$），与 T2、T3、T4 差异不显著（$P>0.05$）。T1、T2、T3 的谷草转氨酶（AST）含量显著高于 T5（$P<0.05$），与 T4 差异不显著（$P>0.05$）。

表 5-21　不同组合日粮对海南黑山羊血液生化指标的影响

项目	T1	T2	T3	T4	T5
总蛋白 / (g/L)	69.06±2.65	69.19±1.5	75.15±4.33	72.97±1.79	73.18±2.87
白蛋白 / (g/L)	31.67±1.13	30.86±0.86	31.36±0.72	31.71±0.99	26.82±5.12
尿素氮 / (mmol/L)	4.84±0.39	5.04±0.31	3.61±0.72	4.20±0.86	4.36±0.96
肌酐	59.41±6.49^{a}	55.78±2.17^{ab}	39.75±7.03^{ab}	42.32±7.68^{ab}	37.12±8.20^{b}
尿酸	113.81±30.03	159.32±34.84	114.59±72.58	171.15±64.95	177.94±60.31
葡萄糖 / (mmol/L)	2.41±0.36	2.37±0.22	1.7±0.73	1.71±0.82	1.87±0.79
总胆固醇 / (mmol/L)	2.18±0.25	1.96±0.25	1.89±0.48	2.01±0.50	1.74±0.44
甘油三酯 / (mmol/L)	2.91±0.86^{a}	0.57±0.04^{b}	0.55±0.06^{b}	0.55±0.08^{b}	0.53±0.08^{b}
谷丙转氨酶 / (IU/L)	37.73±2.82^{a}	33.8±1.41^{ab}	33.09±1.71^{ab}	31.9±3.79^{ab}	25.59±4.93^{b}
谷草转氨酶 / (IU/L)	97.03±3.74^{a}	92.09±6.46^{a}	89.25±3.63^{a}	76.24±8.10^{ab}	56.66±13.05^{b}

3. 不同比例木薯叶青贮和王草对海南黑山羊血液抗氧化和免疫指标的影响

不同组合日粮对海南黑山羊血清抗氧化指标的影响如表 5-22 所示。由表可知，各组总抗氧化能力（T-AOC）随着木薯叶添加比例呈现先升高后降低的趋势，其中 T3 组 T-AOC 活性最高。T3 组 MDA 最低，显著低于其他组（$P<0.05$），其次是 T2 组，显著低于 T4 和 T5（$P<0.05$）。各组总过氧化物歧化酶（T-SOD）、谷胱甘肽过氧化酶（GSH-Px）活性与 T-AOC 活性变化趋势呈正相关，T3 组 T-SOD 活性、GSH-Px 活性均最高，显著高于其他组（$P<0.05$）。

表 5-22　不同组合日粮对海南黑山羊血清抗氧化指标的影响

分组	总抗氧化能力 /（U/mL）	丙二醛 /（nmol/mL）	总过氧化物歧化酶/（U/mL）	谷胱甘肽过氧化酶/（U/mL）
T1	21.73±0.96[bc]	11.76±0.59[ab]	1 880.88±55.98[c]	396.97±8.74[b]
T2	24.22±1.02[ab]	10.36±0.62[b]	2 211.27±54.24[b]	434.07±18.15[b]
T3	24.82±0.50[a]	8.35±0.54[c]	2 427.79±53.47[a]	480.58±8.69[a]
T4	19.99±0.95[c]	12.69±0.36[a]	1 829.56±56.61[c]	347.97±9.13[c]
T5	15.89±0.79[d]	13.04±0.49[a]	1 555.31±113.4[d]	321.12±15.26[c]

不同组合日粮对海南黑山羊血清免疫指标的影响如表 5-23 所示。免疫球蛋白 A（IgA）、免疫球蛋白 G（IgG）、免疫球蛋白 M（IgM）、补体蛋白 3（C3）和补体蛋白 4（C4）含量均随着木薯叶添加呈现先增高后降低的趋势。T3 组 IgA 含量显著高于 T1、T4 和 T5（$P<0.05$），其中 T5 显著低于其他组（$P<0.05$）。T3 组 IgG 含量显著高于其他组（$P<0.05$），T1、T2 显著高于 T4 和 T5（$P<0.05$）。T1、T2 和 T3 组 C3 含量显著高于 T4 和 T5（$P<0.05$）。T3 组 C4 含量显著高于其他组（$P<0.05$），其中 T2 组 C4 含量显著高于 T5（$P<0.05$）。

表 5-23　不同组合日粮对海南黑山羊血清免疫指标的影响

分组	免疫球蛋白 A 分组 /（mg/L）	免疫球蛋白/（g/L）	免疫球蛋白/（mg/L）	补体蛋白 3/（mg/L）	补体蛋白 4/（mg/L）
T1	2 842.34±75.69[bc]	19.00±0.51[b]	2 120.39±88.25[b]	665.40±32.90[a]	317.01±25.86[bc]
T2	3 056.98±66.98[ab]	20.12±0.71[b]	2 539.19±78.29[a]	681.52±29.00[a]	341.25±21.37[b]
T3	3 201.81±94.91[a]	22.19±0.64[a]	2 584.91±68.18[a]	713.76±13.07[a]	423.79±19.04[a]
T4	2 828.38±73.36[c]	16.76±0.32[c]	1 778.39±56.69[c]	562.83±27.44[b]	295.07±15.86[bc]
T5	2 266.50±48.15[d]	15.42±0.83[c]	1 540.64±57.50[d]	542.81±24.05[b]	263.95±12.18[c]

由表 5-24 可知，不同比例木薯叶青贮和王草组合饲喂的海南黑山羊瘤胃 pH 差异不显著（$P>0.05$）。瘤胃挥发性脂肪酸测定结果显示，不同比例木薯叶青贮和王草对瘤胃的乙酸、丙酸、异丁酸、异戊酸和戊酸摩尔比例均影响不显著（$P>0.05$），丁酸摩尔比例以 T2 最高，占比为 6.55%。

表 5-24　不同组合日粮对海南黑山羊瘤胃挥发性脂肪酸的影响

分组	瘤胃 pH	乙酸/mol%	丙酸/mol%	异丁酸/mol%	丁酸/mol%	异戊酸/mol%	戊酸/mol%
T1	7.08±0.06	54.58±4.69	10.87±0.54	1.00±0.15	5.47 ± 0.95^{ab}	27.63±4.77	0.45±0.09
T2	7.16±0.08	56.23±1.81	10.43±0.65	0.90±0.05	6.55 ± 1.17^{a}	25.48±1.92	0.41±0.01
T3	7.11±0.10	56.41±9.40	9.21±2.00	0.92±0.24	5.98 ± 1.89^{a}	27.04±8.26	0.44±0.19
T4	7.21±0.12	56.96±3.99	10.82±0.37	0.9±0.12	5.65 ± 0.94^{ab}	25.30±4.44	0.38±0.06
T5	7.21±0.14	54.55±4.24	10.57±0.48	1.05±0.12	3.86 ± 0.79^{b}	29.6±4.67	0.38±0.03

5.3.3.3　讨论

1. 不同比例木薯叶青贮和王草对海南黑山羊生长性能的影响

日采食量是衡量反刍动物生产性能的重要指标之一，也是评价牧草饲用价值的重要指标（王立志等，2006）。平均日增重是反映饲粮采食量和饲料转化利用率的重要指标，可以直观表现出动物对饲粮的消化利用状况（周瑞，2016）。试验中平均日增重添加了木薯叶青贮的组都显著高于单一王草组，而四组添加比例对海南黑山羊日增重的影响并不显著，表明加入木薯叶青贮能提升海南黑山羊对饲粮的吸收利用，并且试验中的平均日增重与平均日采食量呈现正相关关系。本研究中随着木薯叶青贮的添加量增大，海南黑山羊的采食量呈现先增大后降低的趋势，说明在木薯叶青贮添加较少时，饲粮呈现较好的适口性。而木薯叶青贮过多以后，其采食量降低，这可能是由于木薯叶青贮中的抗营养因子随着木薯叶青贮比例增大而增加，降低了饲粮的适口性。王草在海南黑山羊生产中应用广泛，在本研究中，单一王草的采食量不低，但日增重偏低，导致其耗料增重比较高，说明王草营养价值低，在海南黑山羊饲养中还需进一步改善，提升其生产性能。周璐丽等（2018）也发现用发酵木薯副产物饲喂海南黑山羊的平均日增重大于饲喂新鲜王草组，吴灵丽等（2020）在海南黑山羊日粮中用20%发酵木薯渣替代新鲜王草，其平均日增重显著高于100%新鲜王草组，结合本研究，说明海南黑山羊在以王草为主要粗饲料的情况下，适当搭配其他饲草，可以提高日增重等生产性能。

表观消化率与动物对饲料的消化利用呈正相关，干物质表观消化率能够反映出山羊对饲料羊粪的消化利用程度。试验结果表明，不同比例木薯叶青贮与王草饲喂海南黑山羊，其干物质表观消化率并无显著差异。各营养组分的表观消化率变化趋势与日采食量变化趋势大致相同。

2. 不同比例木薯叶青贮和王草对海南黑山羊血液指标的影响

血清生化指标是动物机体的营养物质消化代谢和组织器官功能的一种反映指标，其在一定程度上能反映肉羊的生产性能（李伟玲，2012）。血清总蛋白与机体对蛋白质的吸收利用有关，其含量高低可以表明肝脏蛋白质的合成代谢强弱（Wang et al.，2020），在一定程度上可以代表动物机体对饲料蛋白的消化利用程度（李志春等，2015）。白蛋白含量、尿素氮含量等还能反映出动物的氨基酸代谢水平（Tiwari et al.，2018）。本研究中不同组之间的总蛋白含量、白蛋白含量、尿素氮含量之间差异均不显著，表明添加不同比例木薯叶青贮对海南黑山羊吸收利用蛋白能力并无影响。

肝细胞功能损坏将引起TCHO升高，TCHO含量与动物脂质代谢有关，本研究中各组之间的总胆固醇含量并无差异，说明添加木薯叶青贮不会对海南黑山羊肝脏脂质代谢造成影响。甘油三酯含量是动物机体内最多的脂类，可以在体内的各组织被分解利用，是动物储能的主要形式。本研究中100%王草组的TG含量显著高于添加木薯叶青贮组，且高于张亚格等（2018）试验中海南黑山羊中的TG含量（0.40～0.46 mmol/L）。可能是单一王草粗饲料对海南黑山羊对脂类的代谢产生了不良影响，这也表明添加木薯叶青贮能改善海南黑山羊对脂类的代谢能力，添加比例不会对其造成差异。碳水化合物代谢的中间产物产生的GLU是动物机体能源主要来源，其含量多少可反映机体能量代谢和糖代谢状况，GLU 含量过低说明动物能量不足（张立苹等，2019）。试验中各组的血糖含量差异均不显著，说明不同比例木薯叶青贮与王草组合对海南黑山羊能量代谢和糖代谢无影响。

谷草转氨酶和谷丙转氨酶是指示动物肝脏功能的重要指标，能够间接反映出肝脏的健康状况，酶活越高，肝脏受损越严重，其活性还受动物生长性能影响（Mclaren et al.，1965；杨华等，2001）。本试验中各组随着木薯叶青贮比例增加，其谷草转氨酶、谷丙转氨酶含量均变小。说明木薯叶青贮的添加，能更好地调节动物机体功能，保护肝脏，降低炎症的发生，这可能是由于木薯叶含有黄酮类等活性物质，能有效提升动物机体的免疫能力。

试验中不同组合比例对 BUN 和 UA 含量影响均不显著，而对肌酐含量有影响。尿素和肌酐是蛋白质代谢的终产物，主要由肾脏代谢排出体外，是反映肾脏功能的主要指标。肌酐是肌氨酸的代谢产物，其浓度只与肾脏的排泄功能有关。表明不同比例木薯叶青贮对海南黑山羊肾功能的影响差异不显著。

3. 不同比例木薯叶青贮和王草对海南黑山羊血液抗氧化和免疫指标的影响

动物在受到外来抗原刺激时会产生免疫球蛋白，其含量可以反映出动物机体免疫功能强弱，其含量高低可以反映出机体的疾病抵抗能力（Mirzaei-Alamouti et al.，2016）。IgA 可以阻止微生物在呼吸道上皮的附着，从而抑制其增殖，达到阻碍病毒入侵机体的目的（张献月，2013）。免疫球蛋白（IgG）可以激活补体、中和毒素。免疫系统中重要的组成部分包括补体系统，它能增强或者补充抗体并且能加强吞噬细胞的吞噬能力。补体蛋白是补体系统中的血清蛋白，其含量与机体免疫能力呈正相关关系，补体 C3 和补体 C4 在动物血清中的含量高于其他补体成分，一般常用 C3 和 C4 含量表示补体系统强弱。杂交构树叶黄酮含量高（李万仓，2008），张生伟等（2021）发现在杜湖杂交肉羊日粮中添加 12%青贮杂交构树叶，能提升动物免疫力。本试验中 IgA、IgG、IgM、C3、C4 含量均随着木薯叶青贮比例增加呈现先升高后降低的趋势，说明添加合适比例的木薯叶青贮能提升海南黑山羊的免疫能力，这可能是由于木薯叶中含有的黄酮类物质在青贮微生物作用下通过调节肠道菌群平衡或者刺激肠道产生了免疫作用，而过多木薯叶青贮添加后，可能由于其抗营养因子增加，破坏了肠道菌群平衡，从而产生了负作用，降低了机体的免疫能力。动物机体在代谢过程中会产生自由基，自由基过多会导致遗传物质和蛋白变形，还能破坏机体还原性成分和细胞膜，对机体造成损伤（陶剑等，2020）。自由基多量时会激活体内的抗氧化体系来清除。总过氧化物歧化酶（T-SOD）和谷胱甘肽过氧化酶（GSH-Px）可以降低自由基的活性，起到保护细胞和机体的作用，其含量高代表抗氧化能力强。动物机体的自由基含量一般处于平衡状态，在自由基过多时，会发生脂质过氧化反应，其最终产物是 MDA。MDA 含量与动物机体抗氧化能力呈反比关系，T-AOC、T-SOD 和 GSH-Px 与动物机体抗氧化能力呈正相关关系。研究表明动物抗氧化能力可以通过日粮配方改变，秦建伟等（2021）发现在青山羊日粮中添加 8%牡丹籽饼能显著改善青山羊的抗氧化能力，李冬芳等（2021）也发现在肉羊饲粮中添加复合菌培养物与 β-葡聚糖均可以提高肉羊的抗氧化能力，寇宇斐等（2021）发现添加 8%的全株桑枝叶可以提高育肥湖羊抗氧化能力。施力光等（2015）发现海南黑山羊日粮中营养物质缺乏或者不平衡都会降低海南黑山羊的抗氧化能力。本研究结果表明，木薯叶青贮和新鲜王草比例为 25∶75 和 50∶50 时，均能显著提升海南黑山羊的抗氧化能力，木薯叶青贮添加比例过高反而会导致其抗氧化应激能力有所降低，表明添加 25%和 50%木薯叶青贮时，其营养物质搭配较均衡，有利于海南黑山羊生长发育。

5.3.3.4 结论

综上所述，将木薯叶青贮和王草组合用于饲喂海南黑山羊，结果表明，饲喂木薯叶青贮对海南黑山羊的采食量没有显著影响，但在添加木薯叶青贮后，其日增重有显著提升，料重比有显著下降。血清指标表明，添加木薯叶

青贮能改善海南黑山羊对脂类的代谢能力，添加比例不会对其造成差异，对海南黑山羊能量代谢和糖代谢无影响。木薯叶青贮的添加，能更好地调节动物机体功能，保护肝脏，降低炎症的发生，并不影响海南黑山羊肾功能。添加合适比例的木薯叶青贮能提升海南黑山羊的免疫能力、抗氧化能力，木薯叶青贮添加比例过高反而会导致其免疫能力和抗氧化应激能力有所降低。木薯叶青贮和王草组合比例为 25 : 75 和 50 : 50 时效果更好，结合木薯叶青贮数量较少等生产因素，在王草产量较高的季节可用低比例木薯叶青贮提高生长性能，而在王草缺少时，使用 50%木薯叶青贮添加也不会对海南黑山羊生长性能造成负面影响。

5.4　全植株木薯制作发酵型全混合日粮配方

5.4.1　木薯茎叶发酵型全混合日粮的品质与瘤胃降解情况

海南岛是我国热带省份，该地区牧草具有夏季旺盛，冬季短缺的特点（李茂等，2014）。由于降雨频繁，空气湿度大，难以制备干草。所以有必要研发一种发酵型全混合日粮（FTMR），由于该产品储存时间长，可以有效解决冬季天然牧草短缺的现状，进而扩大海南黑山羊养殖规模。此外，还可以有效整合热带牧草和作物副产物资源，这不仅有利于黑山羊日粮的稳定，提升动物适口性，还可有效提高饲料利用率（杨晓亮等，2009；徐春城，2009）。

王草是海南黑山羊主要青绿饲料来源，具有生长周期短、多叶、适口、收获量大的特点（刘国道等，2002）。海南地区目前主要以鲜王草配合精饲料来饲养黑山羊，由于鲜草水分含量大，导致山羊及容易粗饲料干物质摄入量低，精饲料摄入量大，不仅增加了养殖成本，而且还导致了山羊疾病频繁发生。此外，近年随着海南黑山羊需求量增加，养殖规模扩大的同时，岛内粗饲料不足问题凸显，为此，很多研究者们关注王草青贮，新型饲料研发等。

有报告指出了用半干王草制作青贮具有良好的发酵品质（张英等，2013），配合菠萝皮，银合欢等其他作物资源混合青贮会的到较好的青贮效果（王坚等，2014；郇树乾等，2011）。

木薯属大戟科木薯属植物，在海南地区广泛种植（王坚等，2014）。木薯茎叶产量大，病虫害少（郇树乾等，2011），并且内含丰富的蛋白质、氨基酸、维生素和矿物质资源。它具有作为反刍动物饲料资源的巨大潜力（李开绵等，2001；王刚等，2011）。尽管木薯茎叶中含有氢氰酸，但经过自然干燥或青贮发酵后大部分可以被降解（冀凤杰等，2015；王定发等，2016）。Phengvichitha 等（2007）的研究表明，补饲木薯茎叶不仅可以有效提高山羊采食量，还可以提高日粮的能量水平和牛消化率（李笑春，2011）。先行研究表明，在 TMR 制作过程中，精粗添加的最佳比例为 4∶6～5∶5（Phengvichitha et al.，2007），不过木薯茎叶添加比例不宜过高（Thanga et al.，2010）。综上，本研究中将王草和木薯茎叶作为主要原料，探究不同比例组合下制作的 FTMR，对发酵品质以及瘤胃消化的影响，讨论其推广可行性。

5.4.1.1 材料与方法

1. 材料

王草和木薯茎叶样品采集于中国热带农业科学院热带作物品种资源研究所畜牧中心基地（北纬 19° 30′，东经 109° 30′，海拔 149 m），于 2018 年 3 月 24 日收割，其中王草草高约 150～180 cm，采集后经过 2 日自然风干，水分控制在 70%左右。

2. TMR 配制

TMR 设定粗精比为 6∶4，精饲料部分主要由玉米、麸皮、豆粕、预混料、盐分等组成，粗饲料部分由王草和木薯茎叶组成，设定三个处理组。对照组用 60%的王草（处理一），分别用 10%（处理二）和 20%（处理三）的木薯茎叶替代王草设定处理组。TMR 原料组成见表 5-25。将各组成成分按照表 5-25 的比例称量，充分混合后装入一个 30 cm × 20 cm 的聚乙烯青贮袋

中，添加蒸馏水调整水分后，用一个真空打包机（SINBO Vacuum Sealer）抽真空后密封，保存于暗室，控制室温 25～30 ℃储存发酵，60 天后开封。

表 5-25　发酵 TMR 的原料组成成分

原料组成/%DM	处理一	处理二	处理三
王草	60.0	50.0	40.0
木薯茎叶	0.0	10.0	20.0
玉米	10.0	18.0	26.0
麸皮	20.0	13.0	5.0
豆粕	7.0	6.0	6.0
食盐	1.0	1.0	1.0
碳酸钙	0.6	0.6	0.6
小苏打	0.4	0.4	0.4
预混料	1.0	1.0	1.0
营养成分/%DM			
粗蛋白质	14.6	14.2	14.7
粗脂肪	4.43	4.38	4.29
中性洗涤纤维	39.5	40.2	39.1
酸性洗涤纤维	22.8	23.2	23.4
粗灰分	8.5	9.1	10.6

3. 实验动物与饲养管理

选用 3 只体况良好，平均体重在 22.1 kg 的成年海南黑山羊饲养于代谢笼。以维持每日必须能量的餐食，每天 8 : 30 和 16 : 00 各饲喂一次（粗精比例为 5 : 5，粗饲料部分为新鲜王草），自由饮水和矿盐。

4. 数据处理

实验数据采用 SAS 9.2 进行单因素统计分析（$P<0.05$）。

5.4.1.2　结果

表 5-26 显示了各处理组 TMR 的营养成分，随着木薯茎叶添加量的增加，粗灰分含量增加，非纤维性碳水化合物（NFC）含量降低。木薯茎叶的添加

比例影响了 FTMR 的发酵品质（表 5-27）。在木薯茎叶添加量为 0%和 10%下，乳酸含量没有差异，其含量分别为 11.8%和 11.5%，但在 20%添加下，乳酸含量明显偏低，其含量为 8.1%（$P<0.05$），而丙酸含量明显偏高（$P<0.01$），同时也抑制了丁酸的产生（$P<0.05$）。在木薯茎叶添加量为 10%条件下，乙酸含量明显低于其他两处理组。表 5-28 显示了各处理 FTMR 的产气，消化率和瘤胃液发酵，在木薯茎叶添加量为 20%条件下，产气偏低，但干物质消化率和粗蛋白质消化率明显偏高（$P<0.01$），同时，在瘤胃发酵性状中，挥发性铵态氮含量明显偏高（$P<0.05$）。

表 5-26　各处理组发酵 TMR 的营养成分变动

	处理一	处理二	处理三	SEM
水分 /（g/kg DM）	58.8	59.5	60	0.36
粗蛋白质 /（g/kg DM）	14.4	14.7	14.6	0.11
粗脂肪 /（g/kg DM）	4.56	4.45	4.32	0.08
中性洗涤纤维 /（g/kg DM）	39.1	39.7	39.2	0.66
酸性洗涤纤维 /（g/kg DM）	23.1	23.9	23.6	0.68
粗灰分 /（g/kg DM）	8.0^{c}	9.2^{b}	10.9^{a}	0.24
NFC/%	33.9^{a}	32.0^{b}	31.0^{c}	0.62

表 5-27　各处理组 FTMR 的发酵品质

发酵品质	处理一	处理二	处理三	SEM
pH	4.2	4.22	4.26	0.02
乳酸 /（g/kg DM）	11.8^{a}	11.5^{a}	8.1^{b}	0.72
乙酸 /（g/kg DM）	2.11^{a}	$0.50^{b.}$	1.99^{a}	0.3
丙酸 /（g/kg DM）	0.59^{b}	0.41^{c}	1.24^{a}	0.16
丁酸 /（g/kg DM）	0.76^{ab}	0.81^{a}	0.48^{b}	0.15
挥发性氨态氮/总氮（%）	5.74	4.92	5.14	0.47

表 5-28　体外培养 6 小时后，各处理组发酵 TMR 的产气、干物质消化率、蛋白质消化率及瘤胃发酵性状

产气 /（mL/g）	45.0^{a}	40.4^{b}	37.7^{c}	1.31
干物质消化率 /（%DM）	34.5^{b}	32.1^{b}	37.7^{c}	0.96

续表

粗蛋白质消化率 /（%DM）	37.8[b]	37.8[b]	44.7[a]	1.27
pH	6.74	6.72	6.74	0.03
乙酸 /（mol%）	35.3	36.2	37.5	1.88
丙酸 /（mol%）	39.1	38.4	38.6	0.84
丁酸 /（mol%）	18.8	19.4	19.2	0.74
挥发性氨态氮 /（mmol/dL）	0.022 [c]	0.025 [b]	0.027 [a]	0.003

5.4.1.3　讨论

木薯茎叶等热带作物资源可以有效促进地区饲料安全与经济发展（Horii，1971）。近年来，许多研究对木薯茎叶的饲用价值进行了评估，都表明了饲喂木薯茎叶不仅可以提高反刍动物的日增重，而且还有促进泌乳效果（Dang et al.，2017），可见其饲用潜力巨大。

本研究结果显示，各处理的 FTMR 中的粗蛋白质、粗纤维、粗脂肪含量没有差异，粗灰分的含量随着木薯茎叶添加量增加而减少，这是由于木薯茎叶中灰分含量低于王草中灰分的含量，这也直接影响了 NFC 的含量。在 20%处理下 NFC 含量较高，这有利于提升 FTMR 的发酵品质。

三个处理组的 FTMR 表现了良好的发酵品质，pH 在 4.20～4.26 之间。乳酸的产生主要依赖乳酸菌与可发酵糖分作用（李维姣等，2018），本实验中，木薯茎叶添加量为 20%时，乳酸的含量（8.1 g/kg DM）低于无添加（11.8 g/kg DM）和 10%添加量中乳酸的含量（11.5 g/kg DM）（表 5-27），这可能是因为木薯茎叶中的可发酵糖分低于王草，也可能是由于精饲料组成部分的成分差异造成的。此外，研究也表明，在青贮过程中，相比木薯茎叶青贮，王草青贮有更好的发酵品质，得到的乳酸含量也较高。丙酸是由丙酸菌发酵乳酸生成，同时伴随乙酸和二氧化碳的产生，丙酸具有抗真菌效果，并可以有效抑制青贮饲料的腐败（周璐丽等，2018）。同时丙酸并不影响青贮发酵品质（CAI，2001）。20%处理组的丙酸含量明显高于其他两个处理组，这可能是丙酸菌发酵了更多的乳酸菌，这也解释了该处理组较低乳酸的原因。丁酸在20%处理组中表现为最低。因此，木薯茎叶可以有效抑制丁酸的生成，对发酵品质有积极影响。

随着木薯茎叶添加量的增加，在体外培养后，产气量逐渐降低（表5-28）。何翠微等发现木薯茎叶中可能含有黄酮类、酚类、植物甾醇、三萜类和挥发油等化学成分。王定发等（2016）在不同木薯茎叶中检测到了约1.3%的单宁，这些成分的作用可能抑制了瘤胃产气。此外，在20%处理组，玉米含量偏低（表5-25），这可能也影响了产气效果。随着木薯茎叶添加量的增加，干物质和粗蛋白质的消化率明显升高。研究表明，木薯茎叶有着较高的蛋白质利用率，可以改善瘤胃发酵（梁瑜等，2012；何翠薇等，2011），这在本研究中得到了验证。同时，蛋白质利用率，瘤胃内挥发性氨态氮浓度也明显偏高（表5-28）。此外，饲料组分中的蛋白质降解率取决于蛋白质组分的溶解度（Abatan et al.，2015），可见，木薯茎叶的蛋白溶解度也高于王草。在未来研究中，将通过饲养试验进一步探明木薯茎叶FTMR对山羊的影响。

5.4.1.4 结论

尽管在添加20%的木薯茎叶作为发酵型全混合日粮（FTMR）原料发酵过程中乳酸含量降低，但是可以有效提升FTMR的干物质与粗蛋白质的消化率，具有作为FTMR原料的巨大潜力。

5.4.2 高品质木薯茎叶发酵型全混合日粮配方

在前期试验中，研究发现添加10%菠萝皮可以有效提升王草、菠萝皮混合青贮发酵品质及干物质消化率。试验设计在FTMR中添加菠萝皮进行木薯茎叶FTMR配方研究。国际上对FTMR的研究集中在提高饲料资源的消化率，改善消化和发酵过程，提高其生物利用率上。大部分热带地区FTMR采用添加益生菌或植物提取物及其代谢产物来对动物生产性能产生积极影响（Arowolo et al.，2018）。本试验基于前期分析，为进一步探究木薯茎叶

FTMR 的最佳配方与产品开发，采用自行研发的益生菌促发酵剂进行 FTMR 制作，分析其营养成分、发酵品质及体外培养消化特性，为下一步生产应用提供依据。

5.4.2.1　材料与方法

1. 试验材料

木薯茎叶（华南 9 号），王草（热研四号 *Pennisetum purpureum* × *P.americanum* cv.Reyan No.4）、菠萝皮（台农 11 号 *Ananas comosu.*Tainong 11）栽培于中国热带农业科学院儋州科技园区附属试验基地，玉米、麸皮、豆粕等精饲料购买于海南天合祥农生物科技有限公司。将王草和木薯茎叶粉碎至 2～3 cm，自然状态下风干 4 h，主要原料营养成分见表 5-29。

表 5-29　王草、木薯茎叶营养成分

单位：%

	王草	木薯茎叶
CP	8.38	24.2
EE	1.82	6.94
NDF	55.9	48.5
ADF	31.9	25.7
CF	17.0	23.2
CA	7.51	8.82

2. 试验设计

FTMR 设定粗精比为 70∶30，设定 3 个组，添加木薯茎叶比例分别为 0%、10%、20%。各组 FTMR 原料组成见表 5-30。各组按照表 5-30 的比例制作青贮，30 d 后开封。

表 5-30　发酵型全混合日粮的原料组成/（干物质基础）

	T1	T2	T3
王草	40.0%	30.0%	20.0%
木薯茎叶	0.00%	10.0%	20.0%

续表

	T1	T2	T3
稻草	10.0%	10.0%	10.0%
苜蓿草	10.0%	10.0%	10.0%
玉米	9.00%	11.0%	14.0%
麸皮	9.00%	11.0%	10.0%
大豆柏	9.00%	5.00%	3.00%
菠萝皮	10.0%	10.0%	10.0%
食盐	0.20%	0.20%	0.20%
石粉	0.60%	0.60%	0.60%
碳酸氢钠	0.50%	0.50%	0.50%
预混料	0.50%	0.50%	0.50%
添加剂	0.20%	0.20%	0.20%

注：1. 预混料：维生素 A 200 000～250 000 IU/kg、维生素 D3 50 000～125 000 IU/kg、维生素 E≥1 360 mg/kg、铜：0.2～0.75 g/kg、硒：4～12.5 mg/kg、钴：6～50 mg/kg、镁：≥0.5%、钙：8%～25%、铁 0.5～6 g/kg、锰：0.4～3.7 g/kg、锌：1～4.5 g/kg、碘：8～60 mg/kg。

3. 测定指标及方法

DM、CP、EE、CA、NFC 含量、发酵品质、体外培养分析指标及方法同第二章 2.2.2，NDF、ADF、粗纤维（CF）含量采用张崇玉等（2015）的方法，体外培养干物质消化率采用 5A 滤纸过滤，测量方法同第二章 2.2.2。

4. 统计分析

试验数据采用 SAS 9.2 GLM 程序进行统计分析，各指标采用双因素分析。

5.4.2.2 结果与分析

1. 添加木薯茎叶比例对 FTMR 营养成分、发酵品质及体外培养消化情况的影响

添加木薯茎叶降低了木薯茎叶 FTMR 的 NDF，ADF、粗灰分含量（$P<0.05$），显著提升了 FTMR 的 NFC 含量（$P<0.05$）（表 5-31）。由

表 5-32 可得，在无添加促发酵的处理中，T3 组添加 20%木薯茎叶的乳酸含量较 T1 组添加 0%木薯茎叶组提升了 8.01%。随着木薯茎叶比例的增加，FTMR 的丁酸含量显著提升（$P<0.05$），挥发性氨态氮/总氮含量显著降低（$P<0.05$）。体外培养消化率方面（表 5-33），添加木薯茎叶显著影响了 FTMR 体外培养产气量、干物质消化率、丙酸、丁酸的含量，产气量随着木薯茎叶添加比例的增大而提高（$P<0.05$），添加 20%木薯茎叶组较无添加组丙酸含量显著降低（$P<0.05$），无添加剂处理的 FTMR 丁酸含量呈上升趋势（$P<0.05$）。

表 5-31　不同木薯茎叶比例对发酵型全混合日粮营养成分的影响

单位：%DM

	无添加			促发酵剂添加			SEM	*P* 值		
	T1	T2	T3	T1	T2	T3		添加剂	木薯茎叶比例	交互作用
水分	67.2	65.6	66.0	65.4	65.5	65.6	0.74	0.209	0.627	0.487
CP	16.6	15.8	16.3	16.6	16.5	16.4	0.53	0.473	0.725	0.774
EE	6.02	6.50	7.38	5.88	5.37	5.91	0.63	0.103	0.461	0.571
NDF	33.9	31.6	30.6	35.8	30.2	28.7	1.44	0.678	0.009	0.388
ADF	17.0	15.8	17.1	17.7	16.8	16.3	0.31	0.272	0.018	0.029
CA	10.7	10.0	9.75	10.6	10.2	10.2	0.16	0.277	0.003	0.323
CF	11.7	12.6	10.1	10.0	10.6	11.2	0.61	0.113	0.303	0.042
NFC	32.8	35.4	36.0	31.1	37.8	38.8	1.58	0.390	0.010	0.339

表 5-32　不同木薯茎叶比例对发酵型全混合日粮青贮品质的影响

	无添加			促发酵剂添加			SEM	*P* 值		
	T1	T2	T3	T1	T2	T3		添加剂	木薯茎叶比例	交互作用
pH	4.03	4.00	4.05	4.01	4.01	4.03	0.03	0.761	0.531	0.919
乳酸（g/kg DM）	26.2	21.5	28.3	17.6	28.1	40.5	6.28	0.525	0.158	0.271
乙酸（g/kg DM）	6.57	4.48	2.04	3.74	2.46	3.19	1.12	0.204	0.112	0.215
丙酸（g/kg DM）	0.00	0.02	0.02	0.04	0.00	0.16	0.04	0.116	0.122	0.126
丁酸（g/kg DM）	0.60	0.70	1.03	0.33	0.92	2.01	0.24	0.141	0.003	0.068
挥发性氨态氮/总氮（%）	4.44	3.62	3.40	3.55	3.25	3.09	0.26	0.029	0.035	0.492

表 5-33 不同木薯茎叶比例对发酵型全混合日粮体外培养消化率的影响

	无添加			促发酵剂添加			SEM	P 值		
	T1	T2	T3	T1	T2	T3		添加剂	木薯茎叶比例	交互作用
pH	6.69	6.68	6.68	6.68	6.68	6.67	0.01	0.667	0.34	0.496
产气/(mL/g DM)	55.4	61	61.4	57.4	58.7	60.8	1.42	0.814	0.017	0.357
干物质消化率（%DM）	57.7	57.2	57.1	54.7	55.1	62.6	1.05	0.848	0.006	0.003
乙酸/mol%	60.3	53.3	53.8	53.7	58.8	55.9	3.14	0.915	0.791	0.18
丙酸/mol%	29.6	35.7	21.7	35.3	31.1	30.1	2.68	0.167	0.031	0.071
丁酸/mol%	5.74	6.70	16.0	7.57	7.05	10.2	1.71	0.396	0.004	0.100
戊酸/mol%	0.95	0.8	1.27	0.84	0.73	0.97	0.16	0.242	0.116	0.765
瘤胃氨态氮/（mg/100 mL）	34.8	36.3	34.8	36.5	31.9	34.5	1.55	0.420	0.610	0.175

2. 添加促发酵剂对 FTMR 营养成分、发酵品质及体外培养消化情况的影响

添加促发酵剂对 FTMR 的营养成分和体外培养消化率无显著影响，显著降低了青贮挥发性氨态氮/总氮含量（$P<0.05$）。添加促发酵剂处理后，随着木薯茎叶的增加，粗蛋白、NDF、ADF、CA、青贮丙酸含量降低，乳酸含量、体外培养消化率升高。

5.4.2.3 讨论

本试验结果显示，各处理组 FTMR 的粗蛋白、粗脂肪含量无显著差异，各组的 NDF、粗灰分含量随着木薯茎叶的添加量显著降低（$P<0.05$）。高 CP 和 CA 含量会提供较高的缓冲能力，可能会限制发酵（Kung et al., 2018），添加木薯茎叶 FTMR 粗灰分含量降低，说明木薯茎叶不会限制 FTMR 发酵。NDF 含量影响反刍动物采食量（胡海超等，2021）。各组 NDF 含量显著降低，可能是因为木薯茎叶 NDF（48.5%）含量低于王草（55.9%）导致的，有利于动物采食，和 Oba 等（2000）研究结果一致，低 NDF 日粮提高了动物的干物质采食量和产奶量。NFC 能够体现饲料中易发酵碳水化合物的含量（刘洁等，2012），为微生物繁殖提供良好底物（任海伟等，2020）；本试

验添加木薯茎叶 NFC 含量显著提高（$P<0.05$），能促进糖原发酵并增加微生物氮合成。（Villalba et al.，2021）。

青贮发酵过程中，附生乳酸菌在厌氧环境下将可溶性碳水化合物发酵生成有机酸，从而降低 pH（Santoso et al.，2019）。由于各组的 pH 无显著差异，所以各组青贮品质无显著区别。添加促发酵剂对 FTMR 的 pH 无显著影响，可能是因为无添加剂处理组的青贮质量较高，促发酵剂对青贮发酵影响较小导致的。乳酸通常是青贮中含量最高的酸，对 pH 影响最大（Ertekin et al.，2020），本试验乳酸含量较高，无添加剂处理组为 21.52%～28.33%，可能是由于 FTMR 添加了精饲料，含有较高的可溶性碳水化合物供乳酸菌生长产生乳酸。适量乙酸能抑制酵母菌，提升饲料有氧稳定性（Kung et al.，2018），且能作为能量被瘤胃吸收。本试验乙酸浓度和干物质含量成反比，与（Kung et al.，2018）一致。丙酸含量在良好的青贮饲料中浓度很低（$<0.1\%$）（Kung et al.，2018），本试验丙酸含量在 0%～0.16%之间，发酵品质良好。挥发性氨态氮/总氮含量表明蛋白质的分解程度（彭丽娟等，2022），通常 10%以下发酵品质最佳（Kung et al.，2004），本试验挥发性氨态氮/总氮含量均低于 5%，说明蛋白质保存良好。

本试验瘤胃 pH 在 6.67～6.69 之间，处于瘤胃发酵最佳 pH 范围内（6.7 ± 0.5）（Van，1994），纤维素分解菌活性和蛋白质消化情况较好（Mahesh et al.，2014），瘤胃发酵良好。经 6 h 体外培养后，无添加剂处理组 FTMR 的体外培养消化率随着木薯茎叶的增加而降低，可能是由于木薯茎叶粗纤维含量（23.2%）高于王草（17%），降低了体外培养消化率导致的，和 Maranatha 等（2019）研究结果一致：粗纤维含量较高会导致干物质消化率降低。添加促发酵剂后，体外培养消化率随着木薯茎叶比例的增加而升高，可能是由于促发酵剂促进了纤维素的降解（Zhang et al.，2021），ADF 含量降低，提高了其消化率（胡海超等，2021）。瘤胃微生物能分解纤维素等物质产生挥发性脂肪酸，提供反刍动物 70%～80%的能量（Bergman，1990；刘远升等，2002；李玉军等，2012）。丙酸是合成葡萄糖的前体（Astuti et al.，2019），添加20%木薯茎叶丙酸含量较添加0%组降低，可能是由于单宁直接抑制生成丙酸的反刍硒单胞菌（Nurhaita，2021；Patra et al.，2010），降低了丙酸产量，提高了乙酸/丙酸的比例，与Nurhaita（2021）添加含单宁的茶叶粉，瘤胃液丙酸比例不断降低、Patra 等（2010）含单宁的丁香提取物提高了乙酸/丙酸的比例结果一致。瘤胃氨态氮反映瘤胃微生物分解含氮物质及对其利用情况（刘洁等，2012；Hristov et al.，2002）。瘤胃氨态氮是微生物生长和微生物蛋白质合成的主要氮源（Erdman et al.，1986），无添加剂处理组中，增加木薯茎叶比例增加了瘤胃氨态氮浓度，从而促进微生物生长，所以产气量上升，瘤胃微生物蛋白合成所需瘤胃氨态氮的最佳浓度为 8.5～30 mg/100 mL（Santoso et al.，2020），本试验各组的瘤胃氨态氮浓度高于最佳瘤胃氨态氮浓度，可能是因为FTMR粗蛋白含量较高导致的。

本试验中，添加木薯茎叶和促发酵剂对FTMR的ADF、CF含量和干物质消化率产生了显著的交互影响（$P<0.05$）。这可能是由于木薯茎叶和促发酵剂在青贮发酵以及瘤胃发酵内部微生物反应造成的，计划在未来的对其进行深入研究。

5.4.2.4 结论

综上所述，在FTMR中添加促发酵剂对FTMR的整体营养成分、体外发酵情况均无显著影响，可显著降低青贮发酵中产生的挥发性氨态氮/总氮含量（$P<0.05$），使蛋白质保存良好。添加20%木薯茎叶对FTMR无不良影响，木薯茎叶可以作为良好的蛋白质饲料资源进行添加，有作为FTMR原料的巨大潜力。

5.4.3 低价木薯茎叶发酵型全混合日粮配方

FTMR能拓展饲料资源，降低饲料成本；调节动物肠道内微生物情况，助于消化吸收；延长饲料保存时间，缓解粗饲料短缺问题（王涛等，2021）。菠萝皮含有较高的可溶性碳水化合物，基于实际生产考虑，采用糖蜜替代菠

萝皮，促进 FTMR 发酵。同时增加木薯茎叶的比例，添加比例分别为 0%、10%、20%、30%。本试验采用双因素试验设计，探究不同木薯茎叶添加比例和添加糖蜜对 FTMR 营养成分、发酵品质及体外培养消化率的影响，探究木薯茎叶 FTMR 适宜添加比例。

5.4.3.1　材料与方法

1. 试验材料

木薯茎叶（华南 9 号），王草（热研四号 *Pennisetum purpureum* × *P.americanum* cv.Reyan No.4）栽培于中国热带农业科学院儋州科技园区附属试验基地，玉米、麸皮、豆粕等精饲料购买于海南天合祥农生物科技有限公司。将王草和木薯茎叶粉碎至 2～3 cm，自然状态下风干 4 h。

2. 试验设计

FTMR 设定粗精比为 70∶30，设定 4 个组，添加木薯茎叶比例分别为 0%、10%、20%、30%。各组 FTMR 原料组成见表 5-34。各组按照表 5-34 的比例制作青贮，30 d 后开封。

表 5-34　发酵型全混合日粮的原料组成/（干物质基础）

原料组成	对照组	处理一组	处理二组	处理三组
王草	60.0%	50.0%	40.0%	30.0%
木薯茎叶	0.00%	10.0%	20.0%	30.0%
燕麦草	10.0%	10.0%	10.0%	10.0%
玉米	9.00%	13.0%	15.0%	15.0%
麸皮	11.0%	10.0%	10.0%	12.0%
大豆柏	8.00%	5.00%	3.00%	1.01%
食盐	0.20%	0.20%	0.20%	0.20%
石粉	0.60%	0.60%	0.60%	0.60%
碳酸氢钠	0.50%	0.50%	0.50%	0.50%
预混料	0.50%	0.50%	0.50%	0.50%
添加剂	0.20%	0.20%	0.20%	0.20%

注：1. 预混料：维生素 A200 000～250 000 IU/kg、维生素 D350 000～125 000 IU/kg、维生素 E≥1 360 mg/kg、铜：0.2～0.75 g/kg、硒：4～12.5 mg/kg、钴：6～50 mg/kg、镁：≥0.5%、钙：8%～25%、铁 0.5～6 g/kg、锰：0.4～3.7 g/kg、锌：1～4.5 g/kg、碘：8～60 mg/kg。

3. 体外培养试验

选用 4 只体况良好，平均体重在 20.2 kg 的成年海南黑山羊取瘤胃液。8∶00 和 15∶00 各饲喂 1 次（粗精比例为 5∶5，粗饲料部分为新鲜王草），自由饮水和采食矿盐。缓冲液配置和体外培养方法同第 2 章 2.2.2.1 中的方法。

4. 测定指标及方法

测定各处理组的营养成分、青贮发酵品质以及体外培养瘤胃发酵情况，指标及方法同第 2 章 2.2.2.1。

5. 统计分析

使用 Excel 软件进行初步统计，再采用 SAS 9.2 GLM 程序进行双因素分析。

5.4.3.2 结果与分析

1. 不同木薯茎叶添加比例对 FTMR 营养成分、发酵品质及体外培养发酵品质的影响

由表 5-35 可知，发酵 30 d 后，添加木薯茎叶 FTMR 显著影响其脂肪含量（$P<0.05$）。随着木薯茎叶比例增加，各 FTMR 的 NDF 含量显著降低（$P<0.05$），最多降低 14.7%；各 FTMR 的能量值显著升高（$P<0.05$）；无添加剂处理组的 NFC 含量显著提升（$P<0.05$）。由表 5-36 可见，木薯茎叶的添加量显著影响了其 pH、乙酸、丁酸及挥发性氨态氮/总氮含量。添加木薯茎叶组 FTMR 的 pH、乙酸含量较添加 0%木薯茎叶组显著升高（$P<0.05$）。在无添加剂处理的组中，添加 10%木薯茎叶组挥发性氨态氮/总氮、丁酸含量最低，分别为 3.14%和 0.21 g/kg DM。由表 5-37 可得，无添加处理组中，产气量和丙酸含量随着木薯茎叶的增加而显著提升（$P<0.05$），分别提升 42.5%和 75.2%。添加糖蜜处理的体外培养瘤胃干物质消化率随着木薯茎叶比例的增大显著提升（$P<0.05$）。

2. 糖蜜添加对 FTMR 营养成分、发酵品质及体外培养发酵品质的影响

由表 5-35 可知，与无添加相比，添加糖蜜处理显著降低了青贮的 NDF、ADF 和能量含量，提高了其粗灰分含量（$P<0.05$）。由表 5-36 可得，添加糖蜜显著影响了其发酵品质。添加糖蜜组 pH、乙酸、丙酸、丁酸含量均显著降低（$P<0.05$），乳酸含量显著增加（$P<0.05$）。添加糖蜜后，添加木薯茎叶组 FTMR 挥发性氨态氮含量较添加 0%木薯茎叶组显著升高($P<0.05$)。体外培养消化率方面（表 5-37），糖蜜添加组的 pH、产气量、干物质消化率显著升高（$P<0.05$），异戊酸和瘤胃氨态氮含量和无添加组间无显著差异。

3. 糖蜜添加及不同木薯茎叶比例对 FTMR 的交互影响

结果表明（表 5-35），糖蜜添加和不同木薯茎叶比例对 NDF、ADF、CA、CF、能量含量有显著影响（$P<0.05$）。交互影响下，NDF、ADF 含量随糖蜜及木薯茎叶的增加显著降低（$P<0.05$）。糖蜜和木薯茎叶添加对 FTMR 青贮后的丙酸、丁酸、挥发性氨态氮/总氮含量有显著影响（$P<0.05$）（表 5-36）。体外培养消化率方面（表 5-37），添加糖蜜和木薯茎叶比例增加显著提升其 pH（$P<0.05$），对乙酸、丙酸、丁酸、异戊酸含量产生了交互影响（$P<0.05$）。

表 5-35　不同比例木薯茎叶 FTMR 在不同添加剂的影响下对营养成分的影响

	无添加				糖蜜添加				SEM	*P* 值		
	T1	T2	T3	T4	T1	T2	T3	T4		添加剂	木薯茎叶比例	交互作用
pH	4.42	4.50	4.61	4.62	4.19	4.29	4.33	4.35	0.028	0.000	0.000	0.532
乳酸（g/kg DM）	0.93	0.75	0.89	1.82	1.53	4.55	2.36	2.09	0.755	0.011	0.320	0.124
乙酸（g/kg DM）	0.88	1.46	2.28	2.25	0.49	0.82	0.94	0.99	0.196	0.000	0.001	0.072
丙酸（g/kg DM）	2.24	2.32	1.93	1.84	1.16	1.16	1.35	1.47	0.080	0.000	0.572	0.000
丁酸（g/kg DM）	0.23	0.21	0.36	0.46	0.07	0.08	0.07	0.06	0.037	0.000	0.021	0.010
挥发性氨态氮/总氮	3.16	3.14	3.22	4.07	2.69	6.04	8.99	7.82	0.692	0.000	0.001	0.003

表 5-36　不同比例木薯茎叶 FTMR 在不同添加剂的影响下对发酵品质的影响

	无添加				糖蜜添加				SEM	P 值		
	T1	T2	T3	T4	T1	T2	T3	T4		添加剂	王草比例	交互作用
水分/%DM	60.8	60.5	60.3	60.9	59.7	60.6	58.8	58.5	1.18	0.172	0.813	0.782
CP/%DM	11.9	12.3	12.6	12.1	13.1	12.4	12.1	12.4	0.40	0.410	0.946	0.250
EE/%DM	11.2	9.6	10.6	11.6	9.94	9.62	9.57	11.3	0.59	0.153	0.040	0.691
NDF/%DM	55.7	52.9	49.6	47.5	50.5	49.3	48.1	47.2	1.20	0.006	0.001	0.213
ADF/%DM	31.1	30.8	28.0	27.8	24.7	27.4	27.6	25.2	0.84	0.000	0.056	0.019
CA/%DM	7.80	7.84	8.18	7.77	8.02	8.11	8.00	8.42	0.05	0.000	0.005	0.000
CF/%DM	26.0	25.9	23.4	22.7	25.1	24.6	26.4	25.6	0.73	0.099	0.316	0.013
NFC	13.4	17.4	19.1	21.6	18.5	20.7	22.3	20.7	1.33	0.009	0.006	0.266
能量 /（MJ/Kg）	18.5	18.6	18.7	18.7	18.0	18.3	18.3	18.7	0.05	0.000	0.000	0.000

表 5-37　不同比例木薯茎叶 FTMR 在不同添加剂的影响下对体外培养的影响

	无添加				糖蜜添加				SEM	P 值		
	T1	T2	T3	T4	T1	T2	T3	T4		添加剂	木薯茎叶比例	交互作用
pH	6.68	6.69	6.67	6.68	6.67	6.76	6.87	6.84	0.03	0.000	0.022	0.013
产气 /（mL/g DM）	36.2	38.8	46.7	51.6	53.2	52.9	54.9	61.8	3.97	0.000	0.030	0.695
干物质消化率/%DM	29.0	24.7	27.8	30.5	31.1	32.0	32.6	34.5	0.75	0.000	0.001	0.025
乙酸/mol%	60.5	53.4	54.1	24.2	53.6	49.0	52.7	58.7	2.75	0.013	0.000	0.000
丙酸/mol%	29.0	32.1	33.7	50.8	30.9	30.0	30.4	31.7	1.80	0.000	0.000	0.000
丁酸/mol%	6.75	9.37	7.94	12.6	9.72	14.7	14.1	6.52	1.01	0.013	0.011	0.000
异戊酸/mol%	1.67	2.36	1.97	3.99	2.85	3.21	2.43	1.34	0.48	0.899	0.554	0.004
瘤胃氨态氮/（mg/100 mL）	1.62	6.89	1.35	2.98	1.21	3.27	3.92	11.4	2.70	0.372	0.183	0.186

5.4.3.3　讨论

热带禾本科牧草中可溶性碳水化合物含量高，缓冲能力强，乳酸菌数量较低，因此一般青贮情况下，难以获得高乳酸青贮产品（Yahaya et al.，2004）糖蜜能为乳酸菌提供发酵底物，促进乳酸快速生成（邱小燕等，2014），可以改善玉米秸秆（李龙兴等，2018）、籽粒苋与稻秸混合料（穆麟等，2019）的青贮品质。

1. 不同木薯茎叶比例对 FTMR 营养成分、发酵品质及体外培养的影响

NDF 含量影响动物采食量，ADF 影响动物消化率：两者含量越低，其青贮料的采食量和消化率越高（胡海超等，2021）。本试验添加木薯茎叶后，NDF 含量显著降低（$P<0.05$），可能是由于木薯茎叶的粗纤维含量低于王草造成的。木薯茎叶的添加使得 pH 显著升高（$P<0.05$），原因可能是木薯茎叶含有类黄酮等酚类化合物（Tao et al.，2019），对乳酸菌、梭状芽孢杆菌等革兰氏阳性细菌有抑菌性（Ahmad et al.，2018），抑制了乳酸菌发酵，导致 pH 升高。

2. 添加糖蜜对木薯茎叶 FTMR 营养成分、发酵品质及体外培养的影响

添加糖蜜后 NDF（$P<0.05$）和 ADF（$P<0.05$）均显著降低，青贮饲用价值提高，可能会增加家畜的采食量，与 Brhanu 等（2019）研究相同：山羊采食量高可能是由于 ADF 含量较低导致的。

由于糖蜜增加了其碳水化合物的含量，所以体外产气量显著提高（$P<0.05$）。研究表明，饲料中的纤维素含量较高，瘤胃中发酵产生的乙酸比例较高，由于添加糖蜜降低了纤维含量，所以乙酸含量下降，同时可溶性碳水化合物的增加，会提高以丙酸为主的挥发性脂肪酸的产生，所以丙酸含量显著升高，乙酸/丙酸比例降低，与 Sutton 等（2003）研究一致。

5.4.3.4　小结

添加木薯茎叶的 FTMR 发酵品质均为良好，添加糖蜜显著提升了木薯茎叶 FTMR 的营养成分和发酵品质，体外培养消化率也得到了显著提升。木薯茎叶制作 FTMR 较为适宜，采用糖蜜添加能得到良好的效果。

第 6 章　热带副产物资源及其饲料配方

6.1　农副产物

6.1.1　不同比例花生秧发酵型全混合日粮对发酵品质及育肥期海南黑山羊生长性能的影响

中国海南岛地处热带，四季空气湿度较大，难以制备干草，因此，制备青贮来用于冬季饲喂反刍动物是一个必要手段，然而，过高的水分又导致难以青贮，补充一定比例低水分植物混合青贮是目前海南岛内畜牧业主要方法。花生作为豆科的一种常见植物，同时也是我国主要食用油料作物之一（廖伯寿等，2018）。花生在我国具有广泛的种植面积，并且随着农业种植结构的改变，花生种植面积不断增加，随之而来的是丰富的花生藤（聂胜委等，2015）。花生藤在中国的年产量达到了 3 000 吨以上，因其产量高且营养价值丰富、价格低廉，所以经常被作为一种优质粗饲料资源（历磊等，2012；罗志忠等，2015）。然而因其水溶性糖含量低、缓冲能值高，难以单独青贮，再加上花生藤的水分含量较低，在中国通常被制作成干草用于饲喂反刍动物。然而，采用花生藤饲喂动物的研究目前相对较少，饲喂品种也只局限于反刍动物及肉鹅，尤其是在我国南方地区，因草食家畜发展相对缓慢，如何有效处理和利用现存的大量花

生藤仍是一大难题（秦利等，2011）。

迄今为止，国内外已有多位学者采用花生藤作为粗饲料来源并且探究了其饲喂动物产生的影响。国外学者发现在谷物秸秆中添加花生藤，羔羊活体重会随着花生藤添加量的增加而增加（刘珍妮等，2020），而有国内学者报道，用一定比例的发酵花生藤替代育肥猪常规日粮饲喂效果最好，不仅能够降低饲料成本，还能有效提高生产性能（李心海等，2021）。体外瘤胃发酵研究结果表明，全株玉米青贮与不同比例的花生藤进行组合时，当二者比例为 60∶40 时，体外干物质消化率、微生物蛋白、产气量出现最大值，显著高于其他组合比例以及单独饲喂花生藤（张一为等，2015）。在羊的生产过程中，添加一定比例的花生藤可以有效提高羊的生产性能以及营养物质的消化率，并且研究证明采用花生藤与全株玉米青贮混合饲喂能够产生较好的效果（金敉娜等，2021）。刘泽研究显示，单独饲喂花生秧相对于单独饲喂玉米青贮和混合饲喂玉米青贮及花生秧而言，虽然可以显著提高小尾寒羊的平均日增重、平均日干物质采食量和消化能，但是其对羊的干物质、有机物、脂肪、钙、磷、酸性洗涤纤维和中性洗涤纤维的表观消化率并没有产生显著影响（刘泽等，2018）。赵明明等通过研究花生藤在肉羊饲粮中的适宜添加比例发现，当花生藤添加比例为 10%时，饲粮的总能、中性洗涤纤维、酸性洗涤纤维、粗脂肪表观消化率显著低于全花生藤饲粮，但粗蛋白质含量显著高于全花生藤饲粮，并且全花生藤饲粮与其他组差异不显著，而当饲粮中的花生藤添加比例为 20%、30%、40%时，干物质表观消化率得到显著提高，同时消化能和代谢能也得到显著提高，以上结果说明花生藤在肉羊饲粮中的适宜添加比例为 20%～40%（赵明明等，2017）。米浩通过比较花生藤与张杂谷草比例为 1∶2 和花生藤与张杂谷草比例为 2∶1 的饲粮饲喂寒泊×小尾寒羊杂交公羊后的结果发现，前者在提高总增重、日增重以及血清中葡萄糖含量等方面产生的效果都显著高于后者，然而其对产肉性能和肉品质并没有产生较为显著的影响，说明花生藤与张杂谷草比例为 1∶2 的饲粮在饲喂肉羊方面更加适合（米浩等，2019）。司雪萌等研究发现，添加花生藤比例为

17.5%的饲粮饲喂小尾寒羊，其干物质采食量以及粗蛋白质和粗脂肪的消化率显著高于单独饲喂玉米青贮（司雪萌等，2018）。

根据现有研究结果显示，用花生藤作为粗饲料饲喂反刍动物及家禽时，其对动物的影响均表现为良好，没有对动物产生任何不良影响。然而，尽管花生藤含有丰富的粗蛋白质、粗脂肪、碳水化合物、矿物质和维生素，是一种优质的牧草，但花生藤作为饲料用的却很少，很多被当作秸秆焚烧（王琳燚等，2019；张一为等，2015）。花生藤应用于动物生产，不仅可以增加饲料来源，降低成本，而且从根本上减轻了因不合理利用（焚烧或倾倒）而造成的资源浪费和环境污染等不良影响（范玥等，2021）。研究表明，花生秧与玉米青贮搭配不仅能够提高粗饲料的利用率，还能提高反刍动物的生长性能（Abdou N et al.，2011；刘利等，2015）。本研究主要探究利用不同比例的花生藤配合王草和干草资源来制备发酵型全混合日粮，摸索其发酵品质变动，并调查对山羊的饲喂效果及影响，为更好地开发利用花生藤资源及其在山羊育肥阶段的应用提供理论和实践依据。

本研究主要探究利用不同比例的花生秧配合王草和干草资源来制备发酵型全混合日粮，摸索其发酵品质变动，并调查对海南黑山羊的饲喂效果及影响。

6.1.1.1　材料与方法

1. 全混合日粮组成

本实验中，FTMR 由粗饲料（王草，花生秧）和精饲料（玉米、麸皮、豆粕，食盐，碳酸钙，小苏打以及预混料）两部分组成。王草栽培于中国热带农业科学院热带作物品种资源研究所附属实验基地（19.5 109.5，海拔 149 m），于 2020 年 1 月 6 日，草高约 1.6～1.8 m 时收割。玉米，麸皮，豆粕由饲料公司提供。各组成原料营养成分如表 6-1 所示。

表 6-1　各原料营养成分组成

单位：%

	王草	花生秧	木薯茎叶	玉米	麦麸	豆粕
蛋白质	12.5	10.1	25.6	8.12	17.3	44.75
脂肪	2.03	2.05	6.9	3.56	4.03	2.45
中性洗涤纤维	56	36.45	45.8	15.68	46.21	13.05
酸性洗涤纤维	31.6	27.27	24.9	5.2	13.42	10.15
粗灰分	7.42	9.6	8.7	1.15	6.22	5.83
NFC	22.05	41.8	13	71.49	26.24	33.92

2. 实验设计

FTMR 设定两个水分水平，分别为 50%和 60%，日粮中粗饲料部分占总比重 60%，花生秧替代王草的比例分别为 0%（对照组），5%（处理一），10%（处理二）和 15%（处理三）。各处理 FTMR 的组成如表 6-2 所示。收割的王草进行短暂预干燥后剪切至长度为 3～5 cm，将各组原料按照表 6-2 的比例称量，充分混合后装入一个 30 cm × 20 cm 的聚乙烯青贮袋中，添加蒸馏水调整水分。用一个真空打包机（SINBO，上海）抽真空后密封，避光保存发酵 40 d。各组发酵型全混合日粮营养成分见表 6-3。

表 6-2　各处理 FTMR 组成

单位：%

	C	T2	T3	T4
王草	50	45	40	35
花生秧	0	5	10	15
木薯茎叶	10	10	10	10
玉米	15	13	14	14
麦麸	12	15	14	14
豆粕	8	7	7	7
食盐	0.5	0.5	0.5	0.5
碳酸钙	0.3	0.3	0.3	0.3
碳酸氢钠	0.2	0.2	0.2	0.2
促生长剂	1.0	1.0	1.0	1.0
预混料	3.0	3.0	3.0	3.0

表 6-3 发酵型全混合日粮（FTMR）各组成的营养成分

单位：%

成分/%DM	王草	花生秧	麸皮	玉米	豆粕
粗蛋白质	11.5	2.7	16.7	8.12	44.7
粗脂肪	1.82	0.82	3.76	3.54	2.41
中性洗涤纤维	55.9	82.7	47.3	15.6	13
酸性洗涤纤维	31.9	66	13.6	5.41	10.1
粗灰分	7.51	11.2	7.11	1.12	5.72
非纤维碳水化合物	22.3	2.58	27.7	71.6	34.2

3. 饲养实验

该动物实验经中国海南省中国热带农业科学院（CATAS）动物护理与使用委员会批准，并于 2020 年 2 月在 CATAS 的热带动物研究中心进行。选取健康状况良好的山羊，随机分为 4 组，每组 4 只。喂食方式为单独喂食，自由饮水，每天喂食时间为 07 : 00 和 16 : 00（自由采食，每次喂食后，回收剩余物废弃处理）。预试期 5 d，正试期 60 d。试验期间，每天记录早晨和晚上的采食量。

4. 生长性能测定

每日准确称量各组日粮的给料量和剩料量，每周进行 1 次样品采集并测定其常规营养成分（检测产品营养稳定性）。在预试期第 1～2 d 以及正试期第 1～2、第 30～31、第 59～60 d 时记录试验羊体重，并计算其平均日采食量、平均日增重和耗料增重比。

5. 血液采集及测定

在正试期最后一天早上饲喂之前，从每只羊身上采集约 10 mL 颈静脉血液样本，带回实验室冷却，使用离心机在 4 000 r/min 下离心 10 min，用自动血液分析仪（迈瑞 BS-220，中国）分析上层清液，测定其总蛋白、白蛋白、尿素氮、总胆固醇、甘油三酯和血糖等物质的含量。

6. 统计分析

采用 SPSS 17.0 统计软件对各处理组青贮饲料的营养成分、青贮品质及

体外培养后各项指标（产气量、瘤胃发酵、干物质和蛋白质消化率等）进行单因素方差分析，并采用 Duncan's 多重比较检验差异显著性。$P<0.05$ 为差异显著，以均数±标准差表示。

6.1.1.2　结果与分析

1. 添加不同花生藤比例 FTMR 的营养成分

由表 6-4 可知，在不同水分条件下，FTMR 中的粗脂肪、NDF、ADF 和非纤维碳水化合物等营养成分含量差异显著。在水分含量 60%的条件下，FTMR 中粗脂肪和非纤维碳水化合物的含量高于在水分含量 50%条件下的 FTMR，并且随着花生藤的添加，粗脂肪有降低的趋势而非纤维碳水化合物有升高趋势；在水分含量 50%的条件下，FTMR 中 NDF 和 ADF 的含量高于在水分含量 60%条件下的 FTMR，并且随着花生藤的添加，NDF 有降低的趋势而 ADF 在 10%花生藤组中含量最高。除此之外，FTMR 中的粗灰分同时受到花生藤比例和水分含量的影响，在水分含量 50%的条件下，15%花生藤组表现了最高值，然而在水分含量 60%的条件下，10%花生藤组表现了最高值，且水分含量 60%条件下的最高值要大于水分含量 50%条件下的。

表 6-4　不同比例花生藤发酵型全混合日粮（FTMR）不同水分条件下的对营养成分的影响

单位：% DM

	水分 50%				水分 60%				SEM	P 值		
	C	T1	T2	T3	C	T1	T2	T3		花生秧添加	水分	交互作用
水分	50.7	49.9	49.2	50.4	59.6	59.2	58.8	59.8	0.369	0.020 6	<0.000 1	0.878 1
蛋白质	14.5	14.3	14.3	14.5	14.4	14.4	14.4	14.3	0.195	0.925 4	0.895 6	0.843 3
粗脂肪	8.3	8.1	7.7	7.6	8.7	8.6	8.2	9.2	0.241	0.142 6	<0.000 1	0.100 5
中性洗涤纤维	42.8	42.9	42.5	41.3	39.1	36.5	38.1	36.3	0.811	0.105 9	<0.000 1	0.423 6
酸性洗涤纤维	17.8	16.9	18.3	17.5	15.7	15.5	17.2	15.7	0.524	0.062 1	<0.000 1	0.827 1
粗灰分	5.7	5.5	5.8	5.9	5.7	5.7	6.1	5.9	0.074	<.000 1	0.041 8	0.063 6
非纤维碳水化合物	28.7	29.2	29.8	30.7	32.2	34.8	33.2	34.3	0.915	0.194 8	<0.000 1	0.580 5
总碳水化合物	71.5	72.1	72.2	72	71.3	71.3	71.2	70.7	0.284	0.348 2	<0.000 1	0.317 8

注：同行数据肩标字母相同或无字母表示差异不显著（$P>0.05$），字母不同表示差异显著（$P<0.05$）；下表同。

2. 添加不同花生藤比例 FTMR 的发酵品质

FTMR 的 pH 受到了花生藤添加量和水分的影响，水分含量 60%组极显著低于水分含量 50%组（表 6-5）。pH 不仅受到花生藤添加量和水分的影响，而且也产生了极显著的交互影响，在水分含量 60%的条件下，5%的花生藤添加和 10%的花生藤添加处理组中的 pH 没有显著差异，对照组和 15%的花生藤添加处理组中的 pH 也没有表现出显著差异。乳酸没有受到花生藤添加量的影响，但水分含量 50%组极显著高于水分含量 60%组（$P=0.0263$，$P<0.05$）。在水分含量的相同时，10%花生藤组乙酸含量为最大值，且乙酸含量受花生藤添加量和水分的影响较小，在不同水分含量的条件下，乙酸没有显著差异。水分含量的多少能够影响丙酸和挥发性盐基氮的含量，水分含量 50%组的挥发性盐基氮显著高于水分含量 60%组，水分含量 60%组的丙酸显著高于水分含量 50%组。

表 6-5 不同比例花生藤发酵型全混合日粮（FTMR）不同水分条件下的对发酵品质的影响

	水分 50%				水分 60%				SEM	*P* 值		
	C	T1	T2	T3	C	T1	T2	T3		花生藤添加	水分	交互作用
pH	4.23	4.26	4.33	4.3	4.15	4.16	4.16	4.15	0.006	＜0.000 1	＜0.000 1	＜0.000 1
乳酸/(g/kg)	0.59	0.61	0.59	0.59	0.59	0.56	0.51	0.55	0.022	0.287 4	0.026 3	0.378 3
乙酸/(g/kg)	3.71	7.09	7.9	6.62	6.54	6.26	6.65	6.21	0.862	0.127 4	0.895 1	0.112 3
丙酸/(g/kg)	0.05	0.06	0.07	0.06	0.09	0.09	0.08	0.08	0.007	0.870 4	0.000 4	0.194 4
丁酸/(g/kg)	0.79	1.42	1.41	1.14	1.02	0.84	0.82	0.89	0.288	0.852 7	0.165	0.474 8
挥发性盐基氮	4.83	5.01	4.99	4.85	4.72	4.38	4.88	4.82	0.678	0.796 6	＜0.000 1	0.427 8

3. 添加不同花生藤比例 FTMR 对体外培养后干物质消化率和瘤胃发酵参数的影响

如表 6-6 所示，产气量受花生藤比例和水分含量的影响，同时也产生交互影响。随着花生藤比例的增加，产气量显著增加，而在不同的水分含量条件下，水分含量 60%组的产气量显著高于水分含量 50%组。干物质消化率

不仅受到花生藤比例（$P=0.000\,1$，$P<0.05$）和水分含量的影响，而且产生了显著的交互作用，在水分含量 50%的条件下，10%花生藤添加组的干物质消化率出现了最大值；而在水分含量 60%的条件下，15%花生藤添加组的干物质消化率出现了最大值。如表 6-7 所示，在几个处理组中，经过培养后，瘤胃液的 pH 也受到花生藤比例和水分含量（$P=0.002\,7$，$P<0.05$）的影响，在相同的水分含量条件下，10%花生藤添加组和 15%花生藤添加组的 pH 没有显著差异，且对照组 pH 均大于各个处理组。各处理组的乙酸，丙酸，丁酸含量均受到花生藤比例和水分含量的影响，乙酸在水分含量 50%的条件下，随着花生藤比例的增加有下降趋势，而在水分含量 60%的条件下，随着花生藤比例的增加有上升趋势；在相同水分含量条件下，15%花生藤添加组的丙酸为最大值；在水分含量 50%的各个处理组中，丁酸的含量随着花生藤比例的增加有升高趋势，而在水分含量 60%的各个处理组中，丁酸的含量随花生藤比例的增加有降低趋势。戊酸受到花生藤比例（$P=0.001\,8$，$P<0.05$）的影响，并且在相同的实验条件下，各个处理组的戊酸显著低于对照组。各个处理组的挥发性氨态氮没有受到花生藤比例和水分含量的影响。

表 6-6　不同比例花生藤发酵型全混合日粮（FTMR）不同水分条件下的对体外培养的影响

	水分 50%				水分 60%				SEM	*P* 值		
	C	T1	T2	T3	C	T1	T2	T3		花生藤添加	水分	交互作用
pH	6.65	6.6	6.59	6.59	6.6	6.58	6.58	6.58	0.008	<0.000 1	0.002 7	0.070 9
产气 /（mL/g）	38.8	43.3	44.2	50.9	58.1	56.9	54.6	58.8	2.261	<0.000 1	<0.000 1	0.015 4
干物质消化率（%DM）	55.2	54.5	61.6	59.9	60.5	59.5	59.6	64.6	0.563	0.000 1	<0.000 1	<0.000 1
乙酸/mol%	51.8	45.5	29.5	30.8	29.1	31.5	31.5	35.7	2.418	0.002 9	<0.000 1	<0.000 1
丙酸/mol%	34.1	28	34.6	38.1	36.4	38.1	36	38.8	1.464	0.016 5	0.003 1	0.019
丁酸/mol%	4.2	6.6	8.5	8.7	9.4	8.3	8.6	8.1	0.553	0.018 3	0.000 9	<0.000 1
异戊酸/mol%	7.6	18.7	25.5	20.9	23.4	20.5	22.2	16	2.16	0.011 2	0.143 7	<0.000 1
戊酸/mol%	1.3	0.7	1	0.9	1	1	1	0.8	0.085	0.001 8	0.613 2	0.054 4
挥发性氨态氮/（mmol/dL）	15.4	13.8	14.2	14.9	15.5	15.2	14.1	14.7	0.954	0.264 7	0.436 4	0.864 9

表 6-7 饲喂花生藤 FTMR 对海南黑山羊生长瘤胃发酵的影响

	C	T1	T2	T3	SEM
pH	6.75	6.82	6.77	6.89	0.052 2
乙酸/mol%	51.6	52.1	52.8	52.5	0.264 7
丙酸/mol%	32.3	31.8	32.9	32.3	0.333 3
丁酸/mol%	4.56	4.51	4.45	4.46	0.293 6
异戊酸/mol%	7.42	7.71	7.54	7.45	0.865 8
戊酸/mol%	0.86	1.11	0.92	0.91	0.115 9
A/P	1.60	1.64	1.61	1.63	0.012 5
氨态氮 /（mg/dL）	15.5	15.6	16.1	17.3	0.929 9

4. 添加不同花生藤比例 FTMR 对山羊生长性能的影响

由表 6-8 可见，各组山羊的初始重和末重差异不显著；15%花生藤添加组平均日采食量最高，约为 432 g/d，且各处理组的平均日采食量均大于对照组，10%花生藤添加组平均日增重量显著高于其他各组，对照组的平均日增重量最小，对照组的耗料增重比显著高于 10%花生藤添加组和 15%花生藤添加组，而与 5%花生藤添加组没有显著差异，10%花生藤添加组的耗料增重比与 15%花生藤添加组没有显著差异。

5. 添加不同花生藤比例 FTMR 对山羊血清生化指标的影响

由表 6-9 可知，4 个处理组的总蛋白、白蛋白、球蛋白、尿素氮、葡萄糖、总胆固醇、甘油三酯、谷草转氨酶、谷丙转氨酶和白球比含量差异均不显著。

表 6-8 饲喂花生秧 FTMR 对海南黑山羊生长性能的影响

	C	T1	T2	T3	SEM
始重/kg	11.5	11.1	11.6	10.8	1.64
末重/kg	13.8	13.4	14.1	13.7	1.09
总增重/kg	2.3	2.3	2.5	2.9	0.16
平均日采食量 /（g/d）	416	426	420	432	4.509 25
平均日增重 /（g/d）	45.2^{d}	49.5^{c}	59.6^{a}	55.2^{b}	0.775 13
耗料增重比 F/G	9.2^{a}	8.61^{ab}	7.05^{c}	7.83^{bc}	0.174 52

表 6-9　饲喂花生秧 FTMR 对海南黑山羊生长血清生化指标的影响

	C	T1	T2	T3	SEM
葡萄糖 /（mmol/L）	2.76	2.61	2.73	2.66	0.63
尿素氮 /（mmol/L）	6.72	6.83	6.61	6.67	0.51
甘油三酯 /（mmol/L）	0.42	0.38	0.38	0.44	0.06
谷草转氨酶 /（mmol/L）	94.9	90.1	90.1	92.2	4.81
谷丙转氨酶 /（mmol/L）	25.95	24.58	23.58	21.59	1.87
总蛋白 /（g/L）	64.7	66.3	69.1	66.9	3.50
白蛋白 /（g/L）	42.71	44.64	46.41	46.86	1.77
球蛋白 /（g/L）	22.0	21.7	22.6	20.1	1.88
胆固醇 /（mmol/L）	2.86	2.66	2.68	2.8	0.05
白球比	1.94	2.06	2.05	2.34	0.10

6.1.1.3　讨论

1. 添加不同比例花生藤对 FTMR 发酵品质的影响

在前期的准备试验中，发现在花生藤和全株玉米的混合青贮的实验中，随着花生藤比例的增加 pH 显著增加（王思伟等，2019）。本试验结果也表明，在水分含量 50%条件下的 FTMR 中添加 5%花生藤后会导致 pH 升高，并且 10%花生藤组的 pH 出现最大值，这是因为花生藤中碳水化合物含量极低，随着花生藤添加量的不断升高，从而使得缓冲能升高，导致 FTMR 的 pH 升高；15%花生藤组 FTMR 的 pH 低于 10%花生藤组，这可能是因为花生藤添加量继续增大后，导致 FTMR 的碳水化合物含量升高，从而使得 FTMR 的 pH 降低。

2. 添加不同比例花生藤 FTMR 对山羊生长性能及瘤胃发酵参数的影响

闫益波等研究表明，与传统的饲养方式相比较，采用 FTMR 饲喂黑山羊对其采食量和日增重量的提高可以产生显著影响（闫益波等，2016）。除此之外，邱玉朗的研究表明，采用 FTMR 饲喂小尾寒羊可以有效提升饲料效率，有助于改善其机体免疫力（邱玉朗等，2013）。本试验中，与对照组相比，各个处理组的采食量和日增重均有明显升高，由此可见，添加花生藤到 FTMR 中对山羊的生长产生了较为积极的影响。这是因为饲料经过发酵后，饲料中的益生菌有助于提高饲粮的适口性，也有利于饲料进入反刍动物瘤胃进一步消化。另一方面，通过适当提高饲料的精粗比能够很好改善瘤胃内的微生物群落，进而有助于提高饲料的利用率（Evans E，1981）。王东劲等证实了不同种类粗饲料组合能够有效提升山羊的采食速率和采食量（王东劲等，2005）。吕仁龙等研究发现，采食精粗比为 4∶6 的 FTMR（粗饲料为王草和稻壳）的海南黑山羊，其平均日增重（42 g/d）明显低于本试验中的各个处理组（吕仁龙等，2020）。本次试验结果显示，虽然 5%花生藤组与 10%花生藤组的采食量和日增重均大于对照组，但是 5%花生藤组的采食量却高于 10%花生藤组，这可能是由于 10%花生藤组的 pH 大于 5%花生藤组，从而导致 10%花生藤组的适口性降低、采食量减少，然而又因为 10%花生藤组所含能量高于 5%花生藤组，故出现 10%花生藤组采食量下降，平均日增重上升的情况。15%花生藤组的采食量和日增重均为最大值，这是由于 15%花生藤组的 pH 小于 10%花生藤组，使得 15%花生藤组的适口性有所增加，又因为 15%花生藤组所含能量最高，随着采食量的增加，平均日增重也增加。在山羊的育肥过程中，由于初始体重、季节、饲养方式均存在较大差异，所以这也有可能是导致采食量、增重和表现消化率出现差异的原因，因此，需要不断尝试和结合新的阶段性饲养方法以寻求更高效率的饲养方法。以上结果表明，不同粗饲料资源混饲可有效提高饲养效率，因为不同粗饲料的组合可促进反刍动物瘤胃微生物生长和繁殖，从而促进饲料消化。此外，后续试验还将考虑采用其他饲粮组合配合花生藤饲喂山羊，进一步探索花生藤的利用价值。

我们可以通过检测反刍动物瘤胃内产生的挥发性脂肪酸用以反映瘤胃内环境的发酵状况。本试验中，各个处理组的 pH 与对照组之间没有显著差异，添加花生藤的 FTMR 对瘤胃发酵没有产生明显的影响。日粮的组成成分是影响瘤胃中挥发性脂肪酸组成的主要原因（汪水平，2004）。瘤胃中挥

发性脂肪酸是瘤胃发酵的主要产物之一，能为动物机体提供大量的可消化能，从而参与机体的各种代谢（Martinf et al.，1996）。本试验结果显示，各处理组的乙酸浓度均高于对照组，说明含有花生藤的饲料瘤胃微生物活性增强，更有助于瘤胃发酵，从而产生更多的能量以满足山羊机体的需要。瘤胃中氨态氮浓度受到饲粮中蛋白质降解速度和蛋白质水平的影响（索效军等，2019）。在本次试验中，各组的粗蛋白含量相近，而瘤胃中氨态氮浓度却随花生藤添加量增加而增加，这是因为花生藤的增加有助于促进瘤胃微生物的活性，从而加快蛋白质降解速度，使得氨态氮的浓度不断升高。由此可见，添加少量发酵花生藤产品对瘤胃内环境改善有一定的促进作用。

3. 添加不同花生藤比例 FTMR 对山羊的血液生化指标的影响

山羊的代谢情况可用血清指标来反映，如动物消化吸收能力可用总蛋白、白蛋白含量侧面反映（Shi et al.，2002），谷草转氨酶、谷丙转氨酶与动物的肝脏功能有密切联系，尿素氮可用于表示机体蛋白质代谢和饲料氨基酸平衡（Chanjula et al.，2018；Li et al.，2017）。采食方式、食物种类、瘤胃内挥发性脂肪酸等都是直接影响血糖的因素。本研究中，各处理组之间的血清指标均没有显著差异，并且都处在正常范围值之内，这表明花生藤没有对山羊机体营养代谢和健康状况产生负面影响。

6.1.1.4　结论

结果表明：从 FTMR 的发酵品质和体外培养方面来看，在水分含量 60%的条件下，10%花生藤组和 15%花生藤组的效果较好，可以作为 FTMR 的原料；从山羊的生长状况方面来看，与对照组相比，山羊采食各处理组 FTMR 后其采食量和平均日增重均表现良好，能够有效降低耗料比，其中 10%花生藤组效果最好；从山羊的瘤胃发酵参数和血液指标方面来看，各处理组 FTMR 对瘤胃液发酵参数和血液指标均未产生不良影响；综上所述，本次实验中水分含量 60%的条件下的 10%花生藤组为效果最好一组。

6.1.2 不同比例干稻草对海南黄牛和杂交牛生长性能和血清生化指标的影响

海南黄牛，又称高峰黄牛，具有耐热、耐粗饲料、抗病力强等特点（肖杰，2011）。然而，海南黄牛也存在生长缓慢，饲养成本高的问题。为了改善这一情况，研究者们将黄牛与日本和牛杂交后饲养（施力光等，2018），结果发现育肥效果较好（林苓，2013）。然而，由于海南地区特殊的气候条件导致粗饲料在夏季过剩，冬季短缺，而且副产物粗饲料资源没有良好的回收机制（吕仁龙等，2019），这些因素致使海南岛内粗饲料资源不足，严重制约了肉牛饲养效率。补饲廉价干草、制备青贮或发酵型全混合日粮（FTMR）是解决冬季饲料短缺问题的有效途径。然而海南降雨频繁，空气湿度大，收割的牧草又因为水分过高难以立即制备青贮（李茂等，2014）。因此，有必要在饲粮中添加一种廉价干草与新鲜牧草混合饲喂或混合制成青贮来饲喂肉牛。

侯冠彧等（2006）研究发现王草在饲喂海南黄牛时表现了最佳的适口性，而且其产量巨大，是目前海南地区无可替代的重要热带牧草资源。在海南岛内，肉牛养殖主要采取的是王草配合精饲料的饲喂方式，然而这种传统方式饲养效率严重低下，因此，近年来研究者们开始探索新的养殖方式。我国是水稻种植大国，干稻草年产量巨大（杨宝奎等，2016），是反刍动物潜在的主要粗饲料资源。研究表明稻草配合甜高粱混合青贮饲喂肉牛后，表现出良好的饲喂效果（杨宝奎等，2016）。稻草配合苜蓿补饲山羊后，没有对瘤胃产生不良影响（张吉鹍等，2014）。然而到目前为止，仍没有关于王草配合干稻草饲喂海南黄牛的相关报道。为了解决上述制约海南黄牛养殖业发展的问题，本研究在海南黄牛和杂交牛饲粮中添加不同比例干稻草，分别解析不同混合饲粮对海南黄牛和杂交牛生长性能和血清生化指标的影响。

6.1.2.1　材料与方法

1. 饲料制备

王草（热研 4 号）栽培于中国热带农业科学院试验场 12 队黄牛养殖基地（北纬 195° 109.5′，东经 109° 30′，海拔 149 m），每日清晨，对高约 2.0 m 的王草进行收割。干稻草购买于江西高安市牛根农作物秸秆专业合作社。精饲料原料（如玉米粉、麸皮、豆粕等）由饲料公司提供。各原料营养水平见表 6-10。

表 6-10　饲粮原料组成和营养水平

营养水平 / (g/kg)	王草	稻秆	玉米粉	麸皮	豆粕
粗蛋白质	92.3	52.5	87.3	172	462
粗脂肪	19.8	17.6	36.2	38.7	23.9
中性洗涤纤维	532	629	149	448	128
酸性洗涤纤维	321	331	54.4	132	110
粗灰分	73.8	142	12.2	62.3	57.4
非纤维碳水化合物	282	159	715	279	329

2. 饲粮处理

肉牛饲粮设定粗精比例为 1 : 1，粗饲料由新鲜王草和干稻草组成，王草、干稻草、精饲料的干物质（DM）组合比例分别为 50 : 0 : 50（对照组），40 : 10 : 50（10%稻草组），30 : 20 : 50（20%稻草组），王草和干稻草切割后与精饲料充分混合后进行饲喂，肉牛自由饮水和采食矿盐。精饲料由玉米粉、麸皮和大豆粕组成，比例为 68 : 18 : 10［精饲料营养水平：水分 2.73%、粗蛋白质（CP）16.00%、粗脂肪（EE）2.32%、中性洗涤纤维（NDF）9.34%、粗灰分（Ash）6.23%，各稻草处理组餐食营养水平见表 6-11。

表 6-11　各稻草处理组饲粮粗饲料营养水平

营养水平 / (g/kg)	对照组	10%稻草组	20%稻草组	SEM
粗蛋白质	144.0^{a}	139.0^{b}	135.0^{b}	1.22
粗脂肪	27.2^{a}	25.3^{b}	24.6^{b}	0.12
中性洗涤纤维	342.0^{c}	378.0^{b}	401.0^{a}	2.44
粗灰分	49.2^{c}	57.6^{b}	66.1^{a}	1.08
非纤维碳水化合物	436.0^{a}	400.0^{b}	373.0^{c}	2.45

3. 动物饲养管理

选定年龄、体重相近，平均体重为（162.06±4.47）kg 的海南黄牛和杂交牛各 12 头，并将它们各平均分为 3 组（n=4），并分别饲喂它们对照组、10%稻草组、20%稻草组的餐食。饲养方式为单头栓饲。试验于 2019 年 5 月 10 日开始，预试期 10 d，正式试验期 60 d。试验开始前对所有肉牛进行驱虫处理。每天 8∶00 和 16∶00 饲喂试验牛 2 次，自由采食，自由饮水。

4. 生长性能测定

所有肉牛从正饲期开始每天记录采食量。在正式试验期第 1～2 d、30～31 d 和第 59～60 d 时测定每头牛的体重，并计算其 ADFI、ADG 和 F/G。

5. 数据统计与分析

试验数据采用 SAS 9.2 GLM 程序进行统计分析，各稻草处理组饲粮营养水平采用单因素模型统计分析，对比各处理间的平均差异（$P<0.05$）。肉牛生长性能和血清生化指标进行了双向方差分析（影响因素为肉牛品种和不同处理饲粮），Tukey's 用于测试各处理间的差异（$P<0.05$）。

6.1.2.2　结果与分析

1. 不同稻草添加比例下对黄牛和杂交牛生长性能的影响

表 6-12 揭示了本试验中黄牛和杂交牛在三个稻草处理组的生长性能和血清生化指标。在饲养 2 个月后，末重受到了干稻草添加量和牛品种的影响，即杂交牛组末重高于黄牛组，干稻草添加末重有偏高趋势，此外，末重还显示了交互影响（$P=0.031$），即：在黄牛组中，对照组和 20%稻草组没有差

异，而在杂交组中 10%稻草处理组和 20%稻草处理组之间没有表现出显著差异。ADG 受到了干稻草添加量（$P=0.042$）和牛品种（$P<0.001$）的影响，杂交牛组显著高于黄牛组（$P<0.001$）。ADG 不仅受到干稻草添加量和牛品种影响，而且也产生了显著交互影响（$P<0.001$），在黄牛组中，10%的稻草添加和 20%的稻草添加处理组中的 ADG 没有显著差异。F/G 没有受到干稻草添加量的影响，但黄牛组明显高于杂交牛组（$P<0.001$）。

表 6-12　不同稻草添加比例下对黄牛和杂交牛生长性能的影响

项目	黄牛组			杂交组			SEM	P 值		
	对照组	10%稻草组	20%稻草组	对照组	10%稻草组	20%稻草组		稻草	牛品种	交互影响
始重/kg	163.5	164.2	158.8	157.6	165.3	160.6	5.11	0.604	0.815	0.718
末重/kg	188.2[b]	192.8[a]	184.5[b]	189.0[b]	198.8[a]	195.8[a]	4.12	0.025	<0.001	0.031
平均日采量/(kg/d)	5.41	5.61	5.89	6.21	6.54	6.72	0.65	0.042	<0.001	0.869
平均日增重/(kg/d)	0.412[c]	0.436[a]	0.429[a]	0.524	0.559	0.587	0.16	<0.001	<0.001	<0.001
耗料增重比	13.1	12.9	13.5	11.9	11.7	11.5	0.62	0.951	<0.001	0.214

2. 不同稻草添加比例下对黄牛和杂交牛血清生化指标的影响

血清中的 TP 和 BUN 没有受到干稻草添加量和牛品种的影响。杂交牛组的血清中 ALP、GLU 和 TG 含量明显高于黄牛组（$P<0.001$），TP 含量同时受到干稻草和牛品种影响，同时也产生交互影响，即：黄牛组高于杂交牛组，10%稻草组表现了最高值，无论是黄牛处理组还是杂交牛处理组，20%稻草添加组和对照组之间没有显著差异（表 6-13）。

表 6-13　不同稻草添加比例下对黄牛和杂交牛血清生化指标的影响

项目	黄牛组			杂交组			SEM	P 值		
	对照组	10%稻草组	20%稻草组	对照组	10%稻草组	20%稻草组		稻草	牛品种	交互影响
总蛋白 / (g/L)	68.6	67.4	64	68.3	68.3	66	2.85	0.453	0.709	0.924
白蛋白 / (g/L)	30.2	29.1	28.6	33.3	33.4	35.7	0.06	0.121	<0.001	0.072
血糖 / (mmol/L)	2.3	2.36	2.51	2.33	2.4	2.37	0.55	0.115	0.612	0.223
尿素氮 / (mmol/L)	4.34	4.41	4.39	4.42	4.36	4.31	0.26	0.512	0.464	0.208
甘油三酯/(mmol/L)	0.25	0.28	0.27	0.36	0.39	0.38	0.22	0.644	<0.001	0.252
总胆固醇/(mmol/L)	3.07[b]	3.53[a]	2.96[b]	2.38[b]	3.10[a]	2.57[b]	0.18	0.026	0.044	0.037

6.1.2.3 讨论

1. 稻草在肉牛饲粮中的应用

我国粗饲料资源相对短缺，稻草作为反刍动物廉价饲料资源已经被很多研究者认可。稻草中的 CP 含量根据品种不同，含量约为 3.58%～6.93%（焦爱霞等，2006），经过微生物发酵等处理后，蛋白质含量会有所升高。稻草水分偏低，一些研究将其与新鲜牧草混合青贮，可以获得较好的青贮品质（常荣鑫等，2019）。陈功轩等（2019）将苎麻和稻草混合青贮后，发现可以更好保存营养水平。付锦涛等（2019）的试验表明稻草与构树比例为 1∶9 青贮时可表现最佳青贮品质。稻草与香蕉叶比例在 3∶7 青贮时品质为最佳（刘建勇等，2014），而与多花黑麦草比例为 4∶6 混合青贮时，青贮品质最佳（刘蓓一等，2018）。此外，由于稻草中木质素和不可溶性硅含量偏高（Van et al.，2006），导致了在反刍动物体内的 CP 和纤维消化率较低（郑子乔等，2019），但通过一些复合酶处理后，可以提高稻草的纤维在瘤胃内降解率（Rodrigues et al.，2008；Wang et al.，2004）。研究者对比了生物发酵和氨化处理后的稻草对黄牛饲养效果，结果显示，处理后的稻草可明显提升黄牛 ADFI 和 ADG（陈方志等，2019）。由于考虑到加工处理的成本，许多养殖业者将稻草切断后直接饲喂（刘振贵等，2018）。王琦等（2014）用干稻草饲喂黄牛，检测了瘤胃液的变动，结果表明干稻草配合一定精饲料混合饲喂黄牛时可以更好地刺激其瘤胃，使此混合饲料发挥更大的利用价值。

2. 稻草对肉牛生长性能和血清生化指标的影响

多种粗饲料组合或提升粗饲料比例可以改善瘤胃微生物菌群从而可以提升饲料效率（Evans，1981；张亚格等，2018）。本研究结果表明，在饲粮中补充干稻草显著影响了肉牛的 ADFI（$P<0.05$）和 ADG（$P<0.001$）），其中 ADFI 提升 5%～8%，ADG 提升 4%～12%，这再次验证了干稻草可以有效提升肉牛适口性。在黄牛组中，10%和 20%稻草组的 ADG 没有显著差异，这是由于干稻草的消化率低产生的间接影响。张颖等（2019）检测了补

充饲粮后的瘤胃环境，发现稻草与苜蓿 5∶5 比例投喂时可得到较高的总挥发性脂肪酸（TVFA），TVFA 含量越高，能量利用率越高，这间接反应了干稻草对肉牛增重的促进作用。血清中 TC 含量受到了干稻草添加量的影响，10%的稻壳处理组高于对照组和 20%稻草处理组，我们尚不能明确这一现象产生的原因，可能源于王草与稻草之间的交互影响。

3. 牛品种对生长性能和血清生化指标的影响

我国肉牛主要分为引进品种、培育品种和本地品种，前两者都有较好的生长性能，而本地品种略显不足（师周戈等，2015）。不同品种肉牛由于饲料需求量和增速的差异，育肥效果也不同（王桃等，2019）。本研究中，杂交牛组表现了较好的育肥效果，ADFI（6.5 kg/d）和 ADG（0.56 kg/d）显著高于本地黄牛（$P<0.001$）。试验结果与杨保奎等（2016）的研究结果相近（徐州黄牛与日本和牛杂交）。可见，杂交选育是提升本地品种肉牛生长性能的有效手段。

在本研究中，尽管一些血清生化指标受到了牛品种的影响，但其数值都在正常范围内。血清中的蛋白含量与饲粮营养水平和蛋白代谢能力有一定关联（张乃锋等，2010），不同品种之间的差异也可能导致其蛋白代谢的差异。TC 含量与肝脏机能和饲粮营养水平存在关联（唐波等，2014），本研究中 TC 含量在杂交牛组明显偏低，这可能间接表明了杂交牛肝脏中对胆固醇的合成和储存能力偏低。TG 是脂肪在机体内的代谢产物（Knowles 等，1998），本试验中杂交牛组表现了显著偏高趋势（$P<0.001$），这表明了杂交牛对脂肪的利用率偏低（Knowles 等，1998）。作者对比了日本和牛与徐州黄牛杂交后代的血清生化指标，发现 ALP、TG 和 TC 含量，在饲喂稻草后的数值相近（杨宝奎等，2016）。

4. 交互影响

ADG 表现了显著的交互影响（$P<0.001$），在黄牛组中的 10%稻草组和 20%稻草组的 ADG 没有明显差异，但高于对照组。这说明干稻草对黄牛饲养效率的促进作用是有限的，这主要是受到瘤胃微生物对粗饲料的分解作用

的影响。此外，胆固醇含量也显示了交互影响，这可能是因为个体的采食方式或者机体代谢的差异引起的（唐波等，2014）。

6.1.2.4 结论

在肉牛的饲粮中添加干稻草，有助于提升 ADFI 和 ADG；此外，相比黄牛组，杂交牛组表现了较好的饲养效果。

6.1.3 不同比例稻壳对发酵型全混合日粮品质的影响

全混合日粮（Total Mixed Ration，简称 TMR）是将粗饲料，精饲料和反刍动物所必需矿物质等充分混合的饲料加工技术（胡琳等，2015）。反刍动物采食 TMR，不仅可以保证日粮营养摄入均衡（朱永毅等，2009），维持内环境稳定（肖建国等，2008）。此外还可以在 TMR 中添加新型饲料资源进而扩大资源的利用。在饲养过程中可降低人力成本，提升饲养效率（张兴隆等，2002）。由于每次饲喂前需要进行混合作业，越来越多的研究开始关注发酵型全混合日粮（FTMR）（赵钦君等，2016）。FTMR 可长期保存，在其发酵过程中生成乳酸等有机酸，从而可提高动物适口性及其营养价值（王慧丽，2015；王加启等，2009），并且具有开封即食的特点。此外，通过制作裹包 FTMR 产品，还可产生巨大经济效益（王邓勇等，2017）。

海南岛属于我国热带地区，饲用牧草存在夏季过剩，冬季短缺的问题（李茂等，2014）。夏季牧草的旺盛，其原因归结于大量的降雨，频繁的降雨又制约了控制收割牧草的水分来制作青贮，因此添加一种低水分低成本粗饲料资源用于制备青贮或 FTMR，可以有效提高发酵品质。制备 FTMR 可以缓解海南地区冬季饲料短缺问题。此外，饲料原料种类少是制约海南地区动物养殖的重要因素，例如豆粕，干草等饲料大多依赖岛外供给，这大大提高了饲料成本，因此，有必要有效地利用岛内作物资源来生产低成本高品质饲料。

稻壳是稻米加工过程中产量大，价格低廉的农副产品（张沛等，2015；李燕红等，2008），其主要成分是纤维素类和木质素类，由于蛋白质等营养

成分偏低，限制了稻壳作为饲料的应用，但其产量高，研究者仍然试图将其作为动物饲料（代航等，2017；韩娟等，2015）。研究表明，一些物理或化学方法处理稻壳可以改善其消化性能。发酵的稻壳具有酸香味道，可以改善饲料风味，从而增加反刍动物适口性（熊忙利等，2014）。在日本，饲喂和牛稻壳颗粒饲料后，表现了良好的增重效果，其生理指标与普通饲料相比并没有差异（何文修等，2016）。稻壳作为一种具有饲喂潜力的廉价饲料资源，不仅可以大幅降低饲养成本，还可以减轻环境压力（刘博等，2010）。同时，乳酸菌是常用的饲料发酵剂，可以有效促进乳酸生成，提高发酵品质（Herderson et al.，1982）。

本试验用稻壳替代不同比例的王草来制备发酵型全混合日粮（FTMR），并通过添加乳酸菌的方式来评估其对 FTMR 的营养成分和发酵品质的影响，探讨稻壳是否适合作为一种 FTMR 原料。

6.1.3.1　材料与方法

1. 全混合日粮组成

全日粮混合饲料由粗饲料（王草，稻壳）和精饲料（玉米、麸皮、豆粕，食盐，碳酸钙，小苏打以及预混料）两部分组成。王草栽培于中国热带农业科学院热带作物品种资源研究所附属实验基地（北纬 195° 109.5'，东经 109° 30′，海拔 149 m），于 2018 年 3 月 21 日，草高约 1.5～1.8 m 时收割，稻壳来自水稻农户。玉米，麸皮，豆粕由饲料公司提供。各组成原料营养成分含量如表 6-14 所示。

2. 试验设计

FTMR 中粗饲料部分占总比重 50%，稻壳替代王草的比例分别为 0%（处理 1），5%（处理 2）和 10%（处理 3）。各处理 FTMR 的组成如表 6-15 所示。同时，每个处理组分别做无添加（Control）和乳酸菌（LAB，添加量为 5 mg/kg，菌株为乳酸菌 Lactobacillus paracasei 和纤维分解酶构成，雪印种苗，北海道，日本）添加。

表 6-14　发酵型全混合日粮（FTMR）各组成的营养成分

成分/%DM	王草	稻壳	麸皮	玉米	豆粕
粗蛋白质	12.5	2.7	17.2	8.12	44.7
粗脂肪	1.82	0.82	3.92	3.54	2.41
中性洗涤纤维	55.9	82.7	45.1	15.6	13
酸性洗涤纤维	31.9	66	13.1	5.41	10.1
粗灰分	7.51	11.2	6.11	1.12	5.72
非纤维碳水化合物	22.3	2.58	27.7	71.6	34.2

表 6-15　发酵型全混合日粮（FTMR）的原料组成成分

原料组成/%	处理 1	处理 2	处理 3	营养组成/%	处理 1	处理 2	处理 3
王草	50	45	40	水分（FM）	60.2	60.1	60.1
稻壳	0	5	10	粗蛋白质	14	14.1	14.2
玉米	33	28	23	粗脂肪	4.21	4.16	4.19
麸皮	7	12	17	中性洗涤纤维	42.1	43.6	46.7
豆粕	8	8	8	酸性洗涤纤维	21.6	28.5	31.1
食盐	0.5	0.5	0.5	粗灰分	7.21	7.56	7.98
碳酸钙	0.3	0.3	0.3				
小苏打	0.2	0.2	0.2				
预混料	1	1	1				

发酵品质的评级（V-score），参照《日本粗饲料评定手册》（2001）标准，通过乙酸，丙酸等 VFA 和挥发性氨态氮/总氮（%）含量计算 V-score 得分。计算方法如下：

挥发性铵态氮/总氮（%）＝A。得分标准（X）：A≤5：50 分；A＝5～10：60—2A 分；A＝10～20：80—4*A 分；A＞20：0 分；乙酸＋丙酸含量＝B。得分标准（Y）：B≤0.2：10 分；B＝0.2～1.5：（150—100 B）/13 分；B＞1.5：0 分；丁酸以上的 VFA 总量＝C。得分标准（Z）：C＝0：40 分；C＝0～0.5：40—80*C 分；C＞0.5：0 分；V-score 总分＝X＋Y＋Z。

3. 数据处理

试验数据采用 SAS 9.2（2004）进行统计分析，发酵 TMR 的营养成分

含量，pH 和有机酸组成利用双因素模型分析（$P<0.05$）。

6.1.3.2 结果

1. 稻壳添加对 FTMR 营养成分及发酵品质的影响

由表 6-16 可见，60 d 发酵过后，随着稻壳添加量的增加，各处理 FTMR 的 NDFom、ADF 和 CA 的含量明显升高（$P<0.01$），EE 和 NFC 含量随着稻壳添加量的增加而降低（$P<0.01$）。稻壳的添加影响了 pH、丙酸、乳酸含量和 NH_3-N/total-N（%）的值。随着稻壳添加量的增加 pH 逐渐升高（$P<0.01$），丙酸（$P<0.01$）和乳酸（$P<0.05$）含量逐渐降低，NH_3-N/total-N（%）逐渐升高（$P<0.01$）。然而，稻壳的添加没有影响乙酸和丁酸含量的变动。通过 V-score 的计算，各处理的 FTMR 都表现了良好的发酵品质，处理 1 的 V-score 值高于其他处理（表 6-17）。

表 6-16 不同稻壳添加比例 TMR 在乳酸菌添加有无条件下的营养成分变动

单位：%DM

项目	处理 1		处理 2		处理 3		SEM	P 值		
	对照	乳酸菌添加	对照	乳酸菌添加	对照	乳酸菌添加		稻壳添加	乳酸菌添加	交互作用
水分	60.9	60.6	60.7	61.5	60.7	61.4	0.383 7	0.386 5	0.079 6	0.168 7
粗蛋白质	14.1	14.3	14.3	14.2	14.1	14.3	0.197 8	0.907 8	0.479 9	0.720 8
粗脂肪	4.46	4.32	4.1	4.47	4.34	4.12	0.048 8	0.021 2	0.848 4	0.000 1
中性洗涤纤维	41.5	41.5	42.7	42.9	46.3	45.9	0.535 3	<0.000 1	0.920 7	0.834 9
酸性洗涤纤维	22	20.7	25.6	26.1	27.7	29.9	0.983 3	<0.000 1	0.557 5	0.282 4
粗灰分	7.37	6.96	7.77[a]	7.16[b]	7.7	8.17	0.185 7	0.000 5	0.059 5	0.008 5
非纤维性碳水化合物	32.6	33.5	31.3	31	29.1	27.3	0.792 2	0.000 2	0.567 8	0.282 4
总碳水化合物	74.1	75	73.9	73.9	75.3	73.2	0.583 3	0.606 6	0.385 6	0.062 5

表 6-17 饲喂 FTMR 对海南黑山羊生长能及瘤胃发酵参数的影响

项目	对照组	5%稻壳组	10%稻壳组
始重/kg	9.78±1.13	10.12±0.96	9.53±1.92
末重/kg	12.29±2.06	12.65±0.87	11.82±1.65
平均日采食量/(g/d)	397±20.23[b]	412±31.63[a]	378±23.32[c]
平均日增重/(g/d)	42±1.24[a]	42±1.19[a]	37±1.11[c]

续表

项目	对照组	5%稻壳组	10%稻壳组
耗料增重比	9.51±0.37[b]	9.77±0.29[b]	10.20±0.46[a]
瘤胃发酵 pH	6.72±0.24	6.79±0.33	6.74±0.51
总挥发性脂肪酸 /（mmol/L）	93.4±3.219	0.5±2.48	92.1±4.56
乙酸/%	53.26±2.56	55.28±1.79	52.06±3.82
丙酸/%	18.42±1.70	17.96±1.22	17.43±0.95
丁酸/%	7.54±0.82	7.93±2.31	8.35±0.75
挥发性盐基态氮/%	5.43±0.23	5.87±0.66	5.29±0.39

2. 乳酸菌添加对 FTMR 营养成分及发酵品质的影响

乳酸菌的添加没有影响 FTMR 的 CP、EE、NDFom、ADF、CA、NFC 和总碳水化合物含量，经过 60 d 发酵后，pH 没有变化（3.91～4.04），但 FTMR 中乳酸含量明显升高（$P<0.01$），乙酸，丙酸，丁酸含量没有受到乳酸菌添加的影响，NH_3-N/total-N（%）值在乳酸菌添加组明显降低（$P<0.05$）。

3. 交互作用

本试验中，FTMR 中的粗灰分表现出了交互作用效果，在 5%稻壳添加下，乳酸菌处理后的粗灰分含量明显低于对照组的粗灰分含量（$P<0.05$）。

6.1.3.3 讨论

海南地处热带，夏季气温高，空气湿度大，难以制备高品质干草。在生产 FTMR 过程中，如果鲜草比例过高，会导致 FTMR 产品干物质过低，并且易霉变，进而导致发酵品质降低，因此，本试验在设定上，结合了实际生产情况，将粗饲料比例调整为 50%，并且在制备 FTMR 之前，将王草进行了短暂预干，使其水分控制在 70%左右。在一项不同预干程度的王草对青贮品质影响的研究中已经证明，水分控制在 70%左右时，会得到较高品质的青贮（张英等，2013）。本试验中，王草收割高度为 1.5～1.8 m，粗蛋白质含量约为 12.5%，明显高于李茂等（2015）的研究，这个差异可能是由于季节的不同导致的。本实验实施时间为初春季节，此时节王草生长速度慢于盛夏，

更有利于充分利用土壤养分合成蛋白。稻壳具有高纤维、低蛋白、低脂肪含量的特点（金日光等，1988），这个特点也在FTMR的营养成分中得到了反映。

王草发酵在30 ℃环境下为最佳。本试验中，控制了青贮的储藏温度在25～30 ℃之间。开封后，所有样品没有发生霉变等现象，并具有良好的芳香气味儿。随着稻壳添加比例的增加，FTMR中的NDFom、ADF和粗灰分含量明显升高，这缘于稻壳本身有较高的NDF和ADF含量的影响。此外，研究结果显示，部分处理组的NDFom和ADF含量在发酵后有降低趋势，这是由于在微生物的活动中性洗涤纤维中的非结构性碳水化合物降解所导致（玛里兰·毕克塔依尔等，2016；刘芳等，2008）。研究表明，添加乳酸菌的FTMR经过发酵后ADF和NDF有降低效果（张志国等，2017），然而，本研究没有影响任何营养成分的变动，这也可能是由于粗饲料部分王草和稻壳部分含有较高的木质素和纤维素含量，导致了难以被降解（陶莲等，2016）。随着稻壳添加量的增加，pH逐渐偏高，这是由于稻壳中碳水化合物含量较低，缓冲能高，影响了pH的进一步降低。与此同时，相比酒糟主体（丁良等，2016），玉米秸秆主体（玛里兰·毕克塔依尔等，2017），咖啡渣主体（徐春城等，2009）的FTMR中，本研究的pH明显更低，这再次揭示了王草和稻壳良好的发酵效果。在10%稻壳添加处理下，乳酸含量明显下降，这是因为稻壳的添加量增大后，导致了FTMR中的糖分降低，限制了乳酸菌的发酵。挥发性氨态氮含量/总氮的比值也受到了来自稻壳添加的影响，这可能是稻壳中含有某些可以降解蛋白质的酶，分解了日粮中蛋白而导致，这个现象也有待进一步探明。

丙酸含量随着稻壳添加量的增加而降低（$P<0.01$），丙酸由丙酸菌发酵乳酸生成，同时伴随乙酸和二氧化碳的产生，丙酸具有抗真菌效果，并可以有效抑制青贮饲料的腐败（梁瑜等，2012）。丙酸并不影响青贮发酵品质（Kung et al.，1998），但能促进乳酸菌发酵，降低pH（Grawshaw et al.，1980）。稻壳添加后，抑制了丙酸菌的发酵，这是由于乳酸含量降低，这也解释了

pH 随稻壳添加量增加而升高的原因，本试验结果也表现出高丙酸含量有更低的 pH。在制备青贮的过程中添加乳酸菌，主要起到抑制其他有害菌类繁殖效果，具有防腐作用，与此同时提高产品乳酸含量，通过抑制有害菌对 FTMR 中养分的消耗从而降低挥发性氨态氮含量（刘春龙等，2006；Cai et al.，1999），这个现象也在本研究结果中得到了验证，并与陈雷等（2016），Li 等（2013）和 Cao 等（2011）的研究结果一致。

尽管稻壳营养成分较低，不适合饲喂单胃动物（刘博等，2010），但作为反刍动物的饲料具有巨大潜力，很多研究已经表明稻壳经过发酵处理，膨化处理，或者一些纤维软化的处理更具有经济价值（刘晓军，2007）。本研究结果表明，添加 5%的稻壳用于制备 FTMR 后，表现了良好的发酵品质，可以作为一种反刍动物日粮。下一步研究将对动物进行中长期饲喂来评价其饲养效果和对动物机体的影响。

6.1.3.4 结论

本研究结果表明，添加 5%的稻壳有助于提高发酵型全混合日粮的品质。

试验旨在探究不同添加比例的稻壳在发酵型全混合日粮（FTMR）中的应用效果，并探讨其饲用价值。FTMR 以王草为主要粗饲料，分别添加 0%（对照组）、5%（5%稻壳组）和 10%（10%稻壳组）稻壳制备 3 个处理组 FTMR，密闭，避光发酵 60 d，测定 FTMR 产品的营养成分和发酵品质。饲养试验选用 15 只平均体重约 10 kg、体况良好的海南黑山羊平均分为 3 组，分别饲喂上述 3 种 FTMR，自由采食，为期 60 d，测定黑山羊的生长性能及瘤胃发酵参数。结果表明：5%稻壳组中乳酸含量最高，表现出良好的发酵品质；5%稻壳组黑山羊的平均日采食量最高，对照组高于 10%稻壳组（$P<0.05$）；3 个处理组的瘤胃液发酵参数和血液指标均无显著差异。综上，添加 5%稻壳不仅改善了 FTMR 的产品品质，还提升了黑山羊日粮的适口性，具有较好的增重效果。

6.1.4 不同比例稻壳发酵型全混合日粮对海南黑山羊生长性能的影响

海南岛地处我国热带地区，独特的气候环境使其四季降雨量不平衡，从而导致牧草夏季过剩，冬季短缺（李茂等，2014）。为了解决冬季反刍动物粗饲料短缺问题，研究者们开始关注发酵型全混合日粮（Fermented Total Mixed Ratio，FTMR）的研发（赵钦君等，2016）。FTMR 是一种将粗饲料、精饲料和反刍动物所必需的矿物质等充分混合后密封储存的加工技术（王慧丽，2015），它不仅可以长期保存，而且在其发酵过程中生成乳酸等有机酸，可提高动物适口性及其营养价值（张兴隆等，2002）。海南岛空气湿度大，难以制备干草，而过高的水分又难以制备青贮，为此，有必要添加一种低水分作物资源来调控 FTMR 水分（吕仁龙等，2019）。稻壳是稻谷加工的主要副产物，其主要成分是纤维素类和木质素类，然而它的可利用营养物质（如蛋白质等）营养成分偏低。考虑到其产量大、价格低的特点，研究者们也在试图将其作为动物饲料扩大应用（熊忙利等，2014）。研究表明，在 FTMR 中添加稻壳可以有效提升 FTMR 的发酵品质（Wang et al.，2008），饲喂动物 FTMR 后，不仅增加了适口性和采食量（Kawamoto et al.，2009），而且还出现了较好的增重效果。然而到目前为止，还没有关于饲喂反刍动物稻壳的最佳比例的相关报告。综上，本研究目的是通过饲喂海南黑山羊具有不同添加比例稻壳的 FTMR 后，调查其生长性能，以及它对瘤胃和血液指标的影响，为稻壳资源的扩大利用提供有利依据。

6.1.4.1 材料与方法

1. 王草栽培

王草（热研 4 号）栽培于中国热带农业科学院热带作物品种资源研究所附属实验基地（北纬 19° 30′，东经 109° 30′，海拔 149 m），于 2018 年 7 月 24 日，草高约 1.5～1.8 m 时收割，稻壳由水稻农户提供，玉米、麸皮、豆粕由饲料公司提供。

2. FTMR 的制备

新鲜的王草用粉碎机粉碎，自然晾晒控制其水分约为 70%。将其按日粮配方中的比例与精料混合均匀（表 6-18），添加乳酸菌溶液（5 mg/kg，雪印种苗，札幌，日本），充分混合后调节 FTMR 水分至 60%左右。将混匀的 FTMR 原料装入 70 cm×120 cm 的聚乙烯青贮袋中，真空密封，于 30℃下避光保存，发酵时间为 60 d。

表 6-18　发酵型全混合日粮各组成的营养成分

单位：%DM

营养成分	王草	稻壳	麸皮	玉米	豆粕
粗蛋白质	12.5	2.7	17.2	8.12	44.7
粗脂肪	1.82	0.82	3.92	3.54	2.41
中性洗涤纤维	55.9	82.7	45.1	15.6	13
酸性洗涤纤维	31.9	66	13.1	5.41	10.1
粗灰分	7.51	11.2	6.11	1.12	5.72
非纤维碳水化合物	22.3	2.58	27.7	71.6	34.2

注：DM 为干物质；表中数值均为实测值。

对照组的精粗比为 1∶1；5%稻壳组的粗饲料部分添加 5%的稻壳（粗精比为 5.5∶4.5），10%稻壳组添加 10%的稻壳（粗精比为 6∶4）。调整精饲料组成比例，使营养成分均衡（表 6-19）。

3. 动物饲养管理

饲养试验于 2018 年 10 月 13 日至 2018 年 12 月 18 日在中国热带农业科学院热带作物品种资源研究所海南黑山羊基地进行。选用 15 只体重约为 10 kg 体况良好的海南黑山羊为试验对象，分为 3 组（每组 5 只）。饲养方式为单栏饲喂，自由饮水，每日饲养时间为 07∶00 和 16∶00（自由采食，每次山羊采食后，回收残余食物废弃处理）。预试期 5 d，正试期 60 d。正试期间，每日记录早晚采食量。

表 6-19　发酵型全混合日粮的原料组成成分

单位：%DM

原料组成/%	对照组	5%稻壳组	10%稻壳组
王草	50	50	50
稻壳	0	5	10
玉米	31	25	18
麸皮	11	11	13
豆粕	6	7	7
食盐	0.5	0.5	0.5
碳酸钙	0.3	0.3	0.3
小苏打	0.2	0.2	0.2
预混料 [1)]	1	1	1
营养成分			
水分	61.7±2.42	60.8±2.98	59.2±3.05
粗蛋白质	14.8±1.05	15.0±1.22	14.8±1.38
粗脂肪	3.69±0.23	3.30±0.55	3.32±0.34
中性洗涤纤维	37.2 ± 1.44^{b}	39.4 ± 1.11^{b}	42.8 ± 1.56^{a}
粗灰分	6.68 ± 0.33^{b}	6.90 ± 0.51^{b}	7.42 ± 0.46^{a}
非纤维碳水化合物	37.6 ± 1.62^{b}	35.5 ± 0.29^{b}	31.7 ± 0.87^{a}
钙	0.465 ± 0.01^{c}	0.486 ± 0.01^{b}	0.513 ± 0.04^{a}
磷	0.299±0.03	0.293±0.04	0.286±0.01
能量，MJ/kg	16.26 ± 0.14^{b}	18.07 ± 0.24^{a}	17.97 ± 0.18^{a}

注：1. 预混料为每千克饲粮提供：维生素 A 15 000 IU、维生素 D 35 000 IU、维生素 E 50 mg、铁 9 mg、铜 12.5 mg、锌 100 mg、锰 130 mg、硒 0.3 mg、碘 1.5 mg。

2. 表中数值均为实测值；同行数据肩注不同小写字母表示差异显著（$P<0.05$）。

3. 三个 FTMR 样品中钙磷含量分别用高锰酸钾滴定法和钒钼黄比色法测定（NRC，2001）。

4. 数据处理

采用 SPSS17.0 统计软件进行单因素方差分析，分析程序为 ANOVA，并用 Duncan’s 多重比较进行差异显著性检验。$P<0.05$ 表示差异显著，结果用平均值±标准差表示。

6.1.4.2 结果

1. 添加不同稻壳比例 FTMR 的发酵品质

3 个处理组 FTMR 的粗蛋白质含量约为 15%，在 5%稻壳组中，粗灰分含量最高，NFC 含量最低。此外，对照组的能量最低（P<0.05），5%稻壳组和 10%稻壳组之间的能量值没有显著差异（表 6-19）。如表 6-20 所示，pH 在对照组和 5%稻壳组之间没有显著差异，10%稻壳组显著偏高。此外，5%稻壳组乳酸含量高于其他 2 个组（P<0.05）。在 3 个处理组的乙酸含量差异显著（P<0.05），即对照组>5%稻壳组>10%稻壳组。

表 6-20 各处理组发酵型全混合日粮的发酵品质

发酵品质	对照组	5%稻壳组	10%稻壳组
pH	3.8 ± 0.28^{b}	3.83 ± 0.44^{b}	4.00 ± 0.17^{a}
乳酸 / (g/kg DM)	11.3 ± 0.56^{b}	12.1 ± 1.74^{a}	10.7 ± 1.63^{b}
乙酸 / (g/kg DM)	3.74 ± 0.59^{a}	1.35 ± 0.42^{c}	2.08 ± 0.71^{b}
丙酸 / (g/kg DM)	0.40 ± 0.01^{a}	0.37 ± 0.02^{a}	0.30 ± 0.01^{b}
丁酸 / (g/kg DM)	0.58 ± 0.14	0.76 ± 0.21	0.62 ± 0.17

注：同行数据肩注不同小写字母表示差异显著（P<0.05）。

2. 添加不同稻壳比例 FTMR 对海南黑山羊生长性能及瘤胃发酵参数的影响

由表 6-21 可知，各组黑山羊初始重和末重差异不显著，在 5%稻壳组中，日平均采食量最高，约为 421 g/d，对照组大于 10%稻壳组（P<0.05）；此外，平均日增重显著高于对照组和 10%稻壳组（P<0.05），10%稻壳组的耗料增重比显著高于对照组和 10%稻壳组（P<0.05）（表 6-21）。三个处理组的瘤胃液性状显示 pH、乙酸、丙酸、丁酸和挥发性盐基氮含量没有显著差异（P>0.05）。

3. 添加不同稻壳比例 FTMR 对海南黑山羊的血液生化指标的影响

如表 6-22 所示，3 个处理组的总蛋白、白蛋白、尿素氮、总胆固醇、甘油三酯、血糖、谷草转氨酶和谷丙转氨酶含量无显著差异。

表 6-21　饲喂发酵型全混合日粮对海南黑山羊生长性能及瘤胃发酵参数的影响

项目	对照组	5%稻壳组	10%稻壳组
始重/kg	9.78±1.13	10.12±0.96	9.53±1.92
末重/kg	12.29±2.06	12.65±0.87	11.82±1.65
平均日采食量 /（g/d）	397±20.23[b]	412±31.63[a]	378±23.32[c]
平均日增重 /（g/d）	42±1.24[a]	42±1.19[a]	37±1.11[c]
耗料增重比	9.51±0.37[b]	9.77±0.29[b]	10.20±0.46[a]
瘤胃发酵			
pH	6.72±0.24	6.79±0.33	6.74±0.51
乙酸/mol%	53.26±2.56	55.28±1.79	52.06±3.82
丙酸/mol%	18.42±1.70	17.96±1.22	17.43±0.95
丁酸/mol%	7.54±0.82	7.93±2.31	8.35±0.75
氨态氮 /（mg/100 ml）	5.43±0.23	5.87±0.66	5.29±0.39

注：同行数据肩注不同小写字母表示差异显著（$P<0.05$）。

表 6-22　饲喂发酵型全混合日粮对海南黑山羊血清生化指标的影响

项目	对照组	5%稻壳组	10%稻壳组
总蛋白 /（g/L）	67.42±0.98	68.00±0.56	68.53±0.78
白蛋白 /（g/L）	35.10±0.12	35.41±0.33	35.37±1.25
尿素氮 /（mmol/L）	6.63±0.23	6.74±0.65	6.86±0.37
血糖 /（mmol/L）	2.87±0.22	2.69±0.46	2.54±0.01
甘油三酯 /（mmol/L）	0.39±0.01	0.32±0.01	0.41±0.01
总胆固醇 /（mmol/L）	2.82±0.01	2.65±0.02	2.87±0.01
谷丙转氨酶 /（IU/L）	24.69±4.32	25.32±5.96	25.97±3.28
谷草转氨酶 /（IU/L）	93.74±8.16	92.10±6.97	93.22±7.17

注：同行数据肩注不同小写字母表示差异显著（$P<0.05$）。

6.1.4.3　讨论

海南本地黑山羊养殖效率受品种、养殖方式、资源匮乏、气候等因素制约。在副产物粗饲料资源中，尽管稻壳营养成分较低，但具有作为反刍动物饲料的巨大潜力（闫益波等，2016），特别是在经过发酵处理后，其酸香味可促进反刍动物采食（邱玉朗等，2013）。

1. 添加不同比例稻壳对FTMR影响

在前期试验中，对稻壳型FTMR品质进行了评定，发现在FTMR中添加5%稻壳后，会促进乳酸产生，提高FTMR的产品品质（吕仁龙等，2019），本试验结果也显示，10%稻壳组的pH显著偏高，这是由于稻壳中碳水化合物含量偏低，随着稻壳量添加量升高，导致缓冲能升高，难以进一步降低pH。在5%稻壳组FTMR中的乳酸含量较高。在10%稻壳组中，乳酸含量显著偏低，这是由于稻壳的添加量增大后，导致了FTMR中的糖分含量下降，限制了乳酸菌的进一步发酵。丙酸由丙酸菌发酵乳酸生成，可降低pH，本研究中，10%稻壳组乳酸含量偏低导致了该处理组的丙酸含量偏低，这也解释了在10%稻壳组的pH最低的原因。

2. 添加不同稻壳比例FTMR对海南黑山羊生长性能及瘤胃发酵参数的影响

研究证实，相比传统饲养方式，饲喂黑山羊FTMR可以显著提高其采食量和日增重。饲喂FTMR可以提升饲料效率，改善机体免疫力（Evans，1981）。这是由于饲料发酵后，改善了反刍动物适口性，在反刍动物瘤胃内会促进消化。另一方面，适当提高粗饲料比例可以有效改善瘤胃微生物菌群，进而提高饲料利用率（李茂等，2017）。李茂等（2017）对海南黑山羊进行了不同精粗比TMR饲喂（粗饲料仅为王草），发现在4∶6配比条件下，平均日增重量为56 g/d，明显高于本试验，但是在4.5∶5.5条件下，平均日增重为45 g/d，与本试验结果接近（42 g/d）。王东劲等（2005）证实了不同粗饲料组合有利于提升山羊采食速度和采食量，此外，张亚格等（2018）探究了不同粗饲料组成对黑山羊的影响（精粗比为5∶5），结果显示，柱花草与王草组合后可以显著提升山羊适口性和日增重。上述研究表明了多种粗饲料资源混合饲喂可以提升饲养效率，这是由于多种粗饲料组合在瘤胃中刺激了微生物繁殖，促进了消化。此外，在未来的试验中，我们将会利用多种牧草组合配合稻壳饲喂黑山羊，进而进一步提升稻壳利用价值。

王媛等（2008）发现，在海南黑山羊日粮中添加假蒟提取物可以提升山羊日增重，并改善钙、磷和纤维的表现消化率。此外复合酶制的添加也可以有效提升山羊日增重，改善血清生化指标，降低饲养成本（许浩，2017）。周璐丽等（2007）发现，在日粮中补充发酵木薯渣也可以有效提高日增重以及粗蛋白和纤维的表现消化率。可见，在全混合日粮中补充多种粗饲料资源或添加剂也有助于提升产品品质。

在本试验中，10%稻壳组的采食量和日增重明显偏低，可见，添加 10%的稻壳到 FTMR 中对黑山羊的生长产生了消极影响，这是因为过量的木质素影响日粮的适口性。但是 5%稻壳组处理组显示了较好的适口性，并和对照组表现了相同的饲养效果，因此添加 5%的稻壳到 FTMR 中，可以有效降低 FTMR 成本。此外，5%稻壳组能量高于对照组，但稻壳的消化能是极低的，这解释了尽管对照组采食量偏低（$P<0.05$），但与 5%稻壳组的日增重量没有显著差异（$P>0.05$）。对比上述黑山羊饲养试验后发现，初始体重、季节、饲养方式存在较大差异，这些因素可能是导致采食量、增重和表现消化率的差异的原因，因此，有必要进一步结合阶段性饲养探明更加高效的饲养方法。

反刍动物瘤胃内产生的挥发性脂肪酸可以反映瘤胃内环境发酵状况。在本试验中，三个处理组之间的 pH 没有显著差异（$P>0.05$），添加稻壳的 FTMR 产品对瘤胃发酵没有产生影响。瘤胃中挥发性脂肪酸的组成主要受日粮成分的影响（Shi et al.，2002），王海荣等（2018）的试验表明，不同纤维水平的日粮，对瘤胃中的乙酸、丙酸、丁酸及氨态氮均有显著的影响。而在本试验中，尽管中性洗涤纤维含量有着显著差异（$P<0.05$，随稻壳添加量增加而增加），但并没有影响挥发性脂肪酸各指标含量，这可能是由于稻壳中较高的木质素含量抑制了瘤胃中纤维降解（Li et al.，2017）。瘤胃中氨态氮的含量主要受日粮粗蛋白水平的影响，本试验中，各处理组中的粗蛋白含量相同，因此没有影响其含量的差异，这与王贞贞（2007）的试验结果一致。可见，补充少量的发酵稻壳产品不会对瘤胃生理指标产生影响。

3. 添加不同稻壳比例 FTMR 对海南黑山羊的血液生化指标的影响

血清指标反映了山羊的代谢情况，如总蛋白、白蛋白含量反映动物消化吸收能力，谷草转氨酶、谷丙转氨酶反映动物肝脏功能，尿素氮反映机体蛋白质代谢和饲料氨基酸平衡。血糖值受采食方式、食物种类、瘤胃内挥发性脂肪酸等因素的影响。本研究中，各处理组之间的血清指标没有显著差异，并且都在正常范围之内，这表明稻壳没有对山羊机体营养代谢和健康产生负面影响。

6.2 林副产物

6.2.1 不同添加剂对油棕叶单一青贮营养成分及体外培养效果的影响

6.2.1.1 材料与方法

试验采取油棕单一青贮，分别设置对照组（无添加）、处理一（乳酸菌添加）、处理二（糖蜜添加）、处理三（纤维素酶添加）、处理四（乳酸菌＋糖蜜）、处理五（乳酸菌＋纤维素酶）、处理六（糖蜜＋纤维素酶）、处理七（乳酸菌＋糖蜜＋纤维素酶）八个处理组，探究不同添加剂对油棕叶单一青贮的影响。测定各处理组的营养成分、青贮发酵品质以及体外培养瘤胃发酵情况，指标及方法同第 2 章 2.2.2。

6.2.1.2 结果

由表 6-23 可得，添加不同添加剂显著影响其 pH，其中添加乳酸菌＋糖蜜、乳酸菌＋糖蜜＋纤维素酶混合添加能显著降低其 pH（$P>0.05$）。体外培养 6 h 后（表 6-24），结果表明，不同添加剂对其体外培养干物质消化率及瘤胃发酵情况无显著影响。

表 6-23　各处理组的混合青贮中的营养成分

单位：%DM

	对照组	处理一	处理二	处理三	处理四	处理五	处理六	处理七	SEM
pH	4.7[a]	4.6[a]	4.4[ab]	4.7[a]	4.155 [b]	4.435 [ab]	4.34[ab]	4.06[b]	0.08
水分	64.2	62.0	62.7	62.9	63.0	63.4	63.1	61.7	0.80
粗蛋白质	3.47	3.63	3.52	3.44	3.55	3.26	3.64	3.46	0.09
粗脂肪	2.33	2.44	2.53	2.22	3.68	2.78	2.39	2.73	0.91
中性洗涤纤维	67.8	66.9	66.1	67.9	66.5	68.4	66.6	67.2	0.92
酸性洗涤纤维	48.9	45.4	45.4	46.0	44.2	44.5	43.1	43.7	1.61
粗灰分	9.36	9.05	9.36	9.10	9.12	9.18	9.25	9.18	0.38

表 6-24　体外培养 6 h 后，各处理组产气、干物质消化率及瘤胃发酵

	对照组	处理一	处理二	处理三	处理四	处理五	处理六	处理七	SEM
产气 / (mL/g)	5.00	6.50	6.50	5.50	6.50	6.50	5.50	6.50	0.47
干物质消化率	24.50	24.90	28.80	24.90	26.00	23.00	15.60	25.40	3.55
pH	6.75	5.97	6.77	5.95	6.81	6.84	6.81	6.80	0.43
乙酸/mol%	62.81	56.44	41.72	54.69	52.46	41.07	47.77	40.72	7.25
丙酸/mol%	30.53	28.91	44.20	29.08	36.19	48.83	53.82	44.31	7.55
异丁酸/mol%	0.78	1.30	1.27	1.42	1.24	1.64	1.92	1.63	0.32
丁酸/mol%	6.23	10.96	10.51	11.76	8.44	12.53	14.66	10.90	2.52
异戊酸/mol%	0.97	1.65	1.57	1.97	1.19	1.83	2.11	1.67	0.34

6.2.1.3　结论

结果表明，添加乳酸菌、糖蜜、纤维素酶混合添加能显著提升其发酵品质，油棕单一青贮，水分在 60%左右可行。

6.2.2　油棕叶发酵型全混合日粮 FTMR 品质及对海南黑山羊饲喂效果的影响

试验旨在探究添加不同比例油棕叶对发酵型全混合日粮（FTMR）品质及对海南黑山羊生长性能的影响。FTMR 以王草为主要粗饲料，粗精比为

80 : 20，设置 4 个组，分别添加 0%（对照组）、5%、10%和 15%的油棕叶，密封发酵 60 d，测定 FTMR 的营养成分和发酵品质。选取 4 只体重相近的黑山羊取瘤胃液，与缓冲液 1 : 2 混合后，进行 6 h 体外培养，测量 FTMR 对瘤胃消化的影响。选择育肥期海南黑山羊 24 只，平均体重为 12.76 kg，饲喂上述青贮 60 d，测定其育肥效果和血清参数。结果表明：添加 10%油棕叶组的中性洗涤纤维显著低于对照组（$P<0.05$），为 45.71%、10%和 15%油棕叶组较对照组粗纤维、木质素含量显著提升（$P<0.05$）。经 6 h 体外培养后，处理组消化率较对照组显著降低（$P<0.05$），添加油棕叶后，处理组消化率显著低于对照组（$P<0.05$），10%油棕叶组的产气量显著高于其他组（$P<0.05$），异戊酸含量显著降低（$P<0.05$）；5%油棕叶组瘤胃氨态氮含量较对照组显著降低（$P<0.05$）。添加 10%油棕叶 FTMR 饲喂海南黑山羊日增重高于对照组（$P<0.05$），对血液指标无不良影响。由此可见，添加油棕叶制作 FTMR 不会降低饲料青贮品质，能提升油棕叶的利用率，添加 10%油棕叶能显著提升育肥效果。

油棕叶资源丰富，价格低廉，占油棕的总生物量 50%以上，每棵树每年约产棕叶 82.5 kg（Fazry et al.，2018），作为粗饲料来源，可缓解海南岛冬季饲料短缺问题。（前人研究进展）油棕叶羧甲基纤维素酶和木聚糖酶活性很高，比甘蔗叶干草和水稻秸秆更易消化（Dahlan et al.，2000）。相较于象草、木薯叶、菠萝渣等，油棕叶草酸和二氧化硅含量更低（Jagatheswaran，2020），在马来西亚被广泛用作反刍动物饲料（Muhd，2018；Ooi et al.，2017）。饲喂棕榈叶可以增加奶牛瘤胃中蛋白质、中性洗涤纤维（NDF）和酸性洗涤纤维（ADF）的消化率（Syarif，2010），降低山羊总饱和脂肪酸含量，提高 n-3（即 Ω-3）多不饱和脂肪酸含量（Ebrahimi et al.，2012）。同时油棕叶存在木质素高，消化率低的问题（Fariz-Nicholas et al.，2020）。研究表明，发酵可提高饲料的营养含量，解决这一问题（Astuti et al.，2017）。添加 5%～7.5%的菠萝皮益生菌（Mardalena et al.，2016）、黄孢原毛平革菌（Jamarun et al.，2020）、瘤胃细菌分离物可以提高油棕叶在瘤胃中的消化率和总挥发性

脂肪酸；白腐菌能改善油棕叶瘤胃降解，经处理后，瘤胃降解率提高了 12%（Rahman et al.，2011；Azmi et al.，2019）；10%的鸡粪发酵油棕叶，能降低 33.93%的木质素含量（Febrina et al.，2010）。（本研究切入点）本研究利用青贮发酵技术制作发酵型全混合日粮（FTMR），（拟解决的关键问题）采用王草、木薯茎叶、油棕叶为主要原料，探究油棕叶添加的适宜比例及对海南黑山羊生长性能的影响，以期提高油棕叶等副产物利用率，降低热区饲料成本。

6.2.2.1　材料与方法

1. 试验材料

油棕叶、王草（热研四号）和木薯茎叶栽培于中国热带农业科学院儋州科技园区附属试验基地，将油棕叶、王草和木薯茎叶粉碎至 2～3 cm，自然状态下风干 4 h，各原料营养成分见表 6-25。

表 6-25　各原料营养成分

单位：%DM

	王草	木薯茎叶	油棕叶
蛋白质	7.53	25.6	3.54
粗脂肪	1.82	6.94	2.33
中性洗涤纤维	55.9	48.5	67.8
酸性洗涤纤维	31.9	25.7	48.9
粗纤维	17	23.2	33.1
木质素	6.98	7.57	15.5
粗灰分	7.51	8.82	9.36

注：各原料营养成分为实测值。

2. 试验设计

FTMR 粗精比为 80∶20，设定 4 个组，添加油棕叶比例分别为 0%、5%、10%、15%。各组 FTMR 原料组成见表 6-26。各组按照表 6-26 的比例于工厂进行生产，采用自动排气封口袋密封发酵，60 d 后开封。

表 6-26　FTMR 的原料组成及营养水平

单位：%DM

原料组成/%	对照组	5%油棕叶组	10%油棕叶组	15%油棕叶组
王草	35	30	25	20
玉米	4	4	5	4
麸皮	10	9	8	6
大豆粕（CP：45%）	2	3	3	6
木薯茎叶	30	30	30	30
油棕叶	0	5	10	15
燕麦草	15	15	15	15
维生素预混料等	4	4	4	4
营养水平				
CP/%	15.3	15.2	14.7	15.2
EE/%	4.13	4.13	4.14	4.11
NDF/%	50.2	50.2	50.4	49.7
ADF/%	24.4	25.3	26.0	26.8
Ga/%	0.29	0.31	0.32	0.35
P/%	0.32	0.30	0.29	0.28
GE /（MJ/kg）	17.2	17.2	17.2	17.3

注：1. 预混料为每千克饲粮提供：维生素 A 15 000 IU、维生素 D_3 5 000 IU、维生素 E 50 mg、铁 9 mg、铜 12.5 mg、锌 100 mg、锰 130 mg、硒 0.3 mg、碘 1.5 mg。

2. 营养成分值均为计算值。

3. 饲养试验

（1）动物管理

饲养试验于 2022 年 1 月 21 日～3 月 26 日在中国热带农业科学院热带作物品种资源研究所海南黑山羊基地进行。选用 24 只平均体重（12.76±0.27）kg 的海南黑山羊平均分为 4 组。单栏饲喂，自由饮水，每日饲养时间为 08 : 00 和 15 : 00（自由采食，每日回收残余食物废弃处理）。预试期 5 d，正试期 60 d。每三日记录日采食量。

（2）生长性能测定和血清生化指标测定

正试期第 1～2、30～31、59～60 天时记录试验羊的体重。并计算其平均日采食量、平均日增重和耗料增重比。在最后一天晨饲前，对试验羊进行颈静脉采血 10 mL，3 500 r/min 离心 5 min，取上清液，委托北京华英生物技术研究所测定，采用全自动生化仪与试剂盒测定。用比色法测定其总蛋白(TP)、白蛋白(ALB)、球蛋白（GLB)、总胆固醇（TC)、三酰甘油（TG)、肌酐（CREA)、尿素（UREA)、血糖（GLU)、谷草转氨酶（AST）和谷丙转氨酶(ALT)、总胆红素（TBIL)、碱性磷酸酶（ALP）含量。

4. 感官评价指标

感官评价参照德国农业协会（DLG）评价标准，分别从气味、结构、色泽三方面进行青贮感官评价（臧艳运等，2010)，标准见表 6-27。

表 6-27　感官评价标准

指标	评分标准	分数
气味	无丁酸臭味，有芳香果味或明显的面包香味	14
	有微弱的丁酸臭味，较强的酸味、芳香味弱	10
	丁酸味颇重，或有刺鼻的焦煳臭味或霉味	4
	有很强的丁酸臭味或氨味，或几乎无酸味	2
结构	茎叶结构保持良好	4
	叶子结构保持较差	2
	茎叶结构保持极差或轻度污染	1
	茎叶腐烂或污染严重	0
色泽	与原料相似，烘干后呈淡褐色	2
	略有变色，呈淡黄色或带褐色	1
	变色严重，墨绿色或褪色呈黄色，有较强的霉味	0

总分等级 20～16 为优良，1 级；15～10 为尚好，2 级；9～5 为中等，3 级；4～0 为腐败，4 级。

5. 统计分析

试验数据采用 SAS 9.2 GLM 程序进行统计分析，各指标采用单因素分析，对比各处理组间的平均差异（$P<0.05$)。

6.2.2.2　结果

1. 不同油棕叶比例对 FTMR 营养成分和发酵品质的影响

表 6-25 显示了几种发酵原料的营养成分组成，油棕叶的 CP 含量较低，

但 NDF、ADF、CF、ADL、Ash 含量偏高。表 6-28 表明，各组 60 d 开袋感官评价均表现良好，有轻微芳香味，茎叶结构均保持良好，没有发霉现象，颜色较原料较深，总体相似，烘干后呈淡褐色。表 6-29 表明了各组发酵后的营养成分。与对照组相比，处理组 CP 含量显著提升（$P<0.05$），10%、15%油棕叶组 NDF 含量显著低于对照组（$P<0.05$），15%油棕叶组较对照组 Ash 含量显著降低（$P<0.05$），10%和 15%油棕叶组 CF、ADL 含量显著升高（$P<0.05$）。添加 15%油棕叶组 NFC 含量、NFC/NDF 的比值显著高于对照组和 5%油棕叶组。

表 6-28 各处理组感官评价结果

处理	气味评分	结构评分	色泽评分	综合评分	等级
对照组	12	4	2	18	优良 1 级
5%油棕叶	12	4	2	18	优良 1 级
10%油棕叶	12	4	2	18	优良 1 级
15%油棕叶	11	4	2	17	优良 1 级

表 6-29 各处理组 FTMR 的营养成分（干物质基础）

	对照组	5%油棕叶组	10%油棕叶组	15%油棕叶组	SEM	*P* 值
水分/%	60.85^{ab}	61.77^{a}	58.42^{b}	59.08^{ab}	0.637	0.020
CP/%	14.64^{b}	15.35^{a}	15.75^{a}	15.67^{a}	0.148	0.003
EE/%	6.18	5.63	5.31	5.14	0.467	0.461
NDF/%	47.65^{a}	48.46^{a}	45.71^{b}	45.98^{b}	0.335	0.001
ADF/%	24.24	23.68	26.76	24.28	1.290	0.391
CF/%	23.00^{b}	27.67^{a}	29.73^{a}	29.25^{a}	0.570	<0.001
ADL/%	2.35^{b}	3.24^{b}	5.68^{a}	5.20^{a}	0.361	<0.001
Ash/%	8.97^{a}	8.81^{a}	8.52^{ab}	7.82^{b}	0.16	0.004
NFC/%	22.56^{bc}	21.75^{c}	24.70^{ab}	25.39^{a}	0.619	0.009
NFC/NDF	0.47^{bc}	0.45^{c}	0.54^{ab}	0.55^{a}	0.016	0.005

注：同行数据肩标不同小写字母表示差异显著（$P<0.05$），含相同字母或无字母表示差异不显著（$P>0.05$），下表同。

发酵品质方面（表 6-30），5%油棕叶组的乳酸、丙酸含量显著高于其他组（$P<0.05$），分别为 8.47、2.41 g/kg。添加 5%、10%油棕叶 FTMR 挥发

性氨态氮/总氮含量较对照组显著降低（$P<0.05$），最大降低了45.3%。

表6-30 各处理组FTMR的发酵品质

	对照组	5%油棕叶组	10%油棕叶组	15%油棕叶组	SEM	P值
pH	4.65	4.59	4.61	4.75	0.042	0.116
乳酸/（g/kg DM）	5.79^{cb}	8.47^{a}	5.94^{b}	5.27^{c}	0.146	<0.001
乙酸/（g/kg DM）	0.74	2.24	1.17	0.94	0.390	0.099
丙酸/（g/kg DM）	1.51^{b}	2.41^{a}	1.46^{b}	1.54^{b}	0.109	<0.001
丁酸/（g/kg DM）	0.14	0.16	0.14	0.27	0.041	0.171
挥发性氨态氮/总氮，%	13.73^{a}	7.49^{b}	7.78^{b}	8.41^{ab}	1.261	0.025

2. 不同油棕叶比例对FTMR体外培养消化率的影响

经6 h体外培养后（表6-31），添加油棕叶的处理组体外干物质消化率显著降低（$P<0.05$）。10%油棕叶组产气显著高于对照组（$P<0.05$）。瘤胃发酵异戊酸含量显著降低（$P<0.05$）。5%油棕叶组瘤胃氨态氮含量较对照组显著降低（$P<0.05$）。

表6-31 体外培养6 h后，各处理组FTMR体外发酵指标情况

	对照组	5%油棕叶组	10%油棕叶组	15%油棕叶组	SEM	P值
产气量/（mL/g）	25.72^{b}	23.29^{c}	29.35^{a}	24.81^{bc}	0.389	<0.001
干物质消化率/%	33.52^{a}	30.72^{b}	31.23^{b}	30.37^{b}	0.364	0.001
pH	6.64	6.62	6.73	6.54	0.074	0.405
乙酸/mol%	63.63	68.82	69.46	70.41	2.045	0.165
丙酸/mol%	27.07	23.94	23.67	22.79	1.419	0.237
丁酸/mol%	5.8	4.65	4.53	4.43	0.416	0.149
异戊酸/mol%	1.56^{a}	1.12^{b}	0.98^{b}	1.03^{b}	0.095	0.009
瘤胃氨态氮/（mg/100 mL）	14.08^{a}	9.74^{b}	11.78^{ab}	12.23^{ab}	0.776	0.027

3. 饲喂不同比例油棕叶FTMR对海南黑山羊生长性能及血清生化指标的影响

本试验的各组黑山羊初始重量无显著差异（表6-32），经60 d饲喂后，10%油棕叶组末重与对照组、5%油棕叶组无显著差异，但是显著高于15%油棕叶组（$P<0.05$）。10%油棕叶组的日增重显著高于其他组（$P<0.05$），

并且采食量显著高于对照组和15%油棕叶组（$P<0.05$），耗料比显著低于15%油棕叶组（$P<0.05$）。饲喂15%油棕叶组的海南黑山羊球蛋白显著高于对照组（$P<0.05$），饲喂10%油棕叶组的肌酐含量显著高于对照组（$P<0.05$），饲喂添加油棕叶的FTMR对其他血清生化指标的无显著影响（表6-33）。

表6-32　饲喂油棕叶FTMR对海南黑山羊生长性能的影响

	对照组	5%油棕叶组	10%油棕叶组	15%油棕叶组	SEM	*P*值
初重/kg	12.79	12.96	12.98	12.31	0.516	0.780
末重/kg	15.30^{ab}	15.48^{ab}	16.27^{a}	13.62^{b}	0.536	0.017
日增重/g	41^{b}	42^{b}	55^{a}	22^{c}	2.463	<0.001
采食量/g	547^{b}	621^{a}	625^{a}	416^{c}	16.641	<0.001
耗料比/%	13.13^{ab}	14.87^{ab}	11.77^{b}	21.10^{a}	2.217	0.036

表6-33　饲喂油棕叶FTMR对海南黑山羊血清生化指标的影响

	对照组	5%油棕叶组	10%油棕叶组	15%油棕叶组	SEM	*P*值
总蛋白/（g/L）	68.07	69.97	73.12	76.75	2.678	0.144
白蛋白/（g/L）	25.42	23.47	25.88	23.39	1.12	0.291
球蛋白/（g/L）	42.65^{b}	46.50^{ab}	47.25^{ab}	53.36^{a}	2.414	0.039
总胆固醇/（mmol/L）	1.95	1.91	2.21	1.94	0.103	0.179
甘油三酯/（mmol/L）	0.47	0.43	0.58	0.52	0.086	0.622
肌酐/（μmol/L）	75.28^{b}	72.69^{b}	87.14^{a}	77.30^{ab}	2.663	0.006
尿素/（mmol/L）	7.55	8.09	6.75	7.26	0.559	0.412
血糖/（mmol/L）	2.4	3.04	3.41	3.25	0.292	0.106
谷草转氨酶/（U/L）	109.91	109.3	96.48	93.79	6.342	0.186
谷丙转氨酶/（U/L）	26.62	24.93	30.46	26.11	2.362	0.401
总胆红素/（μmol/L）	3.95	3.47	4.4	3.31	0.28	0.05
碱性磷酸酶/（U/L）	769.92	611.9	469.1	461.27	275.67	0.84

6.2.2.3　讨论

1. 不同油棕叶比例对FTMR营养成分和发酵品质的影响

NFC能够体现饲料中易发酵碳水化合物的含量（刘洁等，2012），为微

生物繁殖提供良好底物（任海伟等，2020）；NDF含量影响反刍动物采食量（胡海超等，2021），10%油棕叶、15%油棕叶组的NDF含量较对照组显著降低，可能是这两组的NFC含量较高，促进微生物发酵，分解NDF导致的（任海伟等，2020）。粗纤维包括纤维素、半纤维素、木质素三种有机物（许浩，2017），由于油棕叶的木质素含量较高，为15.5%，与Tafsin等（2018）（ADL 16.9%）结果相似，所以处理组的粗纤维含量较对照组显著提高。添加油棕叶组FTMR 较对照组CP含量显著提高（$P<0.05$）。各组感官评价、EE、ADF均无显著差异，说明添加油棕叶对FTMR营养成分无不良影响。

青贮发酵过程中，附生乳酸菌在厌氧环境下将可溶性碳水化合物发酵生成有机酸，从而降低pH（Santoso et al.，2019）。乳酸通常是青贮中含量最高的酸，对pH影响最大（Ertekin et al.，2010），本研究5%油棕叶组的乳酸含量显著高于其他组，可能是精饲料部分的组成差异造成的。由于各组的pH无显著差异，所以各组青贮品质无显著区别。乙酸能抑制酵母菌，提升饲料有氧稳定性（Kung et al.，2018）。丁酸由梭状芽孢杆菌代谢产生，造成干物质和能量损失（Kung et al.，2018）。研究表明，pH为4.6时，多数梭状芽孢杆菌受到抑制（Mcdonald et al.，1991），所以各组丁酸含量较低，均无显著差异。本研究丁酸较吕仁龙等（2020）（0.58±0.14）较低，可能是油棕叶含有类黄酮等酚类化合物，对乳酸菌、梭状芽孢杆菌等革兰氏阳性细菌有抑菌性导致的（Ahmad et al.，2018）。挥发性氨态氮/总氮含量表明蛋白质的分解程度（彭丽娟等，2022），通常10%以下发酵品质最佳（Kung et al.，2004），本研究处理组青贮氨态氮/总氮均在10%以下。5%、10%油棕叶组的挥发性氨态氮/总氮含量显著降低，说明较低添加比例的油棕叶对蛋白质水解有抑制作用，能促进青贮蛋白质的保存（He et al.，2019）。

2. 不同油棕叶比例对FTMR体外培养消化率的影响

油棕叶是次生代谢产物的丰富来源（Aiman et al.，2017），通过添加5%、10%、15%的比例，对油棕叶FTMR对山羊瘤胃特性的影响进行了体外培养研究，经6 h体外培养后，添加油棕叶的FTMR体外培养消化率显著降低（$P<0.05$），可能是由于油棕叶木质素含量较高，限制了瘤胃微生物的消化（Astuti et al.，2020）。Astuti 等（2020）研究表明，相比于和象草混合青贮，油棕叶青贮甲烷产量最低（Astuti et al.，2020）。油棕叶含有单宁，能通过降低产生甲烷的微生物数量来抑制甲烷产生（Astuti et al.，2020），减少能量损失。瘤胃微生物分解纤维素物质产生挥发性脂肪酸，提供反刍动物70%～80%的能量（Bergman，1990；刘远升等，2002；李玉军等，2012）。本研究乙酸含量差异不显著，但根据平均值来看，15%油粽叶组高于其他各组，Ebrahimi 等（2015）添加 50%油棕叶组的瘤胃液乙酸含量更高研究结果一致，是由于饲料中纤维素、木质素等含量较高导致的（刘洁等，2012）。丙酸是合成葡萄糖的前体（Astuti et al.，2019），添加油棕叶丙酸含量差异也不显著，而 15%油粽叶组在平均值上高于其他各组，可能是由于单宁直接抑制生成丙酸的反刍硒单胞菌（Nurhaita，2021；Patra et al.，2010），降低了丙酸产量，与 Nurhaita（2021）添加含单宁的茶叶粉，瘤胃液丙酸比例不断降低、Patra 等（2010）含单宁的丁香提取物提高了乙酸/丙酸的比例结果一致。Buranakarl 等（2020）也发现，在三组酸浓度比例之下，用油棕相关化合物替代副草均极显著提高了乙酸/丙酸比值。瘤胃氨态氮反映瘤胃微生物分解含氮物质及对其利用情况（刘洁等，2012；Aimanet al.，2017），饲粮中 NFC/NDF 比例的提高，提供了微生物生长所需的能源，增强了微生物活性和降解蛋白质的能力。瘤胃微生物蛋白合成所需瘤胃氨态氮的最佳浓度为 8.5～30 mg/100 mL（Santoso et al.，2020），本研究各组的瘤胃氨态氮浓度均在最佳范围内，足以保证最佳的微生物生长和纤维消化。

3. 饲喂不同比例油棕叶 FTMR 对海南黑山羊生长性能及血清生化指标的影响

日粮中的纤维素等结构性碳水化合物可以促进反刍动物唾液分泌，保持瘤胃健康（李玉军等，2012）。Rusli 等（2021）研究表明，饲喂经灵芝提取液预处理的油棕叶能促进肉中单不饱和脂肪酸和多不饱和脂肪酸的积累，可长期饲喂。Ebrahimi 等（2015）研究发现，在日粮中添加油粽叶，山羊脂肪

酸可以得到改善，PUFA：SFA 高于 0.4，对人类可产生有益影响，降低心血管病发生几率。油棕叶属于木质纤维素类生物，是由纤维素和半纤维素组成的碳水化合物聚合物和木质素组成的芳香聚合物（Shrestha，2008），相比于棕榈叶，油粽叶具有更高的蛋白质和脂肪含量，叶片相较于其他植物组织含有蛋白质和碳水化合物等极易消化的细胞营养物质（Buranakarl et al.，2020），这对提高反刍动物的适口性和消化性更佳，故添加适量的油棕叶能有效促进反刍动物采食量和机体健康，从而为人类生产出更健康的动物肉质。5%油棕叶、10%油棕叶组的采食量显著提高，与 Buranakarl 等（2020）添加油棕叶组山羊采食量更高研究一致。15%油棕叶组的采食量、日增重显著低于其他组，其原因可能是山羊无法消化大量的植物细胞壁（Shrestha，2008），油棕叶添加较多导致的。饲喂含适量油棕叶的 FTMR 对海南黑山羊生长育肥无负面影响，与 Wan 等（2003）研究结果相近。Buranakarl 等（2020）发现油粽副产品蛋白质消化有限，提高日增重还需考虑添加高蛋白饲料的添加，而 15%组耗料比显著较高，可能由于油粽叶含量略高，蛋白质消化率降低导致的。添加 10%油棕叶 FTMR 的日增重较 5%组和 15%组相比显著较高，可能是由于 10%组是添加比例较为适宜的一组。血清球蛋白具有调节营养及免疫等功能，可通过球蛋白来抵抗病原入侵（刘仙喜等，2023）。15%油棕叶组血清球蛋白显著高于对照组，高于正常范围（9.9～50 g/L），表明免疫细胞受到刺激，可能患有慢性炎症（Rukibat et al.，2020）。各组的肌酐含量为 72.69～87.14 μmol/L 之间，在山羊正常范围 11.4～221 μmol/L 内（Rukibat et al.，2020）。10%油棕叶饲喂山羊肌酐含量较高，可能是山羊个体差异造成的。综合分析，添加适量油棕叶的 FTMR 对海南黑山羊有较好的饲喂效果。

6.2.2.4　结论

在本试验条件下，饲喂含 10%、15%油棕叶的 FTMR 可提高海南黑山羊采食量和日增重，对血清生化指标无不良影响。添加 5%油棕叶和 10%油棕叶的 FTMR 发酵品质无显著差异，添加 10%油棕叶的 FTMR 饲喂海南黑山羊效果较好，综合试验结果与实际生产应用来看，添加10%油棕叶较为适宜。

6.3 果皮副产物

6.3.1 不同比例菠萝皮与木薯茎叶混合青贮对发酵品质和瘤胃消化率的影响

研究旨在探究不同比例的菠萝皮和木薯茎叶混合青贮对发酵品质和瘤胃降解的影响。试验设定 6 个不同木薯茎叶与菠萝皮干物质混合比例处理组，分别为1000（对照组）、9010（T1组）、8020（T2组）、7030（T3组）、6040（T4组）、5050（T5组），充分混合后密闭发酵60 d。同时选取了3头黑山羊，分别抽取其瘤胃液等比例混合体外培养 6 h。结果表明：随着菠萝皮添加量的增加，pH 显著降低（$P<0.05$），同时乳酸和丙酸含量升高（$P<0.05$）。挥发性氨态氮/总氮菠萝皮添加组显著低于对照组（$P<0.05$）。在T3组和T4处理组的青贮中，乙酸含量表现最低，丁酸含量在T2处理组最高。经过6 h培养后，菠萝皮的添加显著提升了青贮的消化率（$P<0.05$），在菠萝皮添加组中（T1～T5），挥发性氨态氮含量显著提高（$P<0.05$）。综上所述，菠萝皮可以有效提升青贮品质和干物质消化率，并且在 T3 和 T4 组表现了较好的青贮品质，因此，在木薯茎叶和菠萝皮混合青贮中，菠萝皮的最佳添加比例为30%～40%。

海岛地处我国热带区，植被资源非常丰富，其副产物（如木薯茎叶、香蕉叶、热带水果残渣等）种类繁多，产量大，营养物质含量高，具有作为动物粗饲料资源的巨大潜力（吕仁龙等，2019）。尽管如此，由于岛内没有良好的副产物回收机制，致使大部分副产物资源被直接废弃。近年来，为了解决岛内粗饲料不足问题，越来越多的研究人员开始寻求更好的副产物利用方法（吕仁龙等，2019）。

木薯在海南地区被广泛种植，其副产物木薯茎叶由于饲用价值高（Li*etal.*，2017），产量大（徐缓等，2016），很多研究已将其作为粗饲料补充到反刍动物日粮中（胡琳等，2016）。由于木薯茎叶中含有抗营养物质氢氰酸，无法用其直接饲喂动物，但通过青贮或者自然晾干，大部分氢氰酸被降解（冯巧娟等，2018）。研究发现，如果单独青贮木薯茎叶，其 pH 和乙酸含量较高，青贮品质偏低（李茂等，2019），这是由于其内部糖分较低，无法促进乳酸产生，为此，研究者试图将木薯茎叶与其他高糖分作物混合进行青贮（吕仁龙等，2020），或者在青贮木薯茎叶前补充一些添加剂来提升其青贮品质（李茂等，2019；李茂等，2019）。

菠萝皮是菠萝加工后的副产物（赖景涛等，2011），不仅含有较高的粗蛋白质，而且含有大量的钙、磷、铁等矿物元素（王晓敏等，2016）。同时，菠萝皮中糖分和纤维含量也较高，这不仅为其发酵提供了充足碳源，还可以抑制了杂菌生长，从而提升发酵品质（王晓敏等，2016）。此外，由于海南地区空气湿度大，收割的作物难以调控水分，因此，制备高水分青贮将大大提高其生产效率。综上所述，本研究目的是探究不同比例组合的菠萝皮和木薯茎叶在高水分条件下青贮后对发酵品质和瘤胃降解的影响。

6.3.1.1　材料与方法

菠萝栽培于中国热带农业科学院热带作物品种资源研究所菠萝圃，品种为台农 11 号（*Ananas comosu* cv.Tainong11），收割后取皮。木薯栽培于中国热带农业科学院木薯基地，采集茎叶部分后自然晾干至水分约 80%（剩余水分），用于制备青贮。

1. 试验设计

本试验设定 6 个不同木薯茎叶与菠萝皮干物质混合比例处理组，分别为 100 : 0（对照组）、90 : 10（T1 组）、80 : 20（T2 组）、70 : 30（T3 组）、60 : 40（T4 组）、5050（T5 组）。粗蛋白质消化率（%）=（1 – 培养后样品中蛋白质总量/培养前样中品蛋白质总量）× 100 瘤胃发酵特性。

2. 统计分析

试验数据采用 SAS 9.2 GLM 程序进行统计分析，各处理组青贮的营养成分、青贮品质和体外培养后各指标（产气量、瘤胃发酵、干物质与蛋白质消化率）采用单因素模型统计分析，对比各处理组间的平均差异（$P<0.05$）。

6.3.1.2 结果

表 6-34 显示了本试验原料的营养成分组成。木薯茎叶和菠萝皮的 CP 含量分别为 25.6%和 4.1%，木薯茎叶中的 NDF 和 ADF 含量显著高于菠萝皮中的含量。表 6-35 显示了经过 60 d 发酵后各处理组营养成分的变动，即随着菠萝皮添加量的增加，混合青贮中的 CP、NDF 和 ADF 含量逐渐降低。表 6-36 显示，随着菠萝皮添加量的增加，pH 显著降低，同时乳酸含量显著提升，丙酸含量有逐渐升高趋势。挥发性氨态氮/总氮菠萝皮添加组显著低于对照组（$P<0.05$）。在 T3 组和 T4 处理组的青贮中，乙酸含量表现最低，有效提升了发酵品质。表 6-37 表明了在体外培养 6 h 后的消化率和瘤胃液发酵参数，结果显示，菠萝皮的添加显著提升了青贮的消化率，但 T1～T5 组处理之间没有显著差异（$P>0.05$）。培养后，瘤胃液 pH 值和乙酸在各处理组之间没有显著差异（$P>0.05$），丙酸含量，随着菠萝皮添加量的增加而有升高趋势，丁酸、异丁酸、戊酸、异戊酸含量在各处理组之间没有显著差异，菠萝皮添加组（T1～T5 组）瘤胃液的挥发性氨态氮含量显著高于对照组（$P<0.05$）。

表 6-34　木薯茎叶和菠萝皮营养成分组成

单位：%

项目	木薯茎叶	菠萝皮
水分	77.9	77.3
粗蛋白质	25.6a	4.1b
粗脂肪	6.9a	4.4b
中性洗涤纤维	46.9a	38.5b
酸性洗涤纤维	25.7a	15.6b
粗灰分	8.8a	4.4b
NFC	11.8b	48.7a

注：同行数据肩标不同小写字母表示差异显著（$P<0.05$），相同字母或无字母表示差异不显著（$P>0.05$）；下表同。

表 6-35　各处理组的混合青贮中的营养成分

单位：g/kg DM

项目	对照组	T1 组	T2 组	T3 组	T4 组	T5 组	SEM
水分	81.5	82.2	80.6	83.1	81.4	81.9	1.07
粗蛋白质	25.3a	22.5ab	22.2ab	20.0bc	19.5bc	17.5c	0.669
粗脂肪	11.6	10.5	9.43	10.1	10.8	10.4	0.466
中性洗涤纤维	50.1a	45.2c	49.9a	46.3abc	48.9ab	43.7c	0.898
酸性洗涤纤维	27.4a	27.6a	28.8a	27.5a	29.1a	24.2b	0.475
粗灰分	8.79a	8.39ab	8.25ab	7.96ab	7.98ab	7.87b	0.188

表 6-36　各处理组的混合青贮发酵品质

项目	对照组	T1 组	T2 组	T3 组	T4 组	T5 组	SEM
pH	4.90a	4.33b	4.20bc	4.36b	4.07bc	4.00c	0.06
乳酸 /（g/kg DM）	13.9d	16.2c	18.5b	19.2b	24.1a	26.2a	1.24
乙酸 /（g/kg DM）	2.76a	1.84b	1.76b	0.77d	0.83d	1.44c	0.41
丙酸 /（g/kg DM）	0.62c	0.46d	0.58c	0.54c	0.96b	1.12a	0.12
丁酸 /（g/kg DM）	0.24c	0.11d	0.57a	0.21c	0.33b	0.46a	0.18
挥发性氨态氮/总氮，%	5.26a	4.82b	4.81b	4.91b	4.81b	4.77b	0.64

表 6-37　体外培养 6 h 后，各处理组产气、干物质消化率、蛋白质消化率及瘤胃发酵参数

项目	对照组	T1 组	T2 组	T3 组	T4 组	T5 组	SEM
产气 /（ml/g）	47.6	50.3	49.6	49.7	52.2	48.3	1.71
干物质消化率/%DM	18.3b	26.3a	24.1a	24.6a	25.5a	24.3a	1.39
pH	6.81	6.84	6.83	6.88	6.83	6.85	0.032
乙酸 /（mol/100mol）	42.9	41.3	40	42.5	42	41.6	1.37
丙酸 /（mol/100mol）	32.8b	34.3ab	34.5ab	34.1ab	35.2a	35.4a	0.499
异丁酸 /（mol/100mol）	1.67	1.97	2.13	1.87	1.77	1.8	0.145
丁酸 /（mol/100mol）	14.8	15.3	16.3	15.4	15.5	15.7	0.546
异戊酸 /（mol/100mol）	4.07	4.13	4.13	3.5	3.07	3.13	0.333
戊酸 /（mol/100mol）	3.3	3	2.87	2.7	2.4	2.33	0.214
挥发性氨态氮 /（mmol/dl）	0.014 b	0.017 a	0.019 a	0.018 a	0.017 a	0.019 a	0.001

6.3.1.3 讨论

热带地区粗饲料来源广泛，各种副产物种类也很繁多，如何有效地整合利用这些资源成为近年来的热点话题。菠萝皮中富含多种芳香族化合物（叶盛权等，2004），当这些化合物被反刍动物充分摄入后，经过体内代谢会直接沉积到畜产品中（奶制品、肉制品），从而大大提升产品品质和产量（赖景涛等，2011）。本试验选用的菠萝皮粗蛋白质含点探究其使用方法及使用量。

添加菠萝皮后，各处理组的 pH 有显著偏低趋势，这与很多研究结果吻合（王坚等，2014；申成利等，2012）。在青贮中，pH 在 4.2 以下可以有效抑制梭菌活动，是青贮品质是否良好的重要衡量标（朱琳等，2014）。本试验显示，在 T2、T4 组和 T5 组处理下 pH 在 4.2 以下。乳酸含量随着菠萝皮增加而显著升高，这是由于菠萝皮中糖分含量较高，使更多乳酸菌进一步转化成乳酸。在青贮中，乙酸生成的主要途径是异型乳酸发酵和异化生成（原现军等，2012），而王坚等（2014）研究认为，在菠萝皮与其他作物混合青贮过程中，其发酵类型主要是同型乳酸发酵。丙酸含量高低不影响青贮发酵品质，但是主要作用是促进乳酸发酵而进一步降低 pH，丙酸菌发酵乳酸生成丙酸的过程中同时也产生乙酸和二氧化碳，可见，影响乙酸、丙酸含量的因素是复杂的。良好的青贮产品，丁酸含量应低于 2 g/kg DM（Catchpoole et al.，1971），本试验中，各处理组均低于该值。在菠萝皮添加处理中，挥发性氨态氮/总氮显著低于对照组，研究表明 pH 的低下会抑制蛋白质分解（Nagel et al.，1992），高青贮品质可以显著降低挥发性氨态氮/总氮，因此，本试验中菠萝皮处理组青贮中的挥发性氨态氮/总氮显著低于对照组。此外，有报告指出，菠萝皮内的蛋白质分解酶可以分解部分蛋白质产生了氨态氮（张桂香等，2004），所以，菠萝皮青贮中的氨态氮含量高于稻草青贮（Cao et al.，2010）。杨正楠等（2018）的研究表明，适当添加复合发酵菌发酵菠萝皮

更有助于提升营养价值，主要表现在三氯乙酸（TCA）蛋白质和有机酸含量大幅提高，所以，菠量仅为 4.1%，略低于王坚等（2014）（CP：7.8%）和朱琳等（2014）（CP：6.8%）的研究。菠萝皮混合青贮工艺也有待进一步探究。研究表明了菠萝残渣中的 CP 含量与品种、土壤环境、栽培方式等多种因素存在关联（吕庆芳等，2011；李俶等，2011）。在海南地区，不同来源的菠萝皮中 CP 和纤维含量的差异不大，因此，在饲料化的研究过程中应重菠萝皮中含有较高的非蛋白氮（NPN），主要由游离态氨基酸氮、肽氮、氨态氮组成（McDonald et al.，1991），这使得在瘤胃内降解速率偏快，不利于营养物质充分利用，因此，菠萝皮的添加比例不宜过高（朱琳等，2014）。有报告指出，菠萝渣青贮的干物质消化率可达 72%（Nisarani et al.，2015），本试验结果显示，培养 6 h 后，各处理组的干物质消化率在 24%～27%，菠萝皮与牧草混合饲喂可得到良好效果。培养后的瘤胃液挥发性脂肪酸（VFA）的各组成含量受到日粮纤维组成的影响（王海荣等，2008），本试验中，瘤胃液中仅有丙酸含量显著受到菠萝皮添加量影响，这也可能是由菠萝皮内的一些芳香族化合物成分引起的。瘤胃液中的挥发性氨态氮随菠萝皮添加量增加而增加，这是由菠萝皮中可溶性蛋白含量偏高引起的。有报告表明橙渣和菠萝渣饲喂绵羊后，随着其添加量的增加，绵羊的粪尿中氮含量有显著升高趋势（Okoruma et al.，2015），这也可能源于菠萝皮日粮在瘤胃内产生了较多的挥发性氨态氮的原因。

6.3.1.4　结论

菠萝皮与木薯茎叶混合青贮可以有效提升青贮品质以及干物质消化率。本试验结果中，在 30%和 40%处理组中，青贮中的乙酸和丁酸含量最低，尽管在 40%处理组中乳酸含量较高，但由于其菠萝皮中较高的非蛋白氮（NPN），在使用过程中比例不宜过大，因此，建议在木薯茎叶青贮中菠萝皮的最佳添加比例为 30%～40%。

6.3.2 木薯茎叶与不同比例王草和菠萝皮混合青贮对海南黑山羊育肥效果的影响

木薯茎叶富含丰富的蛋白质，蛋白质中必需氨基酸占全部氨基酸总量的50%（徐缓等，2016），饲用价值高，是较好的粗饲料资源（吕仁龙等，2020）。尽管含有氢氰酸等非营养物质，但是在自然干燥和青贮后可以显著降低其含量。另一方面，由于木薯茎叶中的碳水化合物含量较低，直接青贮较为困难（李茂等，2019）。但在使用添加剂如乙醇（5 mL/kg）（李茂等，2018）、葡萄糖（20 g/kg）（李茂等，2019）、单宁酸（1%）（李茂等，2019）或混合青贮可以改善木薯茎叶青贮品质。菠萝皮来源于菠萝罐头加工副产物，含有果实同样的营养成分（糖、蛋白质、多种微生物及矿物质）（吕庆芳等，2011）。研究表明，菠萝皮渣青贮饲喂奶牛，可以促进奶牛乳量及增重（Hattakum et al.，2019）。

一些研究讨论了菠萝皮和构树（朱琳等，2014）、柱花草（申成利等，2012；王坚等，2014）、稻草（全林发等，2014）混合青贮，结果均能降低青贮的 pH 和氨态氮含量，与此同时增加乳酸含量，提高整体发酵品质。添加 20%菠萝皮和构树发酵 pH 由对照组的 5.68 降至 4.52，添加 50%菠萝皮和柱花草混合青贮乳酸浓度从 17.32 g/kg DM 提升至 72.13 g/kgDM，氨态氮/总氮含量从 111.28 g/kTN 降至 53.65 g/kTN。因为菠萝皮含有较高的可溶性碳水化合物（JETANA 等，2009），可以促进其快速发酵，便于长期保存。添加 30%菠萝皮和王草青贮，pH 由 4.81 降至 3.85（王坚等，2014），和木薯茎叶混合青贮 pH 从 4.9 降至 4.36（吕仁龙等，2020）。在王草和木薯茎叶混合青贮方面，先行研究表明，20%木薯茎叶和王草混合发酵后粗蛋白消化率、利用率较高（吕仁龙等，2019）；30%木薯渣与香蕉茎秆混合青贮能提高其营养价值（李胜开等，2017）。综上所述，由于菠萝皮能够促进发酵，木薯茎叶含有较高的蛋白质，本研究利用 30%木薯茎叶配合王草和菠萝皮混合青贮，探究三者混合青贮在实际生产应用的适宜比例及对发酵品质和瘤胃降解的影响，为提高饲料资源利用率提供理论依据。

6.3.2.1　材料与方法

1. 试验材料

菠萝（台农 11 号 Ananascomosu-sL.Tainong 11），王草（热研四号），木薯茎叶（野生）栽培于中国热带农业科学院儋州科技园区附属试验基地，王草和木薯茎叶收割后进行机器粉碎（粉碎长度约为 2～3 cm），自然状态下风干 24 h；菠萝成熟后用于压榨菠萝汁，收集机器切割的皮，保存至冰箱待使用，原料营养成分见表 6-38。

表 6-38　青贮原料营养成分组成

单位：% DM

	木薯茎叶	王草	菠萝皮
水分	77.9	75.2	77.3
粗蛋白质	25.6	6.9	3.5
粗脂肪	6.9	10.8	4.4
中性洗涤纤维	48.5	69.9	35.9
酸性洗涤纤维	25.7	38.4	15.6
粗灰分	8.8	8.8	4.4

2. 试验设计

本试验根据不同干物质比例的王草和菠萝皮添加量设定五个处理组，即，木薯茎叶：王草：菠萝皮＝30∶70∶0（对照组）、30∶60∶10（处理一）、30∶50∶20（处理二）、30∶40∶30（处理三）、30∶30∶40（处理四）。

3. 青贮调制

将半干的木薯茎叶和王草，混合菠萝皮，按上述比例充分混合后装入 50 L 的饲料发酵桶中，压实后密封避光保存，发酵 60 d。

4. 体外培养动物管理

选取 4 只体况良好，平均体重在（19.6.0±0.7）kg 的成年海南黑山羊进行单栏饲养。7 : 30 和 15 : 00 各饲喂 1 次（粗精比为 5 : 5，粗饲料为新鲜王草），自由饮水和采食矿盐。

5. 动物管理

饲养试验于 2021 年 3 月 13 日至 2021 年 5 月 12 日在中国热带农业科学院儋州科技园区畜牧基地海南黑山羊保种场进行。选择海南黑山羊 28 头（平均体重为 8.6 kg），分为五组（每组 7 头），单栏饲喂，自由饮水。精饲料由基地加工，将玉米粉、麸皮、大豆粕、预混料和添加剂等混合制成。每日 7 : 00 和 15 : 00 将青贮和精饲料按照干物质 5 : 5 的比例进行混合搅拌，分别对试验动物进行投喂。第二天投喂前称量剩料，计算总采食量。预试期 5 d，正试期 60 d。

6. 统计分析

试验数据采用 SAS 9.2 GLM 程序进行统计分析，各处理组青贮的营养成分、青贮品质和体外培养后各指标（产气量、瘤胃发酵、干物质与蛋白质消化率）采用单因素模型统计分析，对比各处理组间的平均差异（$P<0.05$）。

6.3.2.2 结果

表 6-38 显示了三种发酵原料的营养成分组成，木薯茎叶，王草和菠萝皮的粗蛋白质含量分别为 256 g/kg DM、69.0 g/kg DM 和 35.4 g/kg DM，菠萝皮的粗脂肪含量约为 43.6 g/kg DM，显著低于王草和木薯茎叶，中性洗涤纤维和酸性洗涤纤维含量分别为 359 g/kg DM 和 156 g/kg DM，均显著低于其他两种原料。表 6-39 表明了各处理组混合青贮后的营养成分含量。随着菠萝皮含量的增加，粗蛋白质，中性洗涤纤维，酸性洗涤纤维和粗灰分含量都随之逐渐降低（$P>0.05$）。各青贮组的发酵品质方面（表 6-40），随着菠萝皮添加量的增加，pH 值逐渐降低，处理二组最低（4.00），乳酸含量呈显著降低趋势（$P<0.05$），乙酸含量在五个处理组之间没有产生显著差异（$P>0.05$）。丙酸含量在对照组中（无菠萝皮添加）含量最低，菠萝皮添加后丙酸含量升高，但在 10%添加组中含量最高（3.72 g/kg DM），此外，菠

萝皮的添加显著降低了青贮中挥发性氨态氮浓度。由表 6-41 可知，经过 6 h 体外培养后，随着青贮中菠萝皮含量的增加，产气量也随之逐渐升高，干物质消化率与产气量表现了正相关，在处理二组（20%菠萝皮）的干物质消化率达到 19.9%DM。瘤胃液发酵方面，pH 和乙酸，丁酸含量在各处理组之间没有显著差异。菠萝皮的添加显著提升了体外发酵液内丙酸含量（$P<0.05$）。由表 6-42 可知，各组山羊始重差异不显著（$P>0.05$），末重处理较对照组显著提高（$P>0.05$），并且处理二、处理三组山羊平均日增重显著高于对照组和处理一组（$P<0.05$）。处理三组表现出较大的采食量，料重比较高，但差异性不显著。由表 6-43 可知，除尿素外各组的血清生化指标差异都不显著。尿素氮含量各处理组显著高于对照组（$P<0.05$）。

表 6-39　各处理组的混合青贮中的营养成分

	对照组	处理一	处理二	处理三	SEM
干物质	23.7^{a}±1.21	21.6^{ab}±1.19	20.3^{b}±0.44	19.3^{b}±1.16	0.74
粗蛋白质	12.2±0.16	13.0±1.63	14.6±1.63	12.9±0.82	1.14
粗脂肪	8.22±0.27	8.17±0.90	8.65±0.09	7.85±0.87	0.45
中性洗涤纤维	66.7±3.32	60.5±0.58	64.7±2.00	61.1±6.15	2.56
酸性洗涤纤维	41.1±2.09	35.1±0.63	36.3±1.55	35.4±3.58	1.51
粗灰分	8.20±0.01	7.93±0.02	7.53±0.06	7.83±0.02	0.18

表 6-40　各处理组的混合青贮发酵品质

	对照组	处理一	处理二	处理三	SEM
pH	4.62^{a}±0.2	4.09^{b}±0.03	4.00^{b}±0.04	4.06^{b}±0.02	0.11
乳酸（g · kg^{-1} DM）	2.90^{a}±0.80	2.82^{b}±0.40	2.36^{c}±0.53	1.60^{d}±0.02	0.27
乙酸（g · kg^{-1} DM）	0.92±0.48	1.48±0.26	1.40±0.13	1.35±0.32	0.66
丙酸（g · kg^{-1} DM）	1.99±1.53	3.72±0.79	3.04±0.46	2.91±0.88	0.07
丁酸 /（g · kg^{-1} DM）	0.43±0.13	0.32±0.03	0.34±0.07	0.24±0.16	0.07
挥发性氨态氮/总氮%DM	5.00^{a}±0.08	4.70^{c}±0.04	4.82^{b}±0.08	4.86^{b}±0.02	0.02

表 6-41 体外培养 6 h 后，各处理组产气、干物质消化率、蛋白质消化率及瘤胃发酵

	对照组	处理一	处理二	处理三	SEM
产气 /（mL·g^{-1}）	15.3±0.24	15.3±0.08	16.3±0.08	16.7±0.24	0.67
干物质消化率/%DM	15.3^{c}±0.24	16.0^{bc}±0.41	19.9^{a}±0.33	17.5^{b}±0.33	0.35
pH	6.80±0.02	6.79±0.02	6.79±0.03	6.76±0.03	0.05
乙酸/mol%	55.7±0.57	57.1±0.73	57.4±0.33	56.6±0.33	0.97
丙酸/mol%	20.4^{b}±0.85	21.5^{ab}±0.75	22.4^{a}±0.17	22.7^{a}±0.28	0.42
丁酸/mol%	6.01±0.11	5.99±0.01	6.04±0.05	6.19±0.05	0.12
异戊酸/mol%	16.7±0.16	14.3±0.33	13.5±0.24	13.9±0.82	0.67

注：同行数据肩标不同小写字母表示差异显著（$P<0.05$），相同字母或无字母表示差异不显著（$P>0.05$）。

表 6-42 各处理组的混合青贮对海南黑山羊生长性能的影响

	对照组	处理一	处理二	处理三	SEM
初重/kg	8.63±0.22	8.51±0.22	8.69±0.20	8.53±0.18	0.08
末重/kg	12.3^{b}±0.35	12.8^{ab}±1.19	13.8^{a}±0.57	13.3^{ab}±1.07	0.35
日增重 /（g/d）	61.7^{b}±5.25	77.6^{ab}±12.7	85.8^{a}±9.71	79.5^{ab}±18.3	5.06
采食量 /（g/d）	540±37.0	570±28.6	595±61.6	645±114.5	28.2
料重比	8.80±0.70	7.47±0.87	7.0±0.88	8.95±3.77	0.82

表 6-43 各处理组的混合青贮对海南黑山羊血清生化指标的影响

	对照组	处理一	处理二	处理三	SEM
总蛋白 /（g/L）	67.5±8.27	68.2±2.43	69.7±4.34	68.6±2.83	2.05
白蛋白 /（g/L）	34.4±4.06	35.2±0.91	37.6±3.00	38.4±2.21	1.14
尿素氮 /（mmol/L）	4.89^{b}±0.54	6.66^{a}±0.62	6.91^{a}±0.75	6.09^{a}±0.89	0.30
葡萄糖 /（mmol/L）	5.13±0.33	5.12±0.19	4.81±0.38	4.58±0.43	0.14
总胆固醇 /（mmol/L）	1.44±0.27	1.51±0.16	1.41±0.15	1.42±0.27	0.09
甘油三酯 /（mmol/L）	0.37±0.12	0.43±0.06	0.36±0.07	0.39±0.14	0.04
谷草转氨酶 /（U/L）	95.3±20.8	94.6±6.38	86.9±11.8	91.6±7.34	5.27
谷丙转氨酶 /（U/L）	24.3±3.20	21.7±4.26	23.2±3.16	21.4±2.71	1.38

6.3.2.3 讨论

菠萝皮中的 ADF 和粗纤维含量较低，研究表明粗饲料中的低酸性洗涤

纤维会提升反刍动物的采食量，此外，菠萝皮中富含多种芳香族化合物和高糖分，是作为优质粗饲料的重要资源。菠萝皮含有较高的碳水化合物，在发酵过程中产生乳酸，降低 pH，本试验中，含有菠萝皮的混合青贮 pH 在 4.00～4.09 之间，显著低于对照组（4.62）。处理三菠萝皮和木薯茎叶比例为 30%∶30%时，pH 为 4.06，与吕仁龙等（2020）研究（菠萝皮和木薯茎叶 50%∶50%）pH 4.00 相近，研究表明，含有高蛋白质和灰分的植物缓冲能较高（胡海超等，2021），高缓冲能会抑制 pH 的降低（Kung et al.，2018），王草的灰分含量较高，但蛋白质含量较低，所以添加王草对于 pH 影响不大；本研究菠萝皮添加组青贮 pH 均高于同样菠萝皮比例和王草青贮的 pH（王坚等，2014），这是由于木薯茎叶蛋白质和粗灰分含量较高，缓冲能较高，并且木薯茎叶中可溶性碳水化合物含量较低（72.1 g/kgDM）（李茂等，2019；Hao et al.，2021），抑制了 pH 的降低（使得添加木薯茎叶提高了其 pH）。在青贮中，乙酸菌或异型发酵乳酸菌产生乙酸（Zi et al.，2021），随着菠萝皮的添加，其乳酸含量显著降低（$P<0.05$），说明发酵由同型发酵转变为异型发酵。同型发酵消耗能量少（Danner et al.，2003），但异型发酵生成中等浓度的乙酸，可以当作能量被瘤胃吸收，并且抑制酵母菌，提升有氧稳定性（Horii，1971）。菠萝皮中含有黄酮等酚类物质（王国仓等，2003），多酚类物质能有效增加青贮中丙酸含量同时抑制丁酸的含量（杨眉等，2019）。挥发性氨态氮/总氮反映了青贮中蛋白质和氨基酸的分解程度，比值越高，蛋白质的分解程度越高，青贮品质越差（Ma et al.，2017）。并且氨态氮浓度与丁酸含量呈正相关。因为丁酸由梭菌生物的代谢活动产生，一些梭菌能高度水解蛋白质，造成能量损失。过高的蛋白质分解会导致高可溶性蛋白质和低干物质消化率（Horii，1971），降低采食量。通常情况下，高品质青贮饲料中挥发性氨态氮/总氮小于 10%（Kung et al.，2004），在添加菠萝皮后，挥发性氨态氮/总氮均在 5%以下，再次表明，在难发酵饲料原料中添加少量菠萝皮可以有效提升发酵效率。

本研究瘤胃 pH 为 6.76～6.80，（6.7±0.5）为纤维素分解菌活性的最适范围（Zhang et al.，2021），瘤胃 pH＞6.0 为蛋白消化最适范围（Van et al.，1994）。较高的 pH 有利于细菌黏附，促进纤维消化。菠萝皮含有的酚类物质能提升纤维和碳水化合物消化率，提高微生物合成的效率（Sniffen et al.，1992），并且菠萝皮本身含有较高的可溶性糖（25.22%DM）（全林发等，2014），所以产气值和干物质消化率显著提升（$P<0.05$），与 Ma 等（杨眉等，2019）研究结果一致。瘤胃发酵碳水化合物生成挥发性脂肪酸和气体（Andrew et al.，2006），生成乙酸时产生氢气，生成丙酸的同时吸收氢气（Getachew et al.，1998），甲烷细菌利用瘤胃发酵产生的氢气和二氧化碳生成甲烷（FANT 等，2020），本研究瘤胃发酵产生的乙酸含量降低，丙酸含量显著升高（$P<0.05$），能减少甲烷的产生，与 Maggiolino 等（2019）研究一致。

研究表明，饲喂菠萝渣对山羊生长性能和消化无负面影响，且添加 20%菠萝渣可显著提高山羊日增重和料重比（王艳萍等，2021），与前人研究一致，菠萝皮含有较高的糖分与可溶性碳水化合物，适口性好、消化率高，故添加菠萝皮混合青贮的日增重显著提高（$P<0.05$）。添加菠萝皮混合青贮的采食量有所提高，但结果不显著，可能是海南黑山羊的个体较小，采食量有限导致的。添加 20%菠萝皮混合青贮的组料重比最低，表现出较好的育肥效果。血清生化指标主要反应其肝功能、肾功能、血糖血脂的情况。血清总蛋白包括白蛋白与球蛋白，血清白蛋白较低可能是慢性肝病、肾病、营养不良导致的，血清球蛋白升高，表明免疫细胞受到刺激，可能患有慢性炎症（Airukibat et al.，2020）。本研究各组之间总蛋白、白蛋白均无显著差异，处于 34.9～83.5 g/L、22.3～55.1 g/L 的正常范围内（王艳萍等，2021）。尿素反应了其肾功能和营养状况，高蛋白的摄入会提高尿素氮的含量（Airukibat et al.，2020），因为添加菠萝皮组的粗蛋白含量较高，所以尿素氮较对照组显著提高，表现出良好的蛋白质摄入，饲养效果较好。葡萄糖是反应营养状况和胰腺激素功能的直接指标，谷草转氨酶和谷丙转氨酶活性是肝脏受损的指标，均在 1.3～6.8 mmol/L、7.9～299 U/L、2.3～49 U/L 正常范围内（Liliane

et al.，2020)，饲喂王草、木薯茎叶和菠萝皮混合青贮对海南黑山羊生理健康无不良影响。

王草干物质产量为 59 670 kg/hm^2（Maggiolino et al.，2019)，为主要粗饲料原料；木薯茎叶鲜重升并不显著，并且其蛋白质含量较低，作为促发酵剂少量添加更能使营养价值最大化。

6.3.2.4　结论

综上所述，王草、木薯茎叶、菠萝皮作为粗饲料，在热带地区具有巨大的推广潜力，混合青贮可以有效提升青贮发酵品质及干物质消化率，调节瘤胃发酵，提高了农副产品的利用率。添加 10%、20%菠萝皮混合青贮饲喂海南黑山羊日增重显著提升，采食量较高，料重比较其他两组更低，结合实际生产应用中产量综合分析，添加 10%～20%菠萝皮混合青贮较为适宜。

6.3.3　不同比例甘蔗渣在糖蜜添加下对发酵型全混合日粮品质和干物质消化率的影响

发酵型全混合日粮（Fermented total mixed ration，FTMR）是将粗饲料、精饲料、添加剂和必需矿物质等混合后密封发酵的反刍动物日粮产品，不仅可以保持营养稳定还可以长期保存（杨晓亮等，2009)。在发酵过程中产生的挥发性脂肪酸（Volatile fatty acid，VFA）还可以显著提升产品营养价值和反刍动物适口性（王加启，2009)。近年来，FTMR 产品在海南地区逐渐被推广应用，不仅在山羊育肥和肉牛饲养上起到了良好的效果，还大大缓解了海南岛内冬季饲料短缺问题，同时还带动了粗饲料加工业发展，拉动了副产物回收市场，对海南地区的发展起到了一定推动作用。王草具有生长速度快、生物量大、适口性好等特点，是热带地区不可替代的反刍动物粗饲料来源。在海南地区加工 FTMR 过程中，由于王草糖分高、容易发酵，因此，它在日粮粗饲料部分中占据了主体地位。

甘蔗广泛种植于我国南方地区，甘蔗制糖加工后副产物的年产量在

2 000 万吨以上（刘洋等，2017）。甘蔗渣含有大量的纤维素、半纤维素和木质素（含量约为 20%）（吴兆鹏等，2016；代正阳等，2017），粗蛋白质含量为 2%～4%（马吉锋等，2021）。甘蔗渣在反刍动物体内不易消化，代谢能利用率低（何川等，2010），在反刍动物体内的有机物消化率仅有 20%～25%（Shaikh et al.，2009），因此不宜直接将其作为饲料进行饲喂（韦树昌等，2019）。近年来研究发现，甘蔗渣经过氨化处理（罗启荣，2017）、碱化处理（吉中胜等，2018；Chang et al.，1998）、生物发酵处理（郭婷婷等，2016）或膨化处理（谭文兴等，2017）后会降低非营养物质含量，提升瘤胃内消化率，显著改善其饲用价值。微生物发酵是粗饲料常用加工手段，有研究显示，青贮甘蔗渣，可提升其蛋白质含量，改善其营养结构（代正阳等，2017；吴谦等，2002；林清华等，1998）。糖蜜也是制糖工业中的副产物，与甘蔗渣互补，二者混合发酵加工成为了粗饲料加工的一个热点。胡咏梅等（2006）研究发现，甘蔗渣与糖蜜混合发酵后，粗蛋白会提升 10%以上。徐雅飞（2007）的试验也表明二者混合发酵后会改善其品质和产品风味。扩大甘蔗渣在反刍动物日粮中的应用，改善其加工方法和品质，制备标准化的 FTMR 产品将提升饲料加工产业的经济效益。综上，本试验的目的是考察不同比例甘蔗渣在添加糖蜜的 FTMR 中，对产品发酵品质和瘤胃消化率的影响，讨论甘蔗渣作为原料在 FTMR 中应用的可行性和最佳添加比例。

6.3.3.1 材料与方法

1. 全混合日粮组成

FTMR 由粗饲料（王草、甘蔗渣）和精饲料［玉米、麸皮、豆粕、食盐、碳酸钙、碳酸氢钠（$NaHCO_3$）和预混料］两部分组成。王草栽培于中国热带农业科学院热带作物品种资源研究所畜牧实验基地（海拔 149 m），于 2020 年 5 月 26 日，草高 1.8～2.0 m 时收割，收割的王草粉碎后自然晾晒 1 d。甘蔗渣由海南盛旭生物科技有限公司在海南岛内收购。日粮组成原料的营养水平见表 6-44。

表 6-44　FTMR 各组成的营养水平（干物质基础）

单位：%

项目	王草	甘蔗渣	麸皮	玉米	豆粕
粗蛋白	11.7	4.5	16.5	8.3	44.9
粗脂肪	2.7	0.6	4.1	3.4	2.6
中性洗涤纤维	56.2	82.7	44.6	15.2	12.8
酸性洗涤纤维	32.7	66	12.8	5.2	10.2
粗灰分	7.7	11.2	6.9	1.1	5.6
非纤维碳水化合物	21.7	2.6	27.9	72.1	34

2. 试验设计

各处理 FTMR 的组成成分如表 6-45 所示，FTMR 中粗饲料部分占总比重 50%，甘蔗渣添加比例分别为 0（0 甘蔗渣组）、5%（5%甘蔗渣组）和 10%（10%甘蔗渣组）。本试验进行了双因素设计，在每个处理组分别做无添加（对照）组和糖蜜（M，2%）组添加。

表 6-45　FTMR 的原料组成成分

单位：%DM

项目	0%甘蔗渣组	5%甘蔗渣组	10%甘蔗渣组
王草	50	45	40
甘蔗渣	0	5	10
玉米	33	28	23
麸皮	7	12	17
豆粕	8	8	8
食盐	0.5	0.5	0.5
碳酸钙	0.3	0.3	0.3
碳酸氢钠	0.2	0.2	0.2
预混料	1	1	1
合计	100	100	100

注：预混料向每千克日粮提供：VA15 000 IU、VD35 000 IU、VE50 mg、铁 9 mg、铜 12.5 mg、锌 100 mg、锰 130 mg、硒 0.3 mg、碘 1.5 mg。

3. 数据处理

试验数据采用 SAS 9.1（2004）软件中的 GLM 程序进行统计分析，以甘蔗渣添加比例和糖蜜作为主要影响因素，利用双因素数据模型分析发酵TMR的营养成分含量、pH和有机酸组成。Tukey检验用于确定同甘蔗渣添加比例间在糖蜜添加有无处理的平均值之间的差异。

6.3.3.2 结果与分析

表6-44显示了FTMR组成原料的营养成分，其中王草和甘蔗渣的粗蛋白和NDF含量分别为11.7%和56.2%，甘蔗渣的CP、NDF、ADF和EE含量分别为4.5%、82.7%、66.0%和0.6%。表6-46揭示了不同甘蔗渣添加比例的FTMR在糖蜜添加条件下营养成分的变动，结果表明，CP含量和EE含量显著受到了甘蔗渣添加比例的影响，即随甘蔗渣比例的增加，CP和EE含量逐渐降低（$P<0.05$），但二者都没有受到糖蜜组的影响（$P>0.05$）。在三个甘蔗渣添加组中，与对照组相比，糖蜜组在发酵过后，NDF含量都显著降低（$P<0.05$），而ADF含量在随着甘蔗渣添加比例增加而显著升高（$P<0.05$）。NFC和TC含量都受到了甘蔗渣添加量的影响，即NFC随着甘蔗渣添加增加而降低，而TC含量则随之升高。表6-47表明了各处理组的发酵品质，结果显示：pH同时受到了甘蔗渣添加量和糖蜜的影响，随着甘蔗渣添加量的增加，pH显著升高（$P<0.05$），在糖蜜组中，pH显著降低（$P<0.05$）。在本试验中，随着甘蔗渣添加比例的增加，乳酸含量逐渐降低（$P<0.05$），但没有受到糖蜜添加的影响（$P>0.05$）。糖蜜显著提升了发酵后日粮中乙酸和丙酸的含量（$P<0.05$），同时抑制了丁酸的产生（$P<0.05$）。表6-48反映了在体外培养后，干物质消化率以及对瘤胃发酵效果的影响。其中，干物质消化率同时受到甘蔗渣添加量和糖蜜的影响，随着甘蔗渣比例的增加，干物质消化率显著降低（$P<0.05$），而糖蜜添加后的处理组，干物质消化率显著高于对照组（$P<0.05$）。在几个处理组中，经过培养后，瘤胃液的pH并没有受到任何影响，但产气量随甘蔗渣添加量增加而降低（$P<0.05$），糖蜜组显著高于对照组（$P<0.05$）。各处理组的乙酸、丙酸、丁酸含量以及挥发性氨态氮含量没有受到糖蜜添加和甘蔗渣添加比例的影响。

表 6-46　不同甘蔗渣添加比例的 FTMR 在糖蜜添加有无条件下的营养水平变动

单位：%

项目	0%甘蔗渣组		5%甘蔗渣组		10%甘蔗渣组		SEM	P 值		
	对照组	糖蜜组	对照组	糖蜜组	对照组	糖蜜组		甘蔗渣	糖蜜	交互作用
水分	60	60.8	60.7	60.8	61	59.9	0.77	0.577	0.113	0.578
CP	15.2	15.1	15	14.9	14.8	14.7	0.25	0.049	0.831	0.291
EE	7.7	7.8	7.4	7.7	6.9	7	0.13	<0.001	0.135	0.689
NDF	51.1	50.7	52.5	50.7	56.1	55.8	0.54	0.154	<0.001	0.743
ADF	23.2	23.4	25.9	26.2	27.8	26.6	1.11	0.013	0.815	0.767
CA	6.3a	6.0b	5.9a	5.9a	5.3a	5.3b	0.05	0.001	0.02	0.032
NFC	19.9	19.6	19.1	20.9	16.6	17.2	0.63	<0.001	0.313	0.541
总碳水化合物（TC）	71	70.3	71.6	71.6	72.7	73	0.26	<0.001	0.605	0.292

表 6-47　不同甘蔗渣添加比例的 FTMR 在糖蜜添加有无条件下对发酵品质的影响

项目	0%甘蔗渣组		5%甘蔗渣组		10%甘蔗渣组		SEM	P 值		
	对照组	糖蜜组	对照组	糖蜜组	对照组	糖蜜组		甘蔗渣	糖蜜	交互作用
pH	4.15	4.13	4.2	4.15	4.24	4.17	0.02	0.021	0.012	0.47
乳酸 /（g/kg DM）	0.99	0.9	0.78	0.84	0.54	0.69	0.02	0.002	0.771	0.332
乙酸 /（g/kg DM）	4.84	5.01	4.98	5.14	4.89	5.07	0.33	0.061	0.048	0.099
丙酸 /（g/kg DM）	0.02	0.04	0.01	0.08	0.01	0.07	0.01	0.388	<0.001	0.051
丁酸 /（g/kg DM）	0.66	0.16	0.49	0.06	0.32	0.06	0.13	0.253	0.003	0.624
挥发性盐基态氮/%	5.12a	4.92b	5.04a	5.07a	5.34a	5.13b	0.46	0.039	0.005	0.043

表 6-48　不同甘蔗渣添加比例的 FTMR 在糖蜜添加有无条件下对体外培养后干物质消化率和瘤胃发酵参数的影响

项目	0%甘蔗渣组		5%甘蔗渣组		10%甘蔗渣组		SEM	P 值		
	对照组	糖蜜组	对照组	糖蜜组	对照组	糖蜜组		甘蔗渣	糖蜜	交互作用
干物质消化率/%	42.1	46.1	38.7	44.1	39.7	43.7	0.83	0.002	0.001	0.094
pH	6.6	6.6	6.6	6.6	6.6	6.6	0.01	0.09	0.47	0.463
产气量 /（mL/g DM）	43.7	47.1	35.5	43.2	35.3	42.2	1.73	0.002	0.002	0.482
乙酸 /（mol/L）	68	73.4	68.4	69.3	70.3	65.6	1.39	0.179	0.654	0.012
丙酸 /（mol/L）	18.4	15.8	18.3	17.7	17.1	18.2	0.7	0.464	0.263	0.064
丁酸 /（mol/L）	4.3	3.7	4.4	4.1	3.9	4.3	0.23	0.26	0.246	0.056
挥发性氨态氮/（mg/dL）	5.1	4.9	5	5.1	5.3	5.1	0.16	0.452	0.248	0.422

6.3.3.3 讨论

FTMR 产品在反刍动物饲养领域中具有较高的经济前景（王邓勇等，2017），特别是近年来在海南地区，随着 FTMR 产品的投放，不仅缓解了岛内冬季饲料短缺问题，而且也降低了饲养成本。利用饲料加工技术，将部分农业废弃物作为动物日粮并应用推广是建立循环农业的重要手段。尽管甘蔗渣消化率较低，但少量地添加或替代到 FTMR 中，也将大大缩减饲养成本。通常，FTMR 水分控制在 50%～60%，在我们前期多个研究中发现（吕仁龙等，2019；吕仁龙等，2020），在 60%水分条件下，FTMR 的发酵品质和动物适口性都较好，并且在实际生产过程中，60%的水分相对易控制，有助于减少人工投入。关于主体粗饲料王草的利用，在 2018—2020 年持续测定过程中表明，王草（热研 4 号）在 1.6～2.0 m 时收割，其利用率较高，蛋白质含量为 10%～13%，可以作为 FTMR 日粮原料的基本标准。

1. 不同甘蔗渣添加量对 FTMR 品质和消化率的影响

研究表明，未经过处理的甘蔗渣作为单一粗饲料饲喂羊，对山羊的日增重和纤维消化率都会产生显著负面影响（吴天佑等，2016）。由于甘蔗渣含有较高的 NDF 和较低的 CP 和 EE，随甘蔗渣添加量的增加，FTMR 中 EE 含量逐渐降低，NDF 含量显著提升。在发酵品质方面，甘蔗渣使发酵后的 pH 显著偏高（$P<0.05$），这是由于甘蔗渣含量的增加，提升了青贮中总碳水化合物的含量，使青贮中的缓冲能较高，进而提升了 pH（吕仁龙等，2019）。高甘蔗渣添加组降低了乳酸含量，同时使挥发性氨态氮的比例升高，这是由于甘蔗渣中可发酵糖分含量较低，减少了合成乳酸的原料。随着甘蔗渣比例的增大，精饲料部分的麸皮所占比例增加，导致了在发酵中可分解蛋白质增加，进而提升了挥发性氨态氮比例。甘蔗渣中过高的纤维含量抑制了瘤胃内的干物质消化率（包健等，2017），因此，在几个处理组中，FTMR 中甘蔗渣的添加量与干物质消化率呈现了负相关（$P<0.05$）。瘤胃产气是伴随着日粮消化逐渐产生的，本研究中，FTMR 的干物质消化率与产气量呈相同趋势，

这也再次表明，甘蔗渣在瘤胃内不易被消化，在生产应用过程中，要考虑其添加比例和加工方式。

2. 糖蜜添加对 FTMR 品质和消化率的影响

糖蜜中的水溶性碳水化合物（WSC）可以被乳酸菌直接利用，进而快速发酵达到发酵稳定（黄秋连等，2021），在青贮发酵过程中，糖蜜提供了可发酵糖用于生产更多有机酸（Alli et al.，1984），进而提升了发酵品质和动物适口性。本试验中，一方面，糖蜜的添加降低了 NDF 含量，这与陶莲等（2016）的结果一致，甘蔗渣中含有较高的木质素和半纤维素，添加糖蜜后，良好的发酵环境促进降解部分纤维，但由于在青贮环境中并没有对降解纤维效果显著的酶类活动，所以其降解程度相对较低（张志国等，2017），另一方面，糖蜜添加后使 pH 进一步降低，导致了细胞壁碳水化合物发生酸水解（Yuan et al.，2017），而进一步促使 NDF 降低。本试验中，添加糖蜜后显著提升了乙酸和丙酸并抑制了丁酸产量。乙酸主要来源于乙酸菌或异型发酵乳酸菌（Danner et al.，2003），这表明了在发酵过程中可能含有较多的异型发酵乳酸菌，这可以有效提高青贮有氧稳定性。丙酸主要由丙酸菌发酵乳酸而产生，其含量不影响发酵品质，但可显著降低发酵后的 pH，这在本研究中也再次得到验证（Kung et al.，1998）。此外，本试验中，添加糖蜜并没有显著提升乳酸含量，这是因为在 FTMR 中已经有充足的可发酵糖（Cao et al.，2011）。糖蜜处理增加了 FTMR 的干物质消化率和产气量，这与 Shellito 等（2006）和 Sahoo 等（2008）的研究结果相同，这是由于糖蜜增加了碳水化合物含量，为瘤胃微生物提供了良好的环境，提升了其活性，促进了营养物质的消化。Cao 等（2011）的研究结果显示，糖蜜可以显著降低体外培养后瘤胃液的丁酸含量，但这一现象并没有得到进一步解释，本试验中，糖蜜没有显著影响丁酸含量，我们猜测这可能与日粮发酵品质和瘤胃微生物组成等存在关联。

3. 互作效应

FTMR 中的 CA、挥发性氨态氮含量表现出了显著的互作效应，在 5%

甘蔗渣处理下，二者的含量没有受到来自糖蜜添加的影响，这个现象不能完全被解释，但可能与 FTMR 的发酵效果以及青贮内部环境存在关联，特别是挥发性氨态氮含量可能受到青贮中微生物分解蛋白的效率的影响（吕仁龙等，2019），这将在未来研究中深入讨论。

6.3.3.4 结论

甘蔗渣营养成分含量较低，作为反刍动物日粮添加到 FTMR 中会降低发酵品质，并降低总日粮的干物质消化率，但在添加糖蜜后，会提升发酵品质和干物质消化率，因此，甘蔗渣在 FTMR 利用过程，应适当补充促发酵的添加剂（如糖蜜）。此外，由于甘蔗渣适口性较差，不宜过多添加，在 FTMR 产品生产中，5%的添加量相对适宜。

6.4 其他副产物

6.4.1 不同水分、糖蜜添加对姬菇菌糠发酵品质及消化率的影响

本研究目的是讨论在姬菇菌糠不同水分和糖蜜添加下对发酵品质和干物质消化率的影响。菌糠采用单独发酵方法，设定水分含量分别 65%（T1）、70%（T2）和 75%（T3），同时做无添加处理（Control）和 2%糖蜜添加处理（M）。真空密闭发酵 60 天。开封的发酵样品分析营养成分，发酵品质，并做体外消化培养试验，分析干物质消化率和瘤胃发酵参数。试验结果表明，发酵菌糠的粗蛋白质约为 5%。随水分升高，pH 有降低趋势（$P<0.05$），乳酸含量显著升高（$P<0.05$）。糖蜜可以显著提升发酵菌糠中的乳酸含量（$P<0.05$），并显著降低挥发性氨态氮含量（$P<0.001$）。经过体外培养后，高水分发酵菌糠的产气量显著偏高（$P<0.05$），但干物质消化率没有受到水分的影响（$P>0.05$）。糖蜜添加处理的发酵菌糠显著提升了产气量和干物质

消化率（$P<0.05$），没有影响培养液的氨态氮浓度（$P>0.05$）。综上，姬菇菌糠具有作为反刍动物粗饲料资源利用的可行性。在发酵过程中，适当添加糖蜜，并且发酵环境的水分控制在 75%为最佳。

我国是世界最大的食用菌生产国（张俊飚等，2014），在菌类生产过程中，产生大量的废弃菌糠，处理不当会对环境产生严重污染（杨红梅等，2018）。菌糠中不仅含有丰富的菌体蛋白、纤维素和多糖（袁崇善等，2019），还有丰富的多酚等活性物质（王红兵等，2015），氨基酸组成齐全（Lee et al.，2009），此外，菌糠中含有黄铜、生物碱及植物甾醇等，对动物机体免疫调节和代谢具有积极影响（Zhang et al.，2017；Ishihara et al.，2018）。因此，菌糠具有作为饲料资源的巨大潜力。近年来，很多研究将废弃菌糠作为非常规动物饲料开展深入研究，并取得一定成效（刘冬等，2021；孟碟方等，2020；王一平，2020）。研究表明，在奶牛日粮中添加部分菌糠，可以改善乳品质提高血清抗氧化能力（刘冬等，2021），羔羊中添加杏鲍菇或金针菇菌糠后可以显著提升羔羊生长性能（郭万正等，2017；王霞等，2020）。在蛋鸡中添加部分菌糠可以显著提升生产性能，改善蛋壳厚度（王一平，2020），在猪日粮中添加 20%香菇菌渣后，可显著提升饲养效率（宋汉英等，1985），在罗非鱼中添加一定量菌糠可以显著降低饲料成本（庞思成，1993）。另一方面，菌糠中，纤维和木质素比例较高，显著影响动物适口性及消化性（孟碟方等，2020），但在经过发酵处理后，木质素等含量显著降低，可显著改善其饲料特性（Ma 等，2005）。

姬菇（学名：*Agaricus blazei* Murill）是蘑菇属真菌，属于中高温菇类（郭成金，2014），在海南省内广泛栽培。本研究以其为研究对象，讨论在不同水分和糖蜜添加下对发酵品质和干物质消化率的影响，为其饲料化提供技术基础。

6.4.1.1　材料与方法

姬菇菌糠来源于海南省定安龙湖南科食用菌有限公司，姬菇在经过两次采摘后，收集废弃菌糠。菌糠原料组成包括棉籽壳、玉米芯、橡胶木屑、麸皮、石灰等。

菌糠采用单独发酵方法，设定水分含量分别65%（T1）、70%（T2）和75%（T3），同时做无添加处理（Control）和 2%糖蜜添加处理（M）。称取菌糠 200 g，装入一个聚乙烯材质袋中（规格：30 cm×20 cm），用蒸馏水调整总水分后，再用真空包装机（SINBO，上海）密封，保存于暗室，密闭发酵 60 d。

6.4.1.2 数据处理

实验数据采用 SAS 9.1（SAS 2004）中的 GLM 程序进行统计分析，以不同水分菌糠和糖蜜添加有无作为主要影响因素，采用双因素数据模型分析青贮后的营养成分含量、pH、机酸组成和体外消化情况（$P<0.05$）。Tukey 检验用于确定不同水分菌糠间在糖蜜添加有无处理的平均值之间的差异（$P<0.05$）。

6.4.1.3 结果

1. 不同水分姬菇菌糠对发酵后品质及体外消化的影响

本实验设定了三个水分处理，即：65%、70%和 75%。在青贮过后三个水平表现了显著差异（$P<0.001$），青贮菌糠中的酸性洗涤纤维含量受到了水分的影响，随着水分含量的升高，中性洗涤纤维含量也有随之升高趋势（表 6-49，$P=0.035\,8$）。发酵菌糠的粗蛋白质，粗脂肪和中心洗涤纤维含量分别为 5%、9.6%和 64%，且都没有来自水分差异的影响（$P>0.05$）。青贮水分含量影响了菌糠中木质素含量，高水分青贮中的木质素水分有偏高趋势（$P<0.05$）。发酵品质方面，水分显著影响了 pH 和乳酸含量（$P<0.05$），水分越高，pH 越低，乳酸含量也随之升高（表 6-50）。乙酸，丙酸和挥发性盐基态氮没有收到水分的影响（$P>0.05$）。在体外培养后，高水分处理组显著提升了产气量（$P<0.05$），低水分的青贮菌糠，显著降低了培养液氨态氮含量（表 6-51，$P<0.05$）。

表 6-49　不同水分菌渣青贮在糖蜜添加有无条件下对营养成分的影响

单位：%DM

	无添加			糖蜜添加			SEM	P 值		
	T1	T2	T3	T1	T2	T3		糖蜜添加	水分	交互作用
水分	64.5	69.7	74.4	65.1	69.9	74.6	0.442 4	0.407 6	<0.000 1	0.867
粗蛋白质	4.91	5.04	5	4.98	4.93	5.15	0.092 1	0.623 4	0.416 9	0.385 3
粗脂肪	1.09	1.01	1.08	0.95	0.83	0.78	0.064 7	0.001 1	0.218 4	0.436 6
中性洗涤纤维	64.2	64	64.8	62.9	64.9	63.1	0.758 9	0.281 4	0.506 2	0.245 2
酸性洗涤纤维	51.8	56.5	52.8	52.8	53.5	54	0.991	0.580 2	0.035 8	0.220 9
粗灰分	12.1	12.6	12.3	13	12	12.8	0.489 1	0.518 6	0.862 9	0.333 4
粗纤维	34.1	35.5	35.5	35.3	34.6	34.5	0.560 5	0.599 7	0.771	0.132
木质素	7.46	8.88	8.02	6.91	6.41	8.02	0.189 1	<0.000 1	0.003	<0.000 1
非纤维碳水化合物	7.87	8.29	7.15	9.63	10	11.6	1.204 2	0.019 9	0.875 9	0.465 4
总碳水化合物	72.09	72.33	71.92	72.52	74.9	74.7	0.803 2	0.012	0.267 8	0.305

表 6-50　不同水分菌渣青贮在糖蜜添加有无条件下对发酵品质的影响

	无添加			糖蜜添加			SEM	P 值		
	T1	T2	T3	T1	T2	T3		糖蜜添加	水分	交互作用
pH	4.83	4.66	4.79	4.89	4.65	4.41	0.061 3	0.050 4	0.003	0.007 1
乳酸 /（g/kg DM）	0.83	1.03	1.06	0.94	1.25	1.32	0.109 3	0.048 6	0.034 4	0.784 8
乙酸 /（g/kg DM）	0.41	0.55	0.41	0.13	0.08	0.12	0.042 8	0.000 1	0.394 1	0.088 7
丙酸 /（g/kg DM）	0.05	0.07	0.1	0.06	0.06	0.06	0.014 7	0.300 1	0.248 9	0.349 6
挥发性氨态氮/%	2.95	3.02	2.86	1.77	1.67	1.49	0.183 9	<0.000 1	0.553 3	0.857 2

表 6-51　不同水分菌渣青贮在糖蜜添加有无条件下对体外培养的影响

	无添加			糖蜜添加			SEM	P 值		
	T1	T2	T3	T1	T2	T3		糖蜜添加	水分	交互作用
pH	6.81	6.75	6.75	6.7	6.71	6.72	0.024 7	0.007 6	0.620 4	0.223 1
产气量 /（mL/g DM）	15.57	18.21	23.77	23.56	23.8	28.1	1.724 1	0.001 2	0.007 8	0.570 2
干物质消化率/%	17.3	16	15.9	18.4	18.2	17.2	0.549 8	0.004 9	0.091 1	0.589 9
乙酸 /（mol%）	62.2	62.1	61.4	61.6	61.5	45.7	0.475 7	<0.000 1	<0.000 1	<0.000 1
丙酸 /（mol%）	15.3	15.1	15.6	15.5	15.5	21.8	0.19	<0.000 1	<0.000 1	<0.000 1
异丁酸 /（mol%）	0.61	0.61	0.61	0.62	0.6	0.89	0.009 9	<0.000 1	<0.000 1	<0.000 1
丁酸 /（mol%）	4.92	4.93	4.92	5.03	5.05	7.09	0.068 3	<0.000 1	<0.000 1	<0.000 1
异戊酸 /（mol%）	16.6	16.8	17	16.9	17.1	23.9	0.227 4	<0.000 1	<0.000 1	<0.000 1
瘤胃氨态氮/（mg/100 mL）	14.9	15.2	15.9	14.6	16.9	15.5	0.454 8	0.379 4	0.035 4	0.060 5

2. 糖蜜添加下对姬菇菌糠发酵品质及体外消化的影响

在青贮过后，糖蜜添加组显著降低了粗脂肪和木质素含量（$P<0.05$），与此同时，非纤维性碳水化合物含量得到了显著提高（$P<0.05$）。粗蛋白，总纤维含量没有受到来自糖蜜添加的影响。糖蜜显著影响了菌糠的发酵品质，在糖蜜处理组，pH（$P<0.05$）、乙酸（$P<0.01$）和挥发性氨态氮（$P<0.01$）含量显著降低，乳酸含量明显升高（$P<0.05$）。经过体外培养后，糖蜜处理的发酵菌糠，培养液 pH 显著降低（$P<0.05$），产气量和干物质消化率也显著提升（$P<0.05$）。糖蜜处理组没有影响瘤胃氨态氮含量。

3. 交互影响

发酵菌糠中的木质素含量产生了显著交互影响（$P<0.001$），在 75%水分处理下，糖蜜的添加并没有显著降低木质素含量。体外培养后，培养液挥发性脂肪组成（乙酸、丙酸、丁酸、异丁酸、异戊酸）表现了显著交互影响，丙酸、丁酸、异丁酸、异戊酸比例在 75%水分糖蜜组明显偏高（$P<0.001$），而乙酸则在 75%水分的糖蜜组表现最低。

6.4.1.4　讨论

菌糠作为副产物饲料化开发将在未来有效缓解我国粗饲料短缺现状（吴丽娟等，2021）。反刍动物可以较好地利用菌糠中的营养物质（Kim et al.，2011），这是由于菌糠中含有较高的碳水化合物，本研究中，各处理组中的碳水化合物总量在 72%～75%（表 6-49）。经过 60 d 发酵后，菌糠的主要营养成分没有发生显著变化，这与 Kim 等 2014 的研究相同。不同种类菌糠的营养组成存在差异，常见菌糠的粗蛋白质（CP）含量在 5.85%～16.2%，粗脂肪（EE）含量在 0.78%～2.05%（李天宇等，2018），本试验所选用样品的 CP 含量偏低，在 5%左右，与热带常见副产物甘蔗渣中的粗蛋白质含量相近（吕仁龙等，2022），本试验所选用菌糠中 EE 含量明显偏高，这是由于基质原料组成差异所导致。高水分（75%）发酵菌糠的酸性洗涤纤维有升高趋势（表 6-49），孟䃅方等（2020）指出，乳酸菌发酵进行一定程度发酵

后，随着底物的逐渐被消耗，乳酸菌发酵减缓，这个过程可能使有害微生物活跃，高水分青贮可能加剧了这一进程，进而导致酸性洗涤纤维含量有所升高。在青贮环境中，水分越高，部分营养随着汁液而损失，导致干物质含量降低（贾春旺等，2016），这可能是本研究中木质素含量略有提升的原因。

菌渣可以促进发酵（蔡子睿，2018），探究发酵菌糠的饲料特性，将有助于将其进一步扩大利用。青贮中，适当的水分是促使粗饲料发酵达到最佳水平的关键因素之一（董文成等，2020），根据原料的不同，一般控制在65%～75%之间。在本研究三个水分处理之间，低水分发酵后的 pH 偏高，乳酸含量相对较低（表 6-50），这表明了高水分会进一步激发乳酸菌活性（张英等，2013），导致乳酸生产效率升高。糖蜜中的水溶性碳水化合物可以使乳酸菌快速发酵，进而降低 pH（黄秋连等，2021），但在本试验中 pH 在糖蜜添加有无下表现并不明显，特别是 T1 和 T2 组，几乎没有产生差异（$P>0.05$），这也是低水分，抑制了乳酸菌活性，无法快速分解更多的糖类。糖蜜可以有效降低青贮中挥发性盐基态氮含量，这与我们之前的研究结果相同（吕仁龙等，2022）。

瘤胃微生物最适宜的环境为 pH 在 6.0%～7.0%之间（冯仰廉等，2008），本研究中，各处理经体外培养后，pH 均在此范围内，可见，发酵菌糠可以保证瘤胃内微生物活性。一方面，糖蜜和水分都影响了产气量，在高水分和添加糖蜜后，产气显著升高，结果与张雨书等（2022）结果一致，原因可能发酵后，菌糠的细胞壁疏松，促进了微生物发酵（邓思川等，2014），另一方面，糖蜜的添加，增加了碳水化合物总量，这也使产量得到进一步提升（张雨书等，2022）。由于菌糠中的高纤维含量，导致了培养液中乙酸比例偏高，这与李成舰等（2020）的研究结果相似。糖蜜添加的 T3 组，乙酸含量显著降低，同时丙酸比例升高，这是由于糖蜜和高水分的共同作用下，导致了青贮菌糠的可溶性碳水化合物含量升高，促进了以丙酸为主的瘤胃发酵效率（Sutton et al.，2003）。

6.4.1.5 结论

姬菇菌糠粗蛋白质含量较低，但粗脂肪含量较高，具有作为反刍动物粗饲料资源利用的可行性。在经过发酵后，较高水分可促进 pH 进一步降低和乳酸生成，在添加糖蜜后更会显著提升干物质消化率，同时降低瘤胃内挥发性氨态氮浓度，综上，本研究表明，在发酵姬菇菌糠饲料化过程中，适当添加糖蜜，并且发酵环境的水分控制在 75%为最佳。

6.4.2 不同比例姬菇菌糠与王草混合在高水分条件下青贮效果及对体外消化的影响

本研究目的是探究在王草中混入不同比例姬菇菌糠，在高水分发酵条件下，评定发酵效果和在体外培养下对干物质消化率和瘤胃挥发性脂肪酸变化的影响，摸索姬菇菌糠与王草混合青贮的最佳比例和高效利用方法。试验对照组为王草青贮，以菌糠添加比例设定不同处理组，即：处理一（王草 : 菌糠 = 9 : 1）、处理二（王草 : 菌糠 = 8 : 2）、处理三（王草 : 菌糠 = 7 : 3）、处理四（王草 : 菌糠 = 6 : 4）、处理五（王草 : 菌糠 = 5 : 5）。试验结果表明，对照组的 pH 与处理一和处理二之间的没有显著差异（$P>0.05$），随着菌糠添加量的进一步提升，出现降低趋势（$P<0.05$）。乳酸含量随菌糠添加量增加而逐渐上升（$P<0.05$）。经 6 小时模拟培养后，处理五（菌糠 50%）产气量最高，而干物物质消化率在处理三、处理四和处理五组显著低于处理一、处理二和对照组（$P<0.05$）。综上，菌糠的营养价值相对较低，具有饲料化价值，在与王草适量混合后，有改善发酵品质和干物质消化率作用，王草与菌糠在 90 : 10 比例混合青贮较为适宜，具有应用潜力。

王草是热带地区优质作物资源，具有产量较高，适口性较好的优点，是反刍动物重要的粗饲料来源。但由于其生长特性，存在夏季过剩，冬季严重短缺问题（Santoso et al.，2011；Li et al.，2014）。为了缓解这一现状，研究者们将其在夏季青贮或者制备发酵型全混合日粮（FTMR）用于冬季使用（吕

仁龙等，2019；李茂等，2020）。但是由于原料短缺，可饲料化副产物资源浪费严重，冬季牛羊养殖依然面临严峻挑战，大多养殖场（户）从省外高价购买干草来填补饲料缺口，这不仅使饲养成本升高，更严重制约了省内养殖规模扩大。

为加速海南省内饲料本土化进程，高效利用可饲料化作物副产物和农业废弃物资源被逐渐重视。副产物和废弃物资源的饲料化不仅可以有效降低环境压力，还可以有效促进饲料业发展，降低动物养殖成本（Nakthong et al.，2019）。近年来，已经有多项研究先后评价了以王草为主原料，配合木薯茎叶（胡海超等，2021），菠萝皮渣（吕仁龙等，2020）、砂仁茎叶（蔺红玲等，2021）等混合青贮效果，其研究成果也逐渐在产业中发挥重要作用。

姬菇（学名：*Agaricus blazei* Murill）属于中高温菇类（郭成金，2014），在海南省内广泛栽培，在生产过程中产生大量菌糠（杨红梅等，2018），菌糠中含有丰富的营养物质，不仅含有菌体蛋白、纤维和多糖（袁崇善等，2019），还含有丰富的多酚和良好的氨基酸组成（Lee et al.，2019），在动物养殖中，对血清抗氧化有积极作用，对饲养提升饲养效率和降低饲养成本具有显著效果（庞思成，1993；宋汉英等，1985）。本研究目的是探究在王草中混入不同比例姬菇菌糠，评定发酵效果和在体外培养下对干物质消化率和瘤胃挥发性脂肪酸变化的影响，摸索姬菇菌糠与王草混合青贮的最佳比例和高效利用方法。

6.4.2.1　材料与方法

1. 试验材料

本试验所用王草栽培于中国热带农业科学院热带作物品种资源研究所儋州科技园区 10 队试验基地（海南黑山羊保种场内）（北纬 19° 30′，东经 109° 30′，海拔 149 m），于 2021 年 4 月 26 日收割（草高 160～180 cm）。收割后进行半日预干后进行青贮试验。姬菇菌糠由海南省定安龙湖南科食用菌有限公司提供，姬菇在经过两次采摘后，收集废弃菌糠。

2. 青贮制备

试验对照组为王草青贮，以菌糠添加比例设定不同处理组，即：处理一（王草：菌糠＝9∶1）、处理二（王草：菌糠＝8∶2）、处理三（王草：菌糠＝7∶3）、处理四（王草：菌糠＝6∶4）、处理五（王草：菌糠＝5∶5）。按上述比例，将王草和菌糠充分混合后装入青贮袋中（规格：15 cm × 30 cm），调整水分约 80%，真空密封，并保存于暗室，常温发酵 60 d。

3. 感官评价指标

感官评价参照德国农业协会（DLG）评价标准，分别从气味、色泽、质地三方面进行青贮感官评价（臧艳运等，2010），见表 6-52。

表 6-52　感官评价标准

指标	评分标准	分数
气味	无丁酸臭味，有芳香果味或明显的面包香味	14
	有微弱的丁酸臭味，较强的酸味、芳香味弱	10
	丁酸味颇重，或有刺鼻的焦煳臭味或霉味	4
	有很强的丁酸臭味或氨味，或几乎无酸味	2
结构	茎叶结构保持良好	4
	叶子结构保持较差	2
	茎叶结构保持极差或轻度污染	1
	茎叶腐烂或污染严重	0
色泽	与原料相似，烘干后呈淡褐色	2
	略有变色，呈淡黄色或带褐色	1
	变色严重，墨绿色或褪色呈黄色，有较强的霉味	0

总分等级 20～16 为优良，1 级；15～10 为尚好，2 级；9～5 为中等，3 级；4～0 为腐败，4 级。

4. 数据处理

数据的统计分析 按照 SAS 9.1（2004）GLM 程序进行，各指标采用单因素模型统计分析，然后对比各处理组间的平均差异（$P<0.05$）。

6.4.2.2　结果

1. 不同比例姬菇菌糠与王草混合青贮感官评定

各组均无明显的芳香果味，均有微弱丁酸味，其中对照组和处理一组的丁酸味较少，但处理组有较强的不正常酸味。各处理组的结构均保存完好，没有发霉现象，结构较为松散，对照组有少许黏腻，结构仍完整。颜色上，与原料颜色相近，颜色为较深的绿褐色，烘干磨粉后，为浅浅的黄褐色。综合三个指标看，添加姬菇菌糠组的气味、结构、色泽更好（表 6-53）。

表 6-53　各处理组感官评价结果

处理	气味评分	结构评分	色泽评分	综合评分	等级
对照组	9	3	2	14	尚好 2 级
处理一	12	4	2	18	优良 1 级
处理二	12	4	2	18	优良 1 级
处理三	12	4	2	18	优良 1 级
处理四	11	4	2	17	优良 1 级
处理五	11	4	2	17	优良 1 级

2. 不同比例姬菇菌糠与王草混合对营养成分的影响

表 6-54 呈现了本实验所用王草和菌糠的营养成分表，结果显示，菌糠的粗蛋白质、粗脂肪、中性洗涤纤维和酸性洗涤纤维含量分别为 4.98%，0.55%，64.3%和 53.8%，除酸性洗涤纤维含量以外，其他指标参数都低于王草（表 6-54）。各处理组青贮中的营养成分变化如表 6-55 所示，粗蛋白质和中性洗涤纤维含量随菌糠添加量增加而逐渐降低（$P<0.05$），中性洗涤纤维逐渐升高（$P<0.05$）。粗灰分含量在各组间差异不显著（$P>0.05$）。

表 6-54　王草和姬菇菌糠营养成分表

单位：%DM

	王草	姬菇菌糠
水分	82.6	69.5
粗蛋白质	11.4	4.98

续表

	王草	姬菇菌糠
粗脂肪	2.47	0.55
中性洗涤纤维	75.1	64.3
酸性洗涤纤维	44.2	53.8
粗灰分	13.2	12.3

表 6-55　各处理组的混合青贮中的营养成分

单位：%DM

	对照组	处理一	处理二	处理三	处理四	处理五	SEM
干物质	19.4	18.9	19.9	19.1	19.8	20	0.32
粗蛋白质	11.7[a]	11[ab]	9.84[bc]	9.76[bc]	8.98[c]	8.45[c]	0.38
粗脂肪	2.52	2.5	2.16	2.32	2.34	2.18	0.25
中性洗涤纤维	74.3[a]	73.2[ab]	68.0[c]	70.8[abc]	68.4[bc]	66.0[c]	1.1
酸性洗涤纤维	45.8[d]	47.7[cd]	48.7[c]	49.9[bc]	51.1[b]	53.7[a]	0.5
粗灰分	14.4	13.9	14.2	13.7	13.2	13	0.36

3. 不同比例姬菇菌糠与王草混合对发酵品质的影响

表 6-56 揭示了各青贮处理组的发酵参数，对照组的 pH 与处理一组和处理二组之间没有明显差异（$P>0.05$），随着菌糠添加量的进一步提升，出现降低趋势（$P<0.05$），其中，处理五组（50%菌糠组）的青贮表现最低（pH＝4.78），乳酸含量随菌糠添加量增加而逐渐上升（$P<0.05$），而乙酸呈现了相反趋势，即：随菌糠比例增加而显著降低（$P<0.05$），丙酸含量在处理一组中最高（0.53），在处理五组最低（0.01），两处理之间差异较大。青贮中的挥发性氨态氮比例在王草单独青贮中（对照组）表现最低（4.52%），混合青贮各处理组都显著偏高（表 6-56，$P<0.05$）。

表 6-56　各处理组的混合青贮发酵品质

	对照组	处理一	处理二	处理三	处理四	处理五	SEM
pH	5.84[a]	5.68[a]	5.64[a]	5.41[b]	5.37[b]	4.78[b]	0.06
乳酸 /（g/kg DM）	0.38[c]	0.36[c]	0.39[c]	0.54[bc]	1.08[ab]	1.19[a]	0.12
乙酸 /（g/kg DM）	3.19[a]	3.08[a]	2.95[a]	2.29[b]	2.01[bc]	1.79[c]	0.09

续表

	对照组	处理一	处理二	处理三	处理四	处理五	SEM
丙酸 /（g/kg DM）	0.31^{b}	0.53^{a}	0.38^{b}	0.38^{b}	0.20^{b}	0.07^{c}	0.07
丁酸 /（g/kg DM）	0.18^{b}	0.33^{b}	0.50^{ab}	0.67^{a}	0.69^{a}	0.01^{b}	0.11
挥发性氨态氮/总氮%	4.52^{c}	6.65^{b}	8.09^{a}	8.43^{a}	8.50^{a}	7.45^{ab}	0.27

4. 不同比例姬菇菌糠与王草混合对体外培养各指标的影响

经过体外 6 小时模拟培养后，处理五组（菌糠 50%）产气量最高，而干物物质消化率在处理三、四和五组显著低于处理一、处理二和对照组（$P<0.05$）。对照组的培养液 pH 值最高（6.76），处理一和处理五组较低，二者之间没有显著差异。各挥发性脂肪酸组成和挥发性氨态氮在各处理组之间没有表现出差异和异常，各处理组的培养液中乙酸含量均高于丙酸 2 倍以上（表 6-57）。

表 6-57　各处理组产气，干物质消化率，及瘤胃发酵

	对照组	处理一	处理二	处理三	处理四	处理五	SEM
产气量 /（mL/g）	22.9^{b}	23.4^{b}	23.3^{b}	24.3^{ab}	24.1^{ab}	28.7^{a}	0.26
干物质消化率 /（%DM）	17.6^{a}	18.4^{a}	17.9^{a}	17.2^{b}	17.1^{b}	17.2^{b}	0.29
pH	6.76^{a}	6.68^{b}	6.70^{ab}	6.71^{ab}	6.72^{ab}	6.69^{b}	0.01
乙酸 /（mol%）	51.1	57.2	50.9	55.5	60.1	48.8	4.61
丙酸 /（mol%）	20.1	18	20.9	18.9	17	22.6	1.92
异丁酸 /（mol%）	0.79	0.69	0.77	0.68	0.61	0.74	0.08
丁酸 /（mol%）	6.36	5.52	6.35	5.74	5.15	4.24	1.03
异戊酸 /（mol%）	21.1	18.1	20.6	18.7	16.7	20.7	1.98
戊酸 /（mol%）	0.54	0.44	0.5	0.45	0.4	0.5	0.05
瘤胃氨态氮 /（mg/100 mL）	17.14	16.6	16.2	16.67	17.88	16.66	0.36

6.4.2.3　讨论

1. 不同比例姬菇菌糠与王草

感官评价较为主观但是最为直观快速的评价（Campagnoli et al.，2013）。三项指标按重要性排序为：气味、色泽、结构（Aguirre et al.，2018）。优秀

的青贮料颜色与原料相近，气味具有轻微酸味和水果香气（刘建新等，1999）。王草单独青贮效果不佳，有较重酸味且色泽稍有变色，可能因为王草作为热带禾本科牧草，附生乳酸菌数量较少，不易发酵（Yahaya et al.，2004）。研究表明，乳酸味道较淡，乙酸为醋的酸味，丁酸为腐臭味，丙酸为甜味，氨氮是氨的味道，乙醇为酒精味，乙酸乙酯是甜味，乳酸乙酯是淡淡的水果味（Campagnoli et al.，2013）。各组均有轻微的不适气味可能是丁酸含量和氨态氮含量导致的。添加姬菇菌糠与王草混合青贮，提升了芳香味，并优化了结构，达到优良的等级。

2. 不同比例姬菇菌糠与王草混合对营养成分的影响

近年，随着发酵型全混合日粮（FTMR）产品在海南省逐渐推广应用，对产品原料需求日渐迫切，特别是在冬季，单一的牧草资源无法满足省内反刍动物养殖需求。在推进发酵日粮产品布局和推广过程中，发酵水平是直接影响保存效果的重要参数，为此，前期评价新型可饲料化资源与主饲料混贮效果，来确定其加工利用方法是有必要的。本试验选用菌糠粗蛋白质含量为4.98%，与副产物甘蔗渣（4.5%）（吕仁龙等，2022）和稻草（5.2%）中粗蛋白质含量相近（吕仁龙等，2020），比稻壳（2.7%）显著偏高（吕仁龙等，2019）。菌糠的中性洗涤纤维含量相对适中，这也再次表明，菌糠具有作为反刍动物粗饲料资源的巨大价值。菌糠中的粗脂肪含量较低，仅为0.55%，这个数值在潘军（2010）的研究结果范围内（菌糠粗脂肪含量一般在0.12%～4.53%）。由于菌糠的营养特性，直接导致了混合青贮后，随菌糠比例增加而导致粗蛋白质和中性洗涤纤维含量逐渐降低，为了保证整体营养水平保持动物所需，其添加量不宜过高。

3. 不同比例姬菇菌糠与王草混合对发酵品质的影响

菌糠具有促进发酵的作用（蔡子睿，2016），本试验结果表明，菌糠的添加显著提升了青贮中乳酸含量，这表明菌糠中可能附着更多的同型发酵乳酸菌，在发酵过程中，主要以同型乳酸发酵为主（Hu et al.，2015），显著促进乳酸生成，进而降低pH。本研究各处理组的pH均高于4.2，除处理五组

（50%菌糠组）以外均大于 5，高 pH 青贮环境，可造成梭菌活跃，加速青贮中蛋白质降解（McDonald et al.，1991）。单一的王草发酵或与菌糠混合发酵，在不补充粗发酵添加剂情况下，并不利于青贮长期保存和优质产品生产。研究表明在王草与木薯茎叶、菠萝皮、稻壳、砂仁茎叶混合青贮后，pH 均低于 4.2。影响青贮 pH 的因素较为复杂，包括温度、植物品种、收割阶段以及菌种组成等（Kung et al.，2017；Lynch et al.，2015）。本研究中单独的王草青贮（对照组）pH 为 5.84，显著高于王坚等（2014）和吕仁龙等（2019）的试验结果，原因之一可能是本研究所选用王草和菌康的粗灰分含量都相对较高，过高的灰分含量会导致青贮内部缓冲能升高，进而抑制 pH 下降（Jetana et al.，2009）。另一方面，在高水分青贮环境下，梭状芽孢杆菌会把乳酸转化为丁酸，导致 pH 和氨态氮比例升高（Kung et al.，2017；Kung et al.，2004），同时也可能激发了某些抑制发酵的菌活跃而进一步抑制 pH 下降。

4. 不同比例姬菇菌糠与王草混合对体外培养各指标的影响

经过 6 h 体外培养后，培养液 pH 均在正常范围内（黄秋连等，2021），菌糠不会对瘤胃发酵产生负面影响。干物质消化率在处理一（10%菌糠）和处理二（20%菌糠）组与对照组没有显著差异。有研究表明，发酵菌糠使其细胞壁破裂蓬松（邓思川等，2014），进而促进在瘤胃内的产气，这解释了在本试验中产气和干物质消化率的负相关关系。试验结果没有表现各种挥发性脂肪酸组成与各处理组之间的关系，但可见乙酸含量显著偏高，这是由于王草和菌糠都有较高的纤维含量（李成舰等，2020）。

6.4.2.4　结论

菌糠的营养价值相对较低，具有一定可饲料化价值，在与王草适量混合后，感官评价为 1 级优良，有改善发酵品质和干物质消化率作用，但应适当调控发酵环境的水分含量，且不易过高比例混合。研究结果表明王草与菌糠在 9 : 1 比例混合青贮较为适宜，具有应用的巨大潜力。

第 7 章　可饲料化植物资源

7.1　不同采集地猪屎豆营养差异及对黑山羊瘤胃消化的影响

本研究针对前期筛选出的 12 份不含有非营养物质的猪屎豆资源，进行集中栽培，评价其营养参数及在瘤胃内对干物质消化和瘤胃发酵的影响，探讨作为新型蛋白饲料的可行性。栽培试验：选定 2 块试验田，将 12 份（T1～T12，3 个重复）资源分别种植在选定的 36 个小区（5 m×6 m），待初花期收割，评价营养组成。动物试验：分别抽取 4 只山羊的瘤胃液，将其与缓冲液混合，用体外试验方法分别培养各小区样品 6 h，测定干物质消化率和瘤胃液发酵参数。试验结果根据生长周期分为三组进行对比分析。结果表明：T1 茎叶比值最低，仅为 0.18。第一组和第三组的各品种间粗蛋白质含量没有显著差异，第二组中的 T4 和 T8 的粗蛋白质含量最高，约为 38.5%，显著高于其他品种 17%左右（$P<0.05$）。各品种在经过体外培养后各挥发性脂肪酸组成未见异常，T3 和 T5 在各自分组中表现了优异的干物质消化率。综上，T1（云南玉元）、T3（广东廉江）、T4（海南海口）和 T5（海南琼山）采集地品种优势较为明显，具有作为优质猪屎豆资源进一步评价和利用的潜力。

海南岛地处热带地区，植物种类繁多，尽管可饲料化资源丰富，但依然

面临严重的反刍动物粗饲料不足的现状。近年来，研究者们评价了包括全株木薯、木薯渣、菌糠、橡胶叶、甘蔗尾叶等作物副产物资源（吕仁龙，2019；王坚，2014；王定发，2015；周璐丽，2015），并将一部分应用于粗饲料加工和牛羊养殖产业中，有效缓解了省内粗饲料短缺问题。然而，在众多副产物资源中，粗蛋白含量都相对偏低，为提升热带粗饲料品质，推广栽培高蛋白粗饲料资源是一个有效手段。

猪屎豆（*Crotalaria pallida*）为豆科蝶形花亚科猪屎豆属一年生草本植物，具有耐瘠、耐旱、粗生易长的特点，其植株生物量高，营养价值丰富，目前主要用于绿肥的使用，植株所含有的生物碱可应用于抗癌等方面的药用。研究发现猪屎豆（野生品种）初花期粗蛋白 21.00%、粗纤维 20.70%、粗脂肪 2.30%、粗灰分 7.00%、钙 1.36%、磷 0.48%，营养参数具有作为饲用植物推广应用的巨大潜能（邹知明等，2008）。另外，猪屎豆中含有非营养物质——野百合碱（Crotaline）（Verdoom et al.，1992），在动物利用方面存在一定风险，因此制约了饲用化发展。Duke 研究发现，猪屎豆鲜叶中的生物碱在经过晒干后完全被降解（Duke，1981），这暗示了合理的加工处理可能会有效分解猪屎豆中的毒性物质。

研究表明，不同猪屎豆资源含量的差异较大，且在整个生长周期内仅有少量增高。在众多猪屎豆资源中，存在一些野百合碱含量极低或未检出的品种，如光萼猪屎豆和三尖叶猪屎豆（张新蕊，2011）。Metha 等（2021）的试验表明，在反刍动物饲粮中添加猪屎豆属的菽麻（*Crotalaria juncea*，L.）青贮饲料可显著提高干物质（DM）、有机物（OM）和粗蛋白质（CP）在瘤胃内的消化率，同时显著提高了瘤胃内丙酸产量。在前期工作中，研究团队从 300 余份资源中筛选了 12 份未检出野百合碱的猪屎豆样本，这些资源具有作为饲用材料广泛种植的潜力，本研究目的是针对筛选出的 12 份资源，进行集中栽培，评价其营养参数及在瘤胃内对干物质消化和瘤胃发酵的影响，探讨作为新型蛋白饲料的可行性。

7.1.1 猪屎豆的栽培试验

7.1.1.1 栽培管理

供试材料由国家热带牧草种质资源中期（备份）库提供。库中保存300余份来自不同国家和地区的猪屎豆资源，委托武汉迈特维尔生物科技有限公司，经代谢物靶向检测，筛选出未检测到野百合碱和光萼野百合碱（usaramine）的12份资源作为本试验对象，各资源采集地如表7-1所示。在中国热带农业科学院热带作物牧草基地（N19° 31′22.63″，E109° 34′36.00″）选定2块的试验田，设定36个小区（5 m×6 m）。2021年9月4日将筛选出的12份材料种子经过挑选切种后用80 ℃热水浸泡2小时，待种子吸胀后，播种至装有育苗基质的育苗杯中。9月6日种子全部出苗，而后根据幼苗生长状况进行补苗，待幼苗生长到10 cm高左右时，移栽至试验田中（每个资源分别移栽至三个小区中），行距 35～40 cm。植株生长期间，定时施肥 4次（平均每30天施肥一次，施肥量约为15 g复合肥/株）。自出苗日起，以各个小区为单位分别观察各植株有20%开花时，进行刈割。将收割的样品置于 80℃烘箱烘干 48 h，磨成粉样，用于营养分析。本试验期间天气信息来源于海南气象信息服务网数据，如表7-2所示。本试验所栽培的各资源根据不同植株从出苗到初花期所用天数分成3个小组（表7-3）进行实验统计分析。

表7-1 实验材料

材料编号	采集地	采集地环境	经纬度	刈割日期
T1	云南玉元高速213国道	路边	N23°49′ E102°04′	2021.11.22
T2	广西北海合浦县城区	路边、荒地	N21°38′ E109°12′	2021.12.11
T3	广东廉江高桥镇325国道	荒地	N21°36′ E109°46′	2021.11.18
T4	海南省海口市	公路	N19°57′ E110°25′	2021.11.28
T5	海南琼山区新坡镇	耕地	N19°48′ E110°25′	2021.12.11
T6	广西河池市德胜镇	路边	N24°69′ E108°33′	2021.12.11

续表

材料编号	采集地	采集地环境	经纬度	刈割日期
T7	海南昌江霸王岭	山坡	N18°57′　E109°03′	2021.12.13
T8	广东鹤山市址山镇	荒地	N22°31′　E112°47′	2021.12.2
T9	云南红河州红河县城	路边、荒地	N24°16′　E103°46′	2021.11.17
T10	福建漳州云宵县	平地、草地	N23°55′　E117°20′	2021.12.11
T11	攀枝花市仁和区布德镇	路边	N26°38′　E101°35′	2021.12.11
T12	云南保山	路边	N25°12′　E99°17′	2021.11.28

表 7-2　2021 年 9～12 月儋州市天气概况

月份	9 月	10 月	11 月	12 月
最高气温/℃	33.9	33.3	31.9	27.8
最低气温/℃	22.7	17.7	15.3	12.1
平均气温/℃	27.1	24.2	22.5	18.7
降水量/mm	243	531.7	15.2	73.1
降水日数/d	22	24	5	8
台风天气/次	0	1	0	1
日照时数/h	154.9	60.3	141.9	94.2

注：数据来自海南气象信息服务网。

表 7-3　不同品种猪屎豆生长天数分组及茎叶比

第一组（平均生长天数 75 d）						
材料编号	T1	T3	T9			SEM
所用天数/d	78^{a}	74^{b}	73^{b}			0.58
株高/cm	78.3^{a}	74.1^{b}	77.5^{ab}			0.82
茎叶比值	0.18^{c}	0.25^{b}	0.41^{a}			0.01
第二组（平均生长天数 87 d）						
材料编号	T4	T7	T8	T12		SEM
所用天数/d	84^{b}	89^{a}	88^{ab}	84^{b}		0.97
株高/cm	89.8^{a}	74.2^{c}	80.9^{b}	91.4^{a}		0.79
茎叶比值	0.42^{a}	0.33^{b}	0.41^{a}	0.28^{c}		0.01
第三组（平均生长天数 97 d）						
材料编号	T2	T5	T6	T10	T11	SEM
所用天数/d	97	97	97	97	97	1.00
株高/cm	89.4^{a}	83.6^{ab}	77.9^{ab}	88.3^{a}	69.1^{b}	3.59
茎叶比值	0.36^{b}	0.39^{ab}	0.59^{a}	0.43^{ab}	0.3^{b}	0.05

7.1.1.2　株高及茎叶比测定

刈割前，在每个小区内随机取 10 株，测量其从地面到植株最高部位的绝对高度，取平均值为株高。刈割的植株将茎和叶部分离，分别放入 80 ℃烘箱进行 48 h 烘干，测定干物质含量并计算茎叶比（干物质基础）。

7.1.1.3　土壤采集与成分分析

在试验田中随机选择 10 个点，分别取 0～20 cm 深土样和 20～40 cm 深土样，分别过 40 目筛，各土壤样品参照《土壤农业化学常规分析方法》测定速效钾、有效磷、铵态氮、硝态氮有机质和全氮含量，测定结果见表 7-4。

表 7-4　试验地土壤理化性质及营养成分

土壤深度	0～20 cm	20～40 cm
pH	4.31	4.14
速效钾 /（mg/kg）	60.1	53.0
有效磷 /（mg/kg）	3.24	3.45
铵态氮 /（mg/kg）	16.5	16.6
硝态氮 /（mg/kg）	59.6	37.5
有机质/%	1.0	0.7
全氮/%	6.7	5.1

7.1.1.4　猪屎豆营养成分测定

将干燥粉样参照 Van Soest 等（1991）的方法，分析中性洗涤纤维（NDF）、酸性洗涤纤维（ADF）、无氮浸出物（NFE）、粗蛋白质、P、K、粗纤维（CF）、粗脂肪（EE）及粗灰分（CA）含量。

7.1.1.5　统计分析

试验数据采用 SAS 9.2 软件（SAS，2004）进行统计分析，各品种猪屎豆营养成分和体外发酵特性等采用单因素方差分析进行分析，以 $P<0.05$ 作

为差异显著性标准。

7.1.2　结果与分析

7.1.2.1　不同猪屎豆的生长周期

不同的猪屎豆品种在相同栽培条件下从出苗到初花期时间不同。其中 T1、T3 和 T9 材料的平均用时 72 d。T4、T7、T8 和 T12 样品，平均用时 87 d。T2、T5、T6、T10 和 T11 样品，平均用时约 97 d。茎叶比方面，各品种都显著表现出叶片部分干物质量远远大于茎部。在 12 个品种中，T1 茎叶比值最低，约为 0.18。T6 茎叶比值最高，约为 0.59。在株高方面，第一组 T1（78.3 cm），第二组的 T4（89.8 cm）和 T12（91.4 cm）和第三组的 T2（89.4 cm）和 T10（88.3 cm）在各分组中表现最高。

7.1.2.2　不同品种猪屎豆的营养成分变动

表 7-5 表明了不同品种猪屎豆的营养成分变动，在第一组中（平均栽培期 72 d），T1、T3 和 T9 之间，除酸性洗涤纤维和磷含量以外，其他营养参数含量没有显著差异。T9 的磷和酸性洗涤纤维含量，显著高于 T1 和 T3（$P<0.05$）。第二组中（平均栽培期 86 d），T12 的中性洗涤纤维含量显著高于其他品种（$P<0.05$），T4 和 T8 的粗蛋白质含量表现最高（$P<0.05$），T4 的酸性洗涤纤维和钾含量显著高于其他品种。第三组品种中（平均栽培期 97 d），各品种的粗蛋白质和中性洗涤纤维含量没有显著差异。T6 的中性洗涤纤维含量最高（$P<0.05$）。

7.1.2.3　in vitro（体外）培养后对不同品种猪屎豆干物质消化率和发酵参数的影响

表 7-6 表明了各品种在 in vitro 培养后，培养液发酵参数，12 份经过培养后的猪屎豆资源，培养液发酵参数未见异常。在第一组中（平均栽培期

72 d），T1 和 T3 的干物质消化率显著高于 T9（$P<0.05$），各品种的挥发性氨态氮含量没有显著差异，T1 和 T3 的产气量略高于其他两个品种。挥发性脂肪酸方面，T1 和 T3 的丙酸含量显著高于 T9（$P<0.05$）。在第二组中（平均栽培期 86 d），T4 的干物质消化率和挥发性氨态氮含量显著高于其他品种（$P<0.05$），其他几个样品之间的挥发性氨态氮含量没有显著差异（$P>0.05$）。挥发性脂肪酸方面，T4 和 T12 的乙酸含量显著高于 T7 和 T8（$P<0.05$），而 T12 的丙酸含量显著低于其他品种（$P<0.05$）。第三组品种中（平均栽培期 97 d），T5 的干物质消化率最显著偏高（$P<0.05$），约为 37.5%。各资源的挥发性氨态氮浓度没有表现出显著差异。瘤胃液发酵方面，T11 的乙酸含量最高（$P<0.05$），丙酸含量相比其他品种含量显著偏低（$P<0.05$）。

表 7-5　不同品种猪屎豆茎叶混合营养成分

单位：%

第一组	T1	T3	T9			SEM
水分	83	86	87			0.600
粗蛋白质	39.1	37.1	37.1			0.638
中性洗涤纤维	40.3	41.6	42.1			1.343
酸性洗涤纤维	11.4^{b}	12.7^{b}	20.8^{a}			0.380
粗脂肪	5.61	6.49	7.40			1.122
粗灰分	3.77	4.24	4.94			0.509
粗纤维	14.4	12.9	14.7			0.483
磷	0.17a	0.14b	0.18a			0.007
钾	5.17	4.50	6.63			0.558
第二组	T4	T7	T8	T12		SEM
水分	85	83	85	84		0.500
粗蛋白质	38.4^{a}	33.1^{b}	38.5^{a}	32.5^{b}		1.095
中性洗涤纤维	38.9^{b}	35.9^{b}	36.0^{b}	42.9^{a}		0.736
酸性洗涤纤维	15.1^{a}	13.0^{b}	12.7^{b}	12.3^{b}		0.371
粗脂肪	11.2^{a}	6.26^{b}	5.75^{b}	7.06^{b}		0.718
粗灰分	4.52^{b}	4.24^{bc}	5.24^{a}	3.88^{c}		0.116
粗纤维	16.8	14.4	15.9	14.2		0.801
磷	0.14^{b}	0.16^{b}	0.16^{b}	0.34^{a}		0.008
钾	5.39^{a}	4.15^{bc}	5.02^{ab}	3.88^{c}		0.205

续表

第三组	T2	T5	T6	T10	T11	SEM
水分	83	87	84	86	82	0600
粗蛋白质	35.7	35.2	32.1	32.5	32.8	1.033
中性洗涤纤维	36.2	38.4	36.0	41.3	40.1	1.416
酸性洗涤纤维	13.8^{c}	14.7^{bc}	17.4^{ab}	14.3^{c}	13.7^{c}	0.600
粗脂肪	10.1	9.58	8.33	9.61	8.54	0.956
粗灰分	3.49	4.22	4.33	4.07	4.29^{ab}	0.194
粗纤维	13.8^{ac}	16.6^{a}	16.0^{ab}	15.4^{ab}	12.3^{c}	0.601
磷	0.13^{b}	0.15b	0.14^{b}	0.15^{b}	0.34^{a}	0.005
钾	4.53^{a}	4.70^{a}	4.23^{ab}	3.93^{ab}	3.40^{b}	0.184

表 7-6　不同品种猪屎豆茎叶混合 *in vitro* 培养产气、pH 及瘤胃发酵情况

第一组	T1	T3	T9			SEM
产气量 /（mL/g）	19.0^{a}	19.9^{a}	16.5^{b}			0.393
pH	6.63^{b}	6.64^{b}	6.68^{a}			0.005
消化率/%DM	36.2^{a}	36.6^{a}	31.5^{b}			0.853
挥发性铵态氮/%DM	0.39	0.53	0.56			0.054
乙酸/mol%	65.4	65.6	66.9			0.335
丙酸/mol%	23.4^{a}	23.3^{a}	21.2^{b}			0.382
异丁酸/mol%	1.25^{b}	1.26^{b}	1.43^{a}			0.017
丁酸/mol%	7.53	7.49	7.69			0.065
异戊酸/mol%	1.60^{b}	1.63^{b}	1.99^{a}			0.028
戊酸/mol%	0.76^{b}	0.73^{b}	0.85^{a}			0.013
第二组	T4	T7	T8	T12		SEM
产气量 /（mL/g）	18.3^{b}	25.0^{a}	23.7^{a}	16.7^{b}		0.559
pH	6.65^{b}	6.63^{c}	6.63^{c}	6.73^{a}		0.003
消化率/%DM	35.4^{a}	26.6^{c}	27.6^{b}	32.6^{a}		0.768
挥发性铵态氮/%DM	0.60^{a}	0.42^{b}	0.41^{b}	0.40^{b}		0.035
乙酸/mol%	67.2^{b}	65.1^{c}	65.7^{c}	68.7^{a}		0.171
丙酸/mol%	21.3^{bc}	24.2^{a}	23.2^{ab}	20.8^{c}		0.516
异丁酸/mol%	1.34^{a}	1.24^{bc}	1.27^{ab}	1.18^{c}		0.019
丁酸/mol%	7.56^{a}	7.33^{bc}	7.45^{ab}	7.19^{c}		0.049
异戊酸/mol%	1.81^{a}	1.55^{b}	1.60^{b}	1.53^{b}		0.034
戊酸/mol%	0.80^{a}	0.65^{bc}	0.71^{b}	0.60^{c}		0.014

续表

第三组	T2	T5	T6	T10	T11	SEM
产气量 /（mL/g）	19.8[a]	19.8[a]	21.5[a]	22.7[a]	15.8[b]	0.646
pH	6.64[bc]	6.66[b]	6.65[bc]	6.64[b]	6.72[c]	0.004
消化率/%DM	33.8[ab]	37.5[a]	25.5[c]	32.4[b]	28.9[c]	0.830
挥发性铵态氮/%DM	0.50	0.49	0.41	0.53	0.42	0.026
乙酸/mol%	65.6[b]	66.3[b]	65.0[b]	65.0[b]	69.1[a]	0.351
丙酸/mol%	23.4[ab]	22.5[bc]	24.7[a]	23.8[ab]	20.5[c]	0.456
异丁酸/mol%	1.23[bc]	1.29[ab]	1.22[bc]	1.32[a]	1.17[c]	0.017
丁酸/mol%	7.43[a]	7.51[a]	6.76[c]	7.37[a]	7.13[b]	0.047
异戊酸/mol%	1.60[ab]	1.72[a]	1.60[ab]	1.72[a]	1.50[b]	0.028
戊酸/mol%	0.70[ab]	0.74[a]	0.68[ab]	0.74[a]	0.59[b]	0.027

7.1.3 讨论

牧草的株高、茎叶比及营养成分等是判定生产性能的主要参数（谢金玉，2018）。不同品种和来源地影响植株的生长和营养特征（郝振帆，2021），气温，光照和降雨量也是影响植物生长性能的重要因素（Lv et al.，2021）。本试验期间，11 月开始以后的气温较低，这可能直接影响了植物株高，在秋冬季节栽培猪屎豆可能生产效率会大大降低，与此同时，11～12 月的降雨量严重不足，这也直接导致作物生长缓慢。海南地区，柱花草作为常见豆科牧草在部分地区被种植，蒋亚君等（2017）测得柱花草的自然株高均值为 55.9 cm，显著低于猪屎豆（本试验平均植株高度为 81.2 cm）。另一方面，植物根系的发达程度直接影响养分的吸收与合成，截至目前，还没有关于猪屎豆根系研究，下一步，我们将明确根系生理和生长状态，以便筛选更为高效的品种进行推广栽培（强胜，2006）。的牧草的茎叶比影响全株营养组成以及对反刍动物适口性和采食率（赵明坤等，2006），研究对比了几种常见牧草资源的茎叶比情况，其中，苜蓿草约为 1.10（柴凤久等，2005）、紫色象草约为 0.98（易显凤等，2015）以及王草约为 0.78

（陈勇等，2009），都远远大于猪屎豆（0.37）。植物的主要营养几乎都集中在叶片部分（Konrad et al.，2001），猪屎豆繁茂的叶量更加凸显了作为优质牧草的巨大优势。

本试验中，各资源的粗蛋白含量都表现了豆科植物的优越性，其含量均在 30%以上，特别是 T1、T4、T8，均超过 38%。这也远远高于目前热带地区常见粗饲料资源，紫花苜蓿（17%～18%）（万素梅等，2004）木薯茎（20.0%～36.4%）（Castellanos et al.，1994）。柱花草（14%～18%）（赖志强等，2012）及王草（7%～9%）（谭文彪等，2008）。研究表明，早期收割的牧草可以得到较高浓度的粗蛋白质含量（Lv et al.，2017），本试验中，第一组（75 d）的粗蛋白平均含量 38.1%，第二组（87 d）为 35.6%，第三组（97 d）为 33.6%，呈现了相同的趋势。

本试验测得猪屎豆的中性洗涤纤维含量约为 35%～40%，酸性洗涤纤维的含量约为 13%～16%，符合 1 级牧草的中酸性洗涤纤维分级标准（陈谷等，2010）。脂肪为动物提供了必需氨基酸（王定发等，2016），本实验各品种选材脂肪含量（6.0%～9.5%）也显著高于木薯茎叶（4.17%～8.28%）（周璐丽等，2016），在下一步研究中，我们将对猪屎豆的脂肪酸组成评价，进一步探究其作为粗饲料资源的潜在价值。

在体外发酵过程中，产气总量反映了饲料的降解程度和微生物的活动状况。产气总量越高，可发酵营养物质含量越高（Sun et al.，2014）。本研究中，瘤胃液的发酵情况没有发生异常。一般情况下，干物质消化率与产气量呈正相关关系（陈艳琴等，2011），在本研究中，很多品种并不完全呈现这样的相关性，这可能是由于不同品种间的猪屎豆中的单宁含量存在差异，植物中的丹宁可以显著抑制瘤胃产气量（米见对，2011）。

植物叶片部分集中了更多的营养并且容易被反刍动物消化利用（陆景陵，2003），通过茎叶比和干物质消化率的数据分析后发现，茎叶比比值较低的品种，基本呈现干物质消化率显著偏高现象，如 T1 的茎叶比为 0.18，其干物质消化率可达 32.2%，而 T6 的茎叶比为 0.59，其干物质消化率仅为

25.5%，这表明了叶比茎更易消化，茎叶比越低，饲用价值可能越好（余成群等 2010）。因此，在筛选品种过程中，可以通过茎叶比情况快速推定其饲用价值。

挥发性脂肪酸是反刍动物的主要能量来源，产量和比例显著影响反刍动物饲粮中营养物质的吸收和利用（黄雅莉等，2014）。本实验中，所有猪屎豆品种的乙酸、丙酸含量均略高于李文娟等（2017）的实验中对柚子皮的脂肪酸的含量，说明饲喂猪屎豆时，反刍动物瘤胃微生物对有机物的发酵更为彻底。乙酸/丙酸的值与能量利用效率成线性关系（邹彩霞等，2011），本研究中乙酸/丙酸的值（2.93）略低于何香玉（2015）的实验（苜蓿草，3.21），这反应了猪屎豆可以提供充足的能量来作为反刍动物饲料。氨态氮是评价瘤胃内环境的一个重要指标，过高或过低时都对微生物的生长繁殖不利（李文娟等，2017），同时也反映了蛋白质的利用率，本实验第一组中的 T3 和 T9，第二组中的 T4 以及第三组中除 T6 的其他品种可能有着较高的蛋白质利用率。

作为一种新型饲料资源，有必要长期深入地评价其安全性能、营养变化、平均生物量等指标。猪屎豆作为豆科植物，其高蛋白的巨大特性应被充分挖掘利用，在未来研究中，还将开展对其蛋白质组成及在反刍动物体内代谢情况进行试验，掌握猪屎豆资源作为动物日粮的最高效利用方法，最终应用于生产加工中。

7.1.4 结论

通过消化率，茎叶比以及栽培情况，本研究表明，T1（云南玉元）、T3（广东廉江）、T4（海南海口）和 T5（海南琼山）品种优势较为明显，具有作为优质猪屎豆资源进一步评价的潜力，其较高的蛋白含量和干物质消化率具有作为粗饲料资源的可行性。

7.2　15 种不同采集地猪屎豆资源生长性能与饲料化评价

猪屎豆（*Crotalaria pallida*）是豆科蝶形花亚科猪屎豆属一年生草本植物，粗蛋白含量高达 30%以上，具有作为动物蛋白饲料的巨大潜力。本研究目的是评价前期经过筛选的 15 种猪屎豆资源，评价生产性能，青贮效果和山羊瘤胃内消化率，进一步筛选出高品质资源并推广应用。选定 3 块的试验田，每块试验田设定 15 个小区（3 m × 5 m），将 T1～T15 分别栽培至小区，待 20%开花时进行收割，并测定生产性能，同时取部分样品制备青贮，取半干样品 200 g 装入一个 30 cm × 20 cm 的聚乙烯青贮袋中，发酵 60 d，评价发酵品质。选用 4 只平均体重 16.2 kg 单独饲养在代谢笼的海南黑山羊，早上饲喂后 2 h，抽取瘤胃液与缓冲液 1∶2 混合后培养青贮前后的猪屎豆，评价其干物质消化率和瘤胃发酵情况。研究结果表明，猪屎豆在单一青贮效果不佳，需结合混合青贮或添加粗促发酵剂来进一步探究其青贮技术。T1（云南玉溪）、T4（海南海口）和 T13（海南东方）品种具有较高粗蛋白质含量和较高的干物质消化率，具有作为培育高产高蛋白牧草的潜力。T13 具有显著偏高的生物量，综上，本研究中 T13（海南东方）品种具有作为新型蛋白饲料资源进一步利用的巨大潜力。

猪屎豆（*Crotalaria pallida*）为豆科蝶形花亚科猪屎豆属一年生草本植物，因其具有耐瘠、耐旱且营养价值丰富的特点，作为绿肥被广泛应用。猪屎豆（野生品种）初花期粗蛋白高达 21%、粗纤维含量也高于 20%，具有作为饲用作物应用的潜力（邹知明等，2008）。然而，猪屎豆中含有非营养物质——野百合碱（Crotaline）（Verdoom et al.，1992），在一定程度上限制了其作物动物日粮的应用，但 Duke 研究发现，猪屎豆叶片中的生物碱在经自然干燥后几乎完全被降解（Duke，1981），这表明，在科学合理地对其加

工，猪屎豆可以作为一种动物蛋白日粮来进一步挖掘其应用前景。

在前期工作中，研究者对多种猪屎豆进行了粗略评价，发现了一些野百合碱含量极低或未检出的品种，如光萼猪屎豆和三尖叶猪屎豆（张新蕊，2011），这似乎为猪屎豆资源饲料化应用提供了契机。Metha 等（2021）在反刍动物饲粮中添加猪屎豆属的菽麻（*Crotalaria juncea*，L.）青贮后，显著提高了日粮在瘤胃内的干物质（DM）、有机物（OM）和粗蛋白质（CP）的消化率。在我们的前期工作中，针对所保存的 300 余份资源中筛选了 10 余份未检出（或极低含量）野百合碱的猪屎豆样本，并进行了栽培试验，针对栽培效果、营养成分和瘤胃消化特性开展了评价，结果发现了几个不同采集地的资源在粗蛋白含量和干物质消化率上优势明显，具有作为饲料的巨大潜力（孙郁婷等 2022）。为了进一步验证其营养参数变动，摸索在青贮加工后的发酵特性及其消化特性，掌握部分资源饲料化的可行性，讨论未来其利用方式方法，本研究主要针对已筛选的 15 份猪屎豆资源，进行栽培试验，分析其生产性能、营养变动、青贮和消化特性，筛选作为粗饲料资源的优势品种，重点培育，为下一步饲料化应用提供技术支撑。

7.2.1 实验设计

7.2.1.1 栽培试验

15 种猪屎豆资源材料由国家热带牧草种质资源中期（备份）库提供。该 15 个品种未检测出野百合碱和光萼野百合碱（武汉迈特维尔生物科技有限公司）。各资源信息如表 7-7 所示。

表 7-7 实验材料

材料编号	采集地	采集地环境	经纬度
T1	云南省玉溪市	路边	N23°49′ E102°04′
T2	广西北海合浦县城区	路边、荒地	N21°38′ E109°12′
T3	广东廉江高桥镇 325 国道	荒地	N21°36′ E109°46′

续表

材料编号	采集地	采集地环境	经纬度
T4	海南省海口市	公路	N19°57′ E110°25′
T5	海南琼山区新坡镇	耕地	N19°48′ E110°25′
T6	广西河池市德胜镇	路边	N24°69′ E108°33′
T7	海南昌江霸王岭	山坡	N18°57′ E109°03′
T8	广东鹤山市址山镇	荒地	N22°31′ E112°47′
T9	云南红河州红河县城	路边、荒地	N24°16′ E103°46′
T10	福建漳州云霄县	平地、草地	N23°55′ E117°20′
T11	攀枝花市仁和区布德镇	路边	N26°38′ E101°35′
T12	云南省保山市	路边	N25°12′ E99°17′
T13	海南省东方市	山坡	N18°43′ E108°37′
T14	乌干达坎帕拉	路边	N 0°19′ E32°35′
T15	乌干达	路边	N 0°20′ E32°30′

在中国热带农业科学院热带作物牧草基地（N19° 31′22.63″，E109° 34′36.00″）选定 3 块的试验田，每块试验田设定 15 个小区（3 m×5 m）。2022 年 5 月 19 日将筛选出的 15 份材料种子经过挑选，用酒精及过氧化氢溶液处理后在 80 ℃热水浸泡 2 h，待种子吸胀后，分别在各试验田中分别进行条播，行距 30～35 cm。在生长期间，定时施肥 4 次（平均每 30 d 施肥一次，施肥量约为 15 g 复合肥/株）。自出苗日起（2022 年 5 月 23 日全部出苗），以各个小区为单位分别观察各植株有 20%开花时，进行刈割。将收割的样品置于 80 ℃烘箱烘干 48 h，磨粉过筛，用于营养成分分析。本试验期间天气信息来源于海南气象信息服务网数据，如表 7-8 所示。本试验所栽培的各资源根据不同植株草产量分成 3 个小组（表 7-9）进行实验统计分析。

表 7-8　2022 年 5～7 月儋州市天气概况

月份	5 月	6 月	7 月
最高气温/℃	35.2	36.7	35.9
最低气温/℃	10.7	24.0	23.3
平均气温/℃	25.7	29.4	28.6
降水量/mm	458.9	112.5	435.2
降水日数/天	24	11	15
台风天气/次	0	0	1
日照时数/h	93.9	212.9	190.3

表 7-9　不同品种猪屎豆产量分组及茎叶比

项目	第一组（产量<7 t）						SEM	第二组（产量 7～9 t）					SEM	第三组（产量>9 t）				SEM
	T4	T6	T7	T8	T9	T15		T1	T3	T10	T11	T12		T2	T5	T13	T14	
产量/（t/hm^2）	6.88^{a}	4.55^{ab}	3.84^{b}	5.14^{ab}	4.82^{ab}	6.30^{ab}	0.64	8.58^{a}	7.86^{b}	8.12^{b}	7.55^{c}	8.82^{a}	0.06	9.12^{d}	12.68^{a}	10.14^{b}	9.79^{c}	0.06
株高/cm	79.6^{b}	85.8^{a}	59.4^{c}	57.8^{c}	77.4^{b}	83.8^{a}	0.58	83.4^{a}	75.8^{b}	72.4^{c}	71.6^{c}	70.6^{c}	0.58	75.6^{c}	86.00^{b}	67.40^{d}	109.4^{a}	0.58
茎叶比值	0.46^{c}	0.54^{b}	0.42^{d}	0.46^{c}	0.47^{c}	0.60^{a}	0.01	0.59^{b}	0.49^{d}	0.51^{d}	0.65^{a}	0.54^{c}	0.01	0.66^{b}	0.55^{c}	0.42^{d}	0.73^{a}	0.01

7.2.1.2　青贮实验

在每个试验小区中，采集约 500 g 猪屎豆样品，切割至 2～3 cm 长度，充分混合后，自然晾晒，控制水分约 75%左右，取半干样品 200 g 装入一个 30 cm × 20 cm 的聚乙烯青贮袋中，每个样品重复 2 次（共计 15 × 3 × 2 = 90 袋），用真空打包机（Sinbo，Shanghai China）抽真空后密封，保存于暗室储存（室温）发酵 60 d。

7.2.1.3　株高及茎叶比测定

刈割前，在每个小区内随机取 10 株，测量其从地面到植株最高部位的绝对高度，取平均值为株高。刈割的植株将茎和叶部分离，分别放入 80 ℃ 烘箱进行 48 h 烘干，测定干物质含量并计算茎叶比（干物质基础）。

7.2.1.4 产量测定

当试验区内的植株有 20%左右开花时，留茬 30 cm 刈割，将刈割后的植株全部称重，并计算产量。

7.2.1.5 土壤采集与成分分析

在试验田中随机选择 10 个点，分别取 0～20 cm 土样和 20～40 cm 土样，分别过 40 目筛，各土壤样品参照《土壤农业化学常规分析方法》测定速效钾、有效磷、铵态氮、硝态氮有机质和全氮含量，试验地土壤理化性质及营养成分见表 7-10。

表 7-10 试验地土壤理化性质及营养成分

土壤深度	0～20 cm	20～40 cm
pH	4.25	4.18
速效钾 /（mg/kg）	62.8	55.1
有效磷 /（mg/kg）	3.36	3.58
铵态氮 /（mg/kg）	16.4	16.7
硝态氮 /（mg/kg）	58.3	39.2
有机质/%	1.0	0.8
全氮/%	6.4	5.8

7.2.1.6 统计分析

试验数据采用 SAS 9.2 软件（SAS，2004）进行统计分析，各组内的各品种猪屎豆营养成分、体外发酵特性、青贮猪屎豆营养成分、发酵特性及体外培养参数等采用单因素方差分析进行分析，以 $P<0.05$ 作为差异显著性标准。

7.2.2 结果

7.2.2.1 不同品种猪屎豆栽培效果

表 7-9 呈现了不同品种猪屎豆的产量，株高和茎叶比进行了分组对比，结果显示，第一组中（产量＜7 t），T4 的生物量最高，约为 6.88 t/hm^2，高于产量最低的 T7（3.84 t/hm^2）组 1.8 倍。T6 和 T15 的株高在最高，分别为 85.8 cm 和 83.8 cm。茎/叶的干物质比值方面，T7 为表现最低。在第二组中（产量 7～9 t），T1 和 T12 最高，分别为 8.58 和 8.82 t/hm^2。T1 的株高为 83.4 cm，显著高于其他品种，T3 的茎/叶的干物质比值最低，为 0.49。第三组（产量＞9 t）中，T5 的生物量最大，为 12.7 t/hm^2，T14 株高为 109.4 cm，显著高于同组中的其他品种，T13 的茎/叶的干物质比值为 0.42，T14 最高，为 0.73。

7.2.2.2 不同品种猪屎豆在青贮前后营养成分含量的变化

表 7-11 和表 7-12 分别呈现了不同品种猪屎豆在青贮前后的营养成分含量。在新鲜猪屎豆中，第一组的 T6 和 T7 组粗蛋白质（CP）含量最高，分别为 41.8%和 43.7%，T15 的中性洗涤纤维和粗纤维含量最高，分别为 43.6%和 20.8%，T4 的磷含量在同组中含量最高，T15 的钾含量表现最高。在第二组的几个品种之间，粗蛋白质含量没有表现出显著差异，粗蛋白质含量平均为 37.9%。各品种之间的中性洗涤纤维和粗纤维含量没有显著差异。第三组中各品种猪屎豆的粗蛋白质和中性洗涤纤维含量没有显著差异。三个组中 15 个猪屎豆品种的粗脂肪含量均高于 10%。

7.2.2.3 不同品种猪屎豆青贮后的发酵品质

表 7-13 显示了不同品种猪屎豆青贮后的发酵品质。第一组和第二组各品种之间的 pH 没有显著差异，在第三组中，T13 的 pH 最低，为 5.40%

（$P<0.05$），其他品种高于 T13 且各品种之间无显著差异（$P>0.05$）。挥发性氨态氮含量在各分组的各品种之间没有显著差异。各处理组的各品种之间乳酸含量差异显著，第一组的 T6、第二组的 T1 和第三组的 T13 含量最高（在各组中），第二组和第三组的各品种之间乙酸和丁酸含量没有差异（$P>0.05$），在第一组中，T6 的乙酸和丁酸明显偏高（$P<0.05$）。

7.2.2.4　青贮前后的不同猪屎豆在 in vitro 培养后对消化率和瘤胃液发酵特性的影响

表 7-14 和表 7-15 分别体现了青贮前后的不同猪屎豆在体外培养后对消化率和瘤胃液发酵特性。在新鲜的猪屎豆中，第三组的 T13 干物质消化率最高，为 56.3%，其次是第一组的 T6 和第二组的 T1，分别为 49.9%和 49.5%（$P<0.05$）。在产气量方面，第三组的 T13 量最高，为 29.0，其次是第二组的 T1，为 26.2（$P<0.05$）。第一组和第三组各品种之间的瘤胃液挥发性氨态氮没有明显差异（$P>0.05$），第二组中 T1 的挥发性氨态氮最高。在挥发性脂肪酸方面，T7 的乙酸含量明显高于同组其他品种（$P<0.05$）。在青贮猪屎豆中，第一组的 T8 和第三组的 T13 干物质消化率最高，分别为 46.7%和 44.3%，这两个品种的产气量均明显高于其他品种。

7.2.3　讨论

7.2.3.1　猪屎豆品种对生物量和茎叶比的影响

生物量是筛选饲用牧草的首要条件，T2、T5、T13 和 T4 大于 9t DM/hm^2，显著高于第一组和第二组品种，茎叶比值方面，比值越小，表明叶片部分越多，植物营养大部分集中在叶片部分，因此，根据生物量和茎叶比情况，T5 和 T13 品种具有作为饲料资源进一步选育推广的巨大潜力。

表 7-11　不同品种猪屎豆原样营养成分

项目	第一组						SEM	第二组					SEM	第三组				SEM
	T4	T6	T7	T8	T9	T15		T1	T3	T10	T11	T12		T2	T5	T13	T14	
水分/%	78.5^{bc}	81.6^{a}	78.7^{bc}	79.1^{abc}	77.5^{c}	80.3^{ab}	0.577	78.4	80.2	78.9	80.1	79.7	0.577	81.4^{a}	80.2^{ab}	75.6^{c}	78.2^{bc}	0.577
粗蛋白质/%DM	38.7^{bc}	41.8^{ab}	43.7^{a}	37^{cd}	33.8^{d}	35.1^{cd}	0.99	39.1	37.9	38.6	36.6	37.2	1.364	38.9	39.8	35.2	34.5	1.517
中性洗涤纤维/%DM	32.9^{ab}	33.2^{ab}	27.5^{b}	24.2^{b}	42.2^{a}	43.6^{a}	2.134	37.4	40.7	39.2	37.8	41.3	1.102	39	43.5	38	42.8	1.602
酸性洗涤纤维/%DM	16.3^{ab}	17.1^{a}	14.9^{ab}	17.6^{a}	13.1^{b}	17.0^{a}	0.755	17.1^{ab}	18.2^{ab}	20.2^{a}	16.2^{b}	20.5^{a}	0.752	19.2^{b}	20.4^{ab}	21.9^{a}	22.3^{a}	0.511
粗脂肪/%DM	10.7	11.3	10.3	10.9	10.3	11.8	0.425	11.8^{ab}	11.6^{ab}	10.5^{b}	11.1^{ab}	12.3^{a}	0.341	11.6^{b}	11.8^{b}	13.7^{a}	11.6^{b}	0.407
粗灰分/%DM	4.53^{b}	6.27^{a}	4.97^{b}	4.86^{b}	4.62^{b}	6.54^{a}	0.268	5.97^{a}	5.81^{a}	4.98^{b}	5.56^{a}	5.06^{b}	0.105	6.27^{b}	6.08^{b}	5.65^{b}	7.54^{a}	0.261
粗纤维/%DM M	14.7^{b}	16.0^{ab}	14.4^{b}	15.9^{ab}	14.7^{b}	20.8^{a}	1.074	14.2	15.6	15.4	12.3	14.2	0.933	13.9^{c}	15.6^{bc}	19.9^{a}	18.9^{ab}	0.81
磷/%DM	1.96^{a}	1.21^{b}	1.33^{b}	1.20^{b}	1.41^{b}	1.08^{b}	0.093	1.84^{a}	1.32^{b}	1.39^{b}	1.04^{b}	1.10^{b}	1.364	1.78^{a}	1.18^{b}	1.14^{b}	1.11^{b}	0.126
钾/%DM	6.77^{d}	9.37^{ab}	7.53^{cd}	8.53^{bc}	7.53^{cd}	9.63^{a}	0.219	10.8^{a}	10.2^{a}	7.50^{b}	8.73^{b}	8.20^{b}	0.271	10.5^{a}	9.53^{b}	9.80^{ab}	9.43^{b}	0.18

表 7-12　不同品种猪屎豆青贮样营养成分

	第一组						SEM	第二组					SEM	第三组				SEM
	T4	T6	T7	T8	T9	T15		T1	T3	T10	T11	T12		T2	T5	T13	T14	
水分/%	71.7	70.5	71.9	69.6	72.1	72.2	1.775	71.2	71.3	70.5	72	70.4	1.441	71.4	70.6	70.7	71.1	0.345
粗蛋白质/%DM	39.8^{a}	33.3^{ab}	38.3^{ab}	39.9^{a}	22.9^{c}	31.1^{b}	1.659	38.8^{ab}	42.5^{a}	36.5^{ab}	36.2^{ab}	31.3^{b}	1.607	36.1^{a}	35.4^{ab}	36.5^{a}	33.4^{b}	1.091
中性洗涤纤维/%DM	39.2^{a}	43.2^{a}	37.0^{ab}	29.7^{b}	41.2^{a}	41.1^{a}	1.704	37.2	38.1	40.3	33.7	45.8	3.028	44.4^{a}	41.7^{ab}	37.9^{b}	44.9^{a}	1.216
酸性洗涤纤维/%DM	20.4^{ab}	23.7^{a}	14.9^{c}	17.4^{bc}	24.4^{a}	24.2^{a}	1.018	20.6	17.3	24.2	21.1	23.8	1.702	21.3^{b}	21.7^{b}	22.3^{b}	33.3^{a}	2.159
粗脂肪/%DM	9.11	7.07	9.44	7.61	7.82	8.27	0.64	5.29^{b}	6.49^{ab}	8.22^{a}	6.30^{ab}	8.48^{a}	0.555	7.78	7.33	7.12	7.2	1.065
粗灰分/%DM	15.0^{a}	14.8^{ab}	15.0^{a}	13.6^{b}	14.6^{ab}	6.87^{c}	0.248	14.9	14.8	15	17.1	25.8	0.517	15.8	15.2	14.5	16.1	0.52
粗纤维/%DM	17.6^{c}	22.9^{ab}	14.3^{c}	17.9^{bc}	25.4^{a}	24.2^{ab}	1.33	20.2^{ab}	15.0^{b}	20.4^{ab}	17.1^{b}	25.8^{a}	1.302	20.4^{b}	17.9^{b}	18.7^{b}	28.1^{a}	1.165
磷/%DM	1.61	1.51	1.75	1.75	1.31	1.9	0.145	1.36	1.91	1.44	1.67	1.39	0.14	1.84^{a}	1.31^{b}	1.36^{b}	1.14^{b}	0.061
钾/%DM	8.53^{b}	9.87^{a}	8.87^{ab}	8.70^{ab}	9.33^{ab}	9.60^{ab}	0.25	12.1^{a}	10.7^{ab}	8.57^{c}	9.53^{bc}	9.53^{bc}	0.426	13.2^{a}	11.4^{ab}	8.80^{c}	10.5^{bc}	0.421

表 7-13　不同品种猪屎豆青贮样发酵品质

	第一组						SEM	第二组					SEM	第三组				SEM
	T4	T6	T7	T8	T9	T15		T1	T3	T10	T11	T12		T2	T5	T13	T14	
pH	5.68	6.36	5.83	5.23	6.02	6.49	0.124	6.06	5.82	6.09	5.82	5.99	0.154	6.19^{a}	6.13^{a}	5.40^{b}	6.06^{a}	0.07
挥发性氨态氮/%DM	12.8	16	8.85	9.24	10.9	11.4	2.288	7.56	8.47	7.64	11.1	9.62	2.873	11.4	10.3	8.04	11	0.954
乳酸/（g・kg^{-1}DM）	9.47^{ab}	9.08^{ab}	11.7^{a}	6.87^{ab}	4.24^{b}	5.49^{ab}	1.202	12.2^{a}	8.54^{ab}	10.9^{ab}	6.13^{b}	6.96^{ab}	1.22	4.29^{b}	4.83^{ab}	8.13^{a}	5.20^{ab}	0.782
乙酸/（g・kg^{-1}DM）	4.41^{b}	9.50^{a}	4.43^{b}	5.11^{b}	6.75^{ab}	5.56^{b}	0.803	5.92	6.54	4.79	7.22	6.86	0.653	5.39	4.21	2.84	6.27	0.81
丁酸/（g・kg^{-1}DM）	0.75^{b}	4.06^{a}	2.83^{ab}	2.68^{ab}	2.01^{ab}	2.43^{ab}	0.67	1.55	0.46	1.43	2.35	1.46	0.413	0.32	1.08	2.09	1.71	0.612

表 7-14　不同品种猪屎豆原样体外培养产气、**pH** 及瘤胃发酵情况

项目	第一组						SEM	第二组					SEM	第三组				SEM
	T4	T6	T7	T8	T9	T15		T1	T3	T10	T11	T12		T2	T5	T13	T14	
产气量/（mL/g）	22.5^{b}	25.7^{a}	22.2^{b}	22.0^{b}	25.0^{ab}	24.5^{ab}	0.663	26.2^{a}	22.3^{b}	19.7^{c}	20.5^{c}	20.3^{c}	0.269	21.7^{c}	20.7^{c}	29.0^{a}	23.7^{b}	0.408
pH	7.02^{b}	6.94^{c}	7.09^{a}	7.05^{ab}	6.95^{c}	6.94^{c}	0.015	6.94^{b}	7.04^{a}	7.07^{a}	7.07^{a}	7.05^{a}	0.013	7.07^{a}	7.07^{a}	6.84^{c}	6.98^{b}	0.014
干物质消化率/%DM	45.9^{bc}	49.9^{a}	43.3^{c}	43.3^{c}	46.5^{b}	47.5^{ab}	0.572	49.5^{a}	45.6^{ab}	42.1^{bc}	39.2^{c}	41.1^{bc}	1.105	43.2^{b}	45.1^{b}	56.3^{a}	46.6^{b}	0.823
挥发性氨态氮/（mg/100 mL）	5.2	2.12	2.99	4.85	1.06	0.62	1.907	10.5^{a}	3.49^{ab}	0.93^{b}	7.14^{ab}	3.17^{ab}	2.012	11.2	4.67	1.99	11.1	3.078
乙酸/%	72.3^{b}	72.6^{b}	75.2^{b}	73.2^{a}	72.6^{b}	73.2^{a}	0.096	72.6^{ac}	72.4^{c}	72.4^{c}	73.0^{ab}	73.3^{a}	0.108	72.8^{b}	72.9^{ab}	72.2^{c}	73.1^{a}	0.057
丙酸/%	21.0^{a}	20.8^{a}	21.0^{a}	20.1^{b}	20.7^{a}	20.3^{b}	0.074	21.0^{a}	21.1^{a}	21.1^{a}	20.5^{b}	20.2^{b}	0.093	20.5^{b}	20.5^{b}	22.3^{a}	20.3^{b}	0.064
异丁酸/%	0.68	0.6	0.66	0.69	0.61	0.63	0.06	0.61^{b}	0.69^{a}	0.69^{a}	0.68^{a}	0.68^{a}	0.012	0.71^{a}	0.69^{a}	0.53^{c}	0.64^{b}	0.01
丁酸/%	4.44^{b}	4.59^{a}	4.33^{c}	4.46^{b}	4.61^{a}	4.46^{b}	0.018	4.35^{a}	4.32^{ab}	4.28^{b}	4.31^{ab}	4.35^{a}	0.014	4.39^{b}	4.33^{b}	3.91^{c}	4.48^{a}	0.016
异戊酸/%	0.95	0.83	0.93	0.99	0.88	0.86	0.01	0.85^{b}	0.93^{a}	0.98^{a}	0.96^{a}	0.97^{a}	0.015	1.01^{a}	0.99^{a}	0.60^{b}	0.86^{b}	0.012
戊酸/%	0.58^{a}	0.54^{c}	0.56^{ab}	0.58^{a}	0.54^{c}	0.53^{c}	0.007	0.59^{a}	0.56^{ab}	0.56^{ab}	0.54^{b}	0.56^{b}	0.006	0.58	0.58	0.53	0.54	0.021

表 7-15　不同品种猪屎豆青贮样体外培养产气、**pH** 及瘤胃发酵情况

项目	第一组						SEM	第二组					SEM	第三组				SEM
	T4	T6	T7	T8	T9	T15		T1	T3	T10	T11	T12		T2	T5	T13	T14	
产气量/（mL/g）	18.2^{b}	13.0^{c}	19.7^{ab}	21.5^{a}	14.3^{c}	13.3^{c}	0.491	15.7^{ab}	19.0^{a}	18.7^{a}	17.8^{a}	13.0^{b}	0.73	16.5^{b}	14.3^{b}	26.0^{a}	13.3^{b}	1.017
pH	7.15^{b}	7.32^{a}	7.13^{b}	7.02^{c}	7.29^{a}	7.33^{a}	0.021	7.25^{ab}	7.16^{ab}	7.15^{b}	7.15^{b}	7.30^{a}	0.032	7.23^{a}	7.30^{a}	6.94^{b}	7.35^{a}	0.045
干物质消化率/%DM	39.0^{b}	33.4^{c}	39.5^{b}	46.7^{a}	34.0^{c}	31.5^{c}	0.916	34.8^{ab}	35.4^{ab}	38.7^{a}	40.4^{a}	28.7^{b}	2.08	38.7	30.5	44.3	35.4	3.528
挥发性氨态氮/（mg/100 mL）	4.53	5.89	8.57	3.98	2.96	5.64	2.57	5.23	9.14	11.5	3.67	7.46	2.805	10.2	4.44	2.92	9.29	2.915
乙酸/%	68.5	67.9	67.9	67.8	67.6	68.9	0.461	67.2^{ab}	69.1^{a}	67.8^{ab}	67.0^{b}	67.4^{ab}	0.415	66.8^{b}	68.4^{ab}	69.9^{a}	68.3^{ab}	0.404
丙酸/%	22.4^{ab}	22.9^{ab}	23.2^{ab}	22.7^{ab}	23.8^{a}	21.1^{b}	0.445	23.3^{ab}	21.7^{b}	23.2^{ab}	23.0^{ab}	23.7^{a}	0.407	24.0^{a}	22.0^{bc}	23.8^{ab}	21.8^{c}	0.4
异丁酸/%	1.33^{ab}	1.19^{bc}	1.34^{ab}	1.40^{a}	1.06^{c}	1.30^{ab}	0.036	1.39	1.34	1.33	1.45	1.21	0.062	1.37^{a}	1.33^{a}	0.72^{b}	1.36^{a}	0.058
丁酸/%	4.42^{c}	5.25^{b}	4.43^{c}	4.38^{c}	5.01^{b}	5.61^{a}	0.071	4.79^{a}	4.63^{ab}	4.36^{b}	4.65^{ab}	4.89^{a}	0.081	4.57^{b}	5.18^{a}	4.05^{c}	5.29^{a}	0.096
异戊酸/%	2.36^{ab}	2.11^{bc}	2.27^{ab}	2.55^{a}	1.96^{c}	2.43^{ab}	0.072	2.43^{ab}	2.42^{ab}	2.27^{ab}	2.74^{a}	2.15^{b}	0.108	2.44^{a}	2.42^{a}	0.99^{b}	2.50^{a}	0.105
戊酸/%	0.99^{b}	0.61^{c}	0.89^{b}	1.23^{a}	0.61^{c}	0.66^{c}	0.033	0.83^{ab}	0.85^{ab}	0.96^{ab}	1.12^{a}	0.64^{b}	0.072	0.82	0.67	0.59	0.75	0.054

7.2.3.2 影响屎豆青贮前后粗蛋白质含量变化的因素

粗蛋白质含量是评定粗饲料营养价值的重要指标之一。本试验中，青贮前第一组的 T6（41.8%）、T7（43.7%），第二组的 T1（39.1%），第三组的 T5（39.8%）粗蛋白质含量在各组中最高。青贮后第一组的 T4（39.8%）、T8（39.9%）和第二组的 T3（42.5%）粗蛋白质含量在各组中最高。青贮厌氧发酵过程中，产生大量能够降解碳水化合物的酶类，对青贮原料中纤维素等大分子物质的降解，可使青贮饲料中粗蛋白含量增加（王启芝等，2020）。本研究中，仅有第一组的 T4（前：38.4%，后：39.8%）、T8（前：37.0%，后：39.9%），第二组的 T3（前：37.9%，后：42.5%）在青贮后粗蛋白质含量略有上升，其余样品均呈下降趋势。导致这种情况发生的原因，可能是青贮样中的粗蛋白质受到植物酶的作用，降解为非蛋白氮等，而在微生物的进一步作用下降解为氨，从而影响了植株的粗蛋白含量（穆胜龙等，2018）。氨态氮含量的高低也能够说明青贮饲料中蛋白质分解程度，植物在青贮过程中，会因为酶和微生物的作用而造成蛋白质的降解（荣辉等，2013），在本研究中，猪屎豆青贮过后其氨态氮含量约为 10.29%，与胡海超等对青贮木薯茎叶（8.15%）的研究相比偏高（胡海超等，2021），说明相比木薯茎叶青贮，猪屎豆青贮对蛋白质损耗更多。研究表明，高品质的青饲料的 pH 一般处在 3.8～4.2（王坚等，2014）。在本试验中，猪屎豆青贮后 pH 在 5.2～6.5 之间，相比于王坚等人的研究，本试验中 pH 明显偏高，这也是导致猪屎豆青贮样粗蛋白含量降低的一个重要原因，McDonald（1991）等也曾指出在高的 pH 环境以及梭菌的发酵活动也能够造成大量蛋白质的降解。

7.2.3.3 青贮猪屎豆的发酵品质

本试验中，并没有发现猪屎豆显著的青贮发酵规律，三个组猪屎豆在青贮后的 pH 平均值分别为 5.94、5.96 和 5.95，青贮整体品质相对较差，通过对各组分品种青贮有机酸组成分析发现，尽管各分组中的乳酸含量表现了显

著差异，但并没有显示出变化规律，乙酸和丁酸，在第二组和第三组内，各品种之间也没有发现显著差异。影响青贮品质的因素较为复杂，如植物的刈割阶段，添加剂使用，发酵温度、微生物组成以及原料中可溶性碳水化合物、糖分的含量和种类（李胜开，2017）。

本研究青贮水分约为 70%，贮藏温度在 28 ℃左右，是一个较好的外部环境，有研究表明，牧草的 WSC（水溶性碳水化合物）含量不足，会导致乳酸菌发酵活动受到影响，无法产生足量的乳酸，而在牧草自然青贮过程中，附着在牧草上的乳酸菌数量和种类也是影响青贮发酵品质的一个重要因素（尉志霞，2019）。本研究中总体乳酸含量偏低，约为 7.6 g/kg，而第一组的 T9、第三组的 T2 乳酸含量分别为 4.24 g/kg、4.29 g/kg，显著低于总体乳酸含量约 0.8 个百分点，这表明猪屎豆本身附着的乳酸菌数量及种类较少，同时 WSC 含量也不足，导致其青贮效果较差。牧草的缓冲能也会对其青贮产生一定的影响，有研究指出，豆科牧草的蛋白质含量较高，因而也具有较高的缓冲能，这使得豆科牧草更难青贮（徐春城，2013）。本研究中，猪屎豆样品青贮后总体粗蛋白质含量也在 34.8%左右，这使得猪屎豆拥有较高的缓冲能而影响其青贮效果。尽管如此，T7、T1、T10 的 pH 较低，乳酸含量较高，具有进一步挖掘猪屎豆青贮技术的潜力。

猪屎豆整体产量偏低，基本定位是作为蛋白粗饲料进一步利用，在未来应重点从混合青贮来进一步评价其价值和品质，如与禾本科或高糖粗饲料混合发酵。另一方面，可考虑将其作为发酵型全混合日粮中的一个重要原料来进一步提升其应用价值。

7.2.3.4　影响猪屎豆青贮前后体外培养发酵参数变化的因素

体外产气量可以直观地反映出饲料的可消化性，可以一定程度上反映反刍动物瘤胃中饲料降解特性和微生物的活动趋势，是衡量饲料营养价值的一项重要指标（Son et al.，2003）。本研究中，第一组的 T6（25.7 mL/g）、T9（25.0 mL/g）、第二组的 T1（26.2 mL/g）和第三组的 T13（29.0 mL/g）青贮前在各组中产气量最高，而青贮后第一组的 T8（21.5 mL/g），第二组的 T3（19.0 mL/g）和第三组的 T13（26.0 mL/g）产气量在各组中最高，通过数据对比发现上述几份种质的干物质消化率在该组中也最高。通常情况下，产气量与饲料中干物质消化程度呈正相关（杨晶晶，2020），本实验再次验证了这一现象。据研究发现，体外发酵所产生的气体量与发酵底物中的中性洗涤纤维呈负相关，与饲料中的粗蛋白质含量呈正相关（Nsahlai et al.，1994）。在本试验中，猪屎豆原样的中、酸性洗涤纤维含量略低于青贮样，但粗蛋白质含量及产气量均略高于青贮样，这进一步验证了这个说法。本试验中瘤胃 pH 在 6.8～7.0 之间，处于正常水平，据 Van（1994）的研究，pH 在 6.7±0.5 范围是纤维素分解菌生长和活性的最适宜范围，此外，Sniffen 等人（1992）报告称，瘤胃 pH 大于 6.0 是蛋白质消化的最适宜范围。在反刍动物的碳代谢中，约 66%的碳来自挥发性脂肪酸，是反刍动物进行生命活动的重要碳源，也是产生体脂的原料之一（张华等，2018；王隆等，2022）。研究表明，反刍动物体外干物质的消化率越高，产生的挥发性脂肪酸的浓度就越高，瘤胃的 pH 也就越低（莫放，2011；Stritzler et al.，1998）。相比猪屎豆青贮前后，瘤胃发酵产生的乙酸含量有所降低，而丙酸含量显著升高，这与张雨书等（2022）、Maggiolino 等（2019）对木薯茎叶青贮的研究结果相似。本试验中，从 in vitro 培养发酵参数变化结果来看，第一组的 T4，第二组的 T1、T3 及第三组的 T2、T13 品种都有着较高的蛋白质利用率和干物质消化率。

7.2.4 结论

本试验表明，猪屎豆在单一青贮效果不佳，需结合混合青贮或添加粗促发酵剂来进一步探究其青贮技术。T1（云南玉溪）、T4（海南海口）和 T13（海南东方）品种具有较高粗蛋白质含量和较高的干物质消化率，具有作为培育高产高蛋白牧草的潜力。T13 具有显著偏高的生物量，综上，本研究中 T13（海南东方）品种具有作为新型蛋白饲料资源进一步利用的巨大潜力。

第 8 章　热带地区动物饲养应用

8.1　海南黄牛产业发展中的瓶颈及缓释尿素添加策略的效应评估

海南黄牛是海南岛特有地方肉牛品种，因生长缓慢、饲养成本高等原因制约着产业的发展。近年来，为了提升海南地方肉牛养殖率，研究者们开始推广杂交育肥（施力光等，2018），高精料育肥等措施（吕仁龙等，2020），但这进一步加大了饲养成本，同时降低了牛肉风味，技术推广也面临严峻考验。先行研究中，对育肥期黄牛进行短期饲喂，结果表明日增重约为 0.42～0.56 kg/d（吕仁龙等，2020），饲养效率仍然相对偏低。另一方面，海南岛内粗饲料资源短缺，特别是在冬季，大多养殖场粗饲料依赖岛外运输。因此，近年来，研究者们试图将岛内副产物资源应用于黄牛育肥（如木薯茎叶、渣类、稻草等）。

反刍动物具有将非蛋白氮（NPN）转化为有机氮的功能，在日粮中适当添加 NPN 可以替代部分蛋白质饲料，不仅可以降低饲养成本（Ding 等，2015），还可以改善其生长性能（Milton et al.，1997；Galyean et al.，1996）。近年来，缓释尿素作为肉牛日粮添加剂已被广泛关注（Paris et al.，2013）。然而，尿素的使用存在一定的风险性，尿素在进入反刍动物瘤胃后会快速地被分解，释放大量的氨，过剩的氨进入到血液中会引起动物中毒（赵金怀等，2014）。一些研究表明，在肉牛日粮中添加尿素可以改善瘤胃环境（李玉帅等，2017），提升平均日增重（ADG）、平均日采食量（ADFI）和饲料转化率（FCR）（Wittayakun et al.，2016）。关于尿素的添加量，近年来有很多研究，但结果差异较大，Ghalupa（1968）认为在育肥期肉牛日粮中尿素的添加量不宜超过干物质的 1%，江兰等（2012）的研究认为在 18 月龄利木赞×复洲杂交 F1 公牛日粮中，尿素添加水平应在 0.8%以内，鞠振华（2014）认为在添加量为 1%～1.5%为最适比例，Duff 等（2003）在犊牛日粮中添加尿素，发现在 0.5%添加量时对动物没有产生任何负面影响，而在育肥期牛日粮中，尿素添加量可达到 1.75%。Yee Tong Eah 等（1981）的试验结果显示，青年母牛的日粮中添加 2.1%的尿素可以显著提升母牛日增重和采食量。可见，尿素的添加量和应用方法受到牛品种、年龄、日粮差异的影响。有研究显示，在反刍动物日粮中补充少量缓释尿素后，不会使血液中尿素含量大幅度上升，也不会发生中毒现象（李爱华等，2006）。赵二龙等（2019）的研究也表明在肉牛日粮中补充适当的缓释尿素也不会对血氨浓度产生影响。另一方面，瘤胃内环境的变化会直接影响日粮的消化和营养物质的代谢，缓释尿素的添加会致使瘤胃内 pH 升高，抑制瘤胃微生物活性进而导致其消化代谢缓慢（张娇娇等，2018）。为此，有必要探讨不同缓释尿素添加量对瘤胃环境和血清指标的影响程度，掌握其变动因素，寻求更为安全、高效的利用方法。

8.2 不同比例缓释尿素对海南黄牛生长性能、瘤胃发酵和血清性状的影响

本研究的目的是在海南黄牛育肥日粮中（基础日粮总蛋白含量约为 13.5%）补充不同比例缓释尿素，调查其生长性能，瘤胃液环境和血清指标，明确其最佳补充量和对动物机体影响。

8.2.1 材料与方法

8.2.1.1 日粮组成

本研究日粮组成的精粗比例为 6 : 4，粗饲料由新鲜王草、全株玉米青贮和干稻草组成。王草（热研 4 号）栽培于中国热带农业科学院试验场 12 队黄牛养殖基地（北纬 19.5°，东经 109° 30′，海拔 149 m），在试验期间内每日清晨，选择草高约 2.0 m 时收割。干稻草购买于江西高安市牛根农作物秸秆专业合作社。全株玉米青贮购于海南省东方市红兴玉翔养殖农民专业合作社，精饲料原料（如玉米粉、麸皮、豆粕等）由饲料公司提供。基础日粮原料组成比例和营养成分如表 8-1 所示。

表 8-1 试验日粮组成和营养成分

组成/%DM		营养成分/%DM	
王草	30	粗蛋白质	13.4
干稻草	20	粗脂肪	4.95
玉米青贮	10	中性洗涤纤维	53.8
玉米粉	16	酸性洗涤纤维	30.2
麸皮	10	粗灰分	8.31
豆粕	10		
小苏打	1.5		
碳酸氢钙	2		
预混料	0.5		
合计	100		

注：① 预混料为每千克饲粮提供：维生素 A 15 000 IU、维生素 D 35 000 IU、维生素 E 50 mg、铁 9 mg、铜 12.5 mg、锌 100 mg、锰 130 mg、硒 0.3 mg、碘 1.5 mg。

② 表中营养成分含量数值均为实测值。

8.2.1.2 尿素处理

本试验选用缓释尿素粒（廊坊康普汇维科技有限公司）总氮含量大于

32%，水分约 10%。试验按照缓释尿素在日粮中的补充量（干物质添加量）分 4 个处理组，即无添加组（对照组）、0.25%添加组（处理一）、0.5%添加组（处理二）和 0.75%添加组（处理三）。

8.2.1.3 动物饲养管理

动物试验在中国热带农业科学院儋州科技园区，试验场 12 队黄牛养殖基地进行。选定年龄（平均月龄为 15.6）、体重相近、平均体重为 122.75 kg 的育肥期海南黄牛 20 头（公牛），随机分为 4 组（n = 5），试验牛采用散栏饲养，每日两次饲喂（08 : 30 和 16 : 30），自由采食、饮水和矿盐。日粮加工于每次投喂前，将粗饲料、精饲料、缓释尿素以及添加剂等充分混合后直接投喂。试验日期为 2020 年 4 月 6 日～2020 年 7 月 15 日，其中预饲期为 10 d，正饲期为 90 d。

8.2.1.4 样品采集与化学分析

血液生化指标：试验正饲期的第 90 天早上饲喂之前（08 : 00）和下午饲喂之前（16 : 00）从牛颈静脉采集血液，并将血样低温保存带回实验室，4 000 r/min 离心 10 min，取上清液，采用全自动血液分析仪（迈瑞 BS-220，中国）测定血清中总蛋白（TP）、白蛋白（ALP）、尿素氮（BUN）、总胆固醇（TC）、甘油三酯（TG）和血糖（GLU）含量。

瘤胃液：试验正饲期的第 89 天早上饲喂之前和饲喂后 4 小时，采集实验牛瘤胃液。用牛瘤胃采集器，从黄牛鼻孔插入软皮管直至瘤胃，用真空压力器抽取胃液。样品低温保存带回实验室

8.2.1.5 生长性能测定

所有肉牛从正饲期开始每天记录采食量。在正饲期第 15 日、30 日、45 日、60 日、75 日和第 90 日的饲喂前测定每头牛的体重，并结合平均采食量计算平均日采食量（ADFI）、平均日增重（ADG）和耗料增重比（F/G）。

计算公式：

平均日采食量（ADFI）（kg/d）=（投料量 – 剩料量）/试验天数

平均日增重（ADG）（kg/d）=（末重 – 初重）/试验天数

耗料增重比（F/G）= ADFI/ADG

8.2.1.6　统计分析

试验数据采用 SAS 9.2 GLM 程序进行统计分析，各处理组饲粮营养水平、瘤胃液性状、血液参数、粪便营养成分和肉牛生长性能采用单因素模型统计分析，以 $P<0.05$ 作为差异显著性标准。各处理组黄牛在试验期内总增重变化曲线图用 Excel 作图，并插入标准方差值。

8.2.2　结果

本试验中，基础混合日粮的 CP、NDF 和 EE 含量分别为 13.4%、53.8% 和 6.95%（表 8-1），表 8-2 显示了日粮各组成部分的营养成分，王草、干稻草和青贮玉米的粗蛋白质含量分别为 12.3%、6.55%和 12.1%。

表 8-2　黄牛日粮组成原料成分表

	王草	干稻草	玉米青贮	玉米粉	麸皮	豆粕	SEM
水分/%	82.2^{b}	26.2^{c}	86.5^{a}	16.5^{d}	14.3^{e}	15.5^{d}	4.49
粗蛋白质/%DM	12.3^{c}	6.55^{e}	12.1^{c}	8.10^{d}	17.2^{b}	44.5^{a}	3.96
粗脂肪/%DM	3.29^{d}	3.19^{d}	5.56^{a}	3.85^{b}	3.62^{c}	2.67^{e}	1.04
中性洗涤纤维/%DM	68.4^{b}	69.8^{b}	71.8^{a}	15.2^{d}	45.6^{c}	13.2^{e}	6.58
酸性洗涤纤维/%DM	43.3^{b}	44.7^{a}	41.8^{b}	5.2^{e}	12.8^{c}	10.5^{d}	5.48
粗灰分/%DM	10.7^{b}	12.6^{a}	8.81^{c}	0.92^{f}	5.97^{d}	5.54^{e}	1.05
非纤维碳水化合物/%DM	5.31^{e}	7.86^{a}	1.73^{f}	71.9^{b}	27.6^{d}	34.1^{c}	3.49

注：同行数据肩标不同，小写字母表示差异显著（$P<0.05$），相同或无字母表示差异不显著（$P>0.05$）.a，b。

8.2.2.1　不同缓释尿素添加水平对海南黄牛生长性能的影响

本试验中，各处理组肉牛生长性能如表 8-3 所示，处理二组的总增重

（48.4 kg）显著高于处理三组（$P<0.05$），处理三组的平均干物质采食量显著低于其他三组（$P<0.05$），处理二组的平均日增重最高（0.627 kg/d），显著高于对照组和处理三组（$P<0.05$）。图 8-1 显示了在整个饲养过程中各处理组的增重曲线图，结果显示，在前 60 d，处理三的增重速度显著偏低，在第 60～75 d 之间，增重效果出现了快速升高现象，但在 90 d 试验结束后，处理三组的黄牛增重表现为四个处理组中最低。在饲养前期（0～30 d），处理二、处理三和对照组的增重效果没有产生显著差异，但在 30～90 d 期间，处理三组的增重效果显著高于其他三个处理组，对照组和处理一组在整个饲养期间内表现了相似的生长趋势。

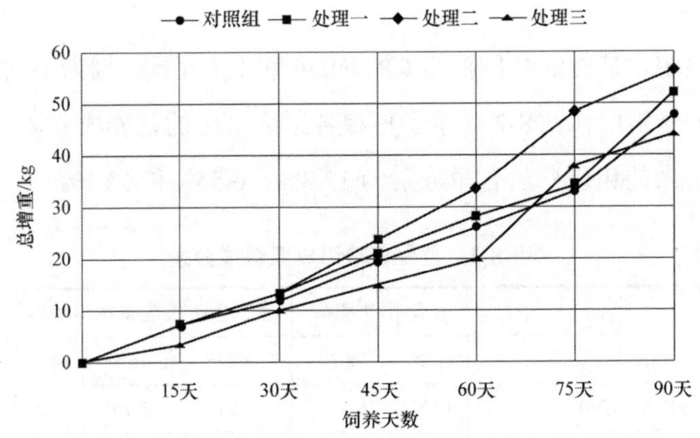

图 8-1 不同饲养天数肉牛的总增重变化

表 8-3 不同尿素添加处理组黄牛生长性能

	对照组	处理一	处理二	处理三	SEM
初重/kg	121.5	123.1	124	122.4	9.79
末重/kg	159	167	172.4	155.3	10.51
总增重/kg	37.5[ab]	43.9[ab]	48.4[a]	32.9[b]	3.2
平均日采食量 /（kg/d）	4.32[a]	4.35[a]	4.35[a]	3.92[b]	0.08
平均日增重 /（kg/d）	0.533 [bc]	0.578 [ab]	0.627 [a]	0.488 [c]	0.02
料重比	8.11	7.49	6.94	8.03	0.32

注：同行数据肩标不同，小写字母表示差异显著（$P<0.05$），相同或无字母表示差异不显著（$P>0.05$）。

8.2.2.2　不同缓释尿素添加水平对海南黄牛瘤胃液性状的影响

表 8-4 表明了各处理组在饲养前后的瘤胃液性状，尿素的添加显著提升了瘤胃液 pH 值，并且在青贮前后呈现了相同趋势。处理二组（0.5%添加）和处理三组（0.75%添加）之间没有显著差异（$P>0.05$）。饲喂前后，处理三组的乙酸浓度显著低于其他组（$P<0.05$）。饲喂后，丙酸浓度随着日粮中缓释尿素添加量的增加而逐渐降低（$P<0.05$）。在饲喂前后，丁酸浓度没有受到缓释尿素添加量的影响（表 8-4）。饲喂前，随尿素添加量增加，瘤胃液的氨态氮逐渐降低（$P<0.05$），饲喂后，在四个处理组之间没有产生显著差异（$P>0.05$）。

表 8-4　各处理组黄牛饲喂前后瘤胃挥发性脂肪酸组成

	对照组	处理一	处理二	处理三	SEM
饲喂前					
pH	7.01^{b}	6.99^{b}	7.07^{ab}	7.23^{a}	0.046
乙酸/mol%	69.4^{a}	71.6^{a}	70.7^{a}	67.5^{b}	1.374
丙酸/mol%	13.1	12.2	11.6	11.3	0.627
异丁酸/mol%	0.77	0.27	0.42	0.52	0.124
丁酸/mol%	2.6	3.18	3.41	3.36	0.237
异戊酸/mol%	4.54^{b}	6.75^{b}	9.74^{ab}	13.1^{a}	1.149
戊酸/mol%	0.11^{c}	0.19^{bc}	0.21^{ab}	0.27^{a}	0.017
氨态氮/mg/dL	14.9^{a}	12.5^{ab}	12.3^{ab}	7.28^{b}	1.352
饲喂后					
pH	6.60^{b}	6.59^{b}	6.95^{a}	6.99^{a}	0.043
乙酸/mol%	78.9^{a}	77.4^{ab}	74.7^{ab}	71.5^{b}	0.801
丙酸/mol%	17.8^{a}	15.9^{ab}	16.6^{ab}	14.3^{b}	0.713
异丁酸/mol%	0.33	0.3	0.44	0.42	0.044
丁酸/mol%	8.1	6.65	7.16	6.48	0.386
异戊酸/mol%	4.01^{b}	5.19^{ab}	4.73^{b}	6.79^{a}	0.401
戊酸/mol%	0.39	0.41	0.39	0.44	0.029
氨态氮/mg/dL	20.7	23.4	30.9	25.6	5.427

注：同行数据肩 $P<$ 标不同，小写字母表示差异显著（$P<0.05$），相同或无字母表示差异不显著（$P>0.05$）。

8.2.2.3 不同缓释尿素添加水平对海南黄牛血清生化指标的影响

在各处理组血清指标方面，无论饲喂前后，各处理组中的葡萄糖（GLU）、甘油三酯（TRIG）、白蛋白（ALB）、球蛋白（GLB）和总胆固醇（CHOL）含量没有显著差异。但是在饲喂前，对照组的尿素氮含量显著高于处理三组，而血清总蛋白含量显著低于其他三个处理组。饲喂后，随日粮中缓释尿素添加量的增加，血清尿素氮含量显著升高（表 8-5）。

表 8-5 不同尿素添加处理组黄牛饲喂前后血清生化指标

	对照组	处理一	处理二	处理三	SEM
饲养前					
葡萄糖 /（mmol/L）	3.38	4.14	4.19	4.12	0.25
尿素氮 /（mmol/L）	5.53^{a}	3.80^{ab}	3.77^{ab}	3.20^{b}	0.48
甘油三酯 /（mmol/L）	0.32	0.23	0.27	0.21	0.03
血清总蛋白 /（g/L）	58.6^{b}	62.1^{ab}	67.8^{a}	61.7^{ab}	1.9
白蛋白 /（g/L）	24.8	27.2	32.5	30.3	2.42
球蛋白 /（g/L）	34.23	33	34.1	30.87	0.95
血球蛋白比	0.66	0.86	0.93	0.98	0.08
总胆固醇 /（mmol/L）	2.61	2.75	2.98	2.77	0.5
饲养后					
葡萄糖 /（mmol/L）	4.18	4.66	4.36	4.23	0.19
尿素氮 /（mmol/L）	4.60^{c}	6.73^{b}	7.57^{ab}	8.17^{a}	0.27
甘油三酯 /（mmol/L）	0.3	0.22	0.28	0.31	0.02
血清总蛋白 /（g/L）	64	59.7	64.3	67.4	1.72
白蛋白 /（g/L）	34.1^{a}	27.8^{b}	33.2^{a}	35.2^{a}	1.03
球蛋白 /（g/L）	29.6	31.6	33	34.5	1.5
血球蛋白比	1.12	0.97	0.95	1.03	0.11
总胆固醇 /（mmol/L）	3.11	2.21	3.93	3.39	0.43

注：同行数据肩标不同，小写字母表示差异显著（$P<0.05$），相同或无字母表示差异不显著（$P>0.05$）。

8.2.3 讨论

缓释尿素作为一种较好的非蛋白饲料，具有可以在瘤胃内增强瘤胃微生

物合成蛋白的能力（Goulart et al.，2013），但其利用方法受到很多因素的影响（赵二龙等，2019；Tayloredwards et al.，2009），赵二龙等（2019）的试验选用了 7 月龄西门塔尔杂交牛进行缓释尿素添加试验，结果表明其最宜添加量为 1.87%。马威等（2011）在利木赞杂交育肥牛日粮中补充淀粉糊化尿素，结果显示最佳添加量为 1.6%。张娇娇等（2018）认为西杂牛和牦牛日粮中尿素含量在 1%比较合适。另一方面，瘤胃内过量尿素会导致氨中毒（Emmanuel et al.，2015），存在较高饲养风险。由于本试验选用黄牛体重偏小，此外，在我们的预备试验中，设定了三个基础日粮粗蛋白水平，分别为 10%、12.5%和 15%，在每个处理组都加了 0.5%的尿素，结果显示，在 12.5%和 15%处理组中，肉牛日增重显著偏高。因此，本试验设定的基础日粮蛋白为 13.5%，缓释尿素添加量最高设定为 0.75%。

8.2.3.1　不同缓释尿素添加水平对海南黄牛生长性能的影响

在本试验中，不同的缓释尿素添加量显著影响了 ADFI 和 ADG，在 0.5%添加量条件下，ADG 显著增高。多项研究已经表明，日粮中适量补充尿素可以显著提升反刍动物的 ADG，其根本原因是尿素使瘤胃降解蛋白的增加，促进了瘤胃微生物活性，增加了营养吸收（Wittayakun et al.，2016；Sampaio et al.，2010）。也有研究表明，添加适当的尿素会有助于提升干物质消化率，而添加过高的尿素，会抑制干物质消化率（谭支良等，2004）。此外，我们对各处理组黄牛粪便进行了检测，发现在处理一组和处理二组中，粪的氮含量显著偏低这表明，部分尿素转化为蛋白质被代谢吸收。本试验中，处理三组（0.75%添加）中，ADFI 和 ADG 显著降低，首先是因为较高的尿素添加量影响了日粮的适口性（Burque et al.，2008），较高的尿素浓度降低了瘤胃微生物活性，降低了日粮在瘤胃内的干物质和中性洗涤纤维消化率（Koster et al.，2002；Kropp et al.，1977），其次是因为添加高比例的尿素后，瘤胃内作用于合成微生物蛋白的肽、氨基酸等供应不足，限制了微生物蛋白的合成（Shain et al.，1998），进而影响了瘤胃中的能量与氮平衡（Westwood et al.，2000）。

8.2.3.2 不同缓释尿素添加水平对海南黄牛血清生化指标的影响

血清中葡萄糖含量反映了动物机体糖类代谢以及动态平衡状态，反刍动物机体有较强调节葡萄糖水平的能力（李义书等，2018），本试验中，葡萄糖在饲养前后各处理组之间没有显著差异，这表明不同尿素添加下没有对其糖类代谢产生影响。BUN是反刍动物体内N代谢的产物，其含量的高低反映了蛋白质代谢以及肾脏和日粮中氮含量的动态平衡关系（赵二龙等，2019），在饲喂后，随着尿素添加量升高，由于日粮中的N含量显著升高，在肉牛体内经过代谢后，BUN含量显著升高。在饲喂前，BUN含量随尿素添加量增加而逐渐降低，特别是在处理三组（0.75%添加量）中表现为最低，仅为3.20 mmol/L，这表明了尿素的补充显著提升了黄牛体内的氮代谢效率（李改英等，2015），在粪便中，我们发现在处理三组（0.75%添加组）的粗蛋白质含量最高，这也说明较高的尿素添加量抑制了日粮中蛋白质消化，日粮中未被代谢的N随着粪便排出体外。日粮中的氮在瘤胃内降解后，氨的释放速度与瘤胃微生物利用氨合成菌体蛋白速度匹配时，瘤胃内氨保持稳定的同时会降低血清尿素氮含量（赵二龙等，2019）。血清中总蛋白间接反映了动物对蛋白质的吸收程度和免疫状态（刘圈炜等，2012），本研究结果表明，添加缓释尿素后，经过代谢，总蛋白显著升高（$P<0.05$），这说明缓释尿素提升了蛋白质代谢水平，对营养吸收起到了积极作用，特别是在处理二组（67.8 g/L），显著高于其他处理组（$P<0.05$）。在饲喂过后血清白蛋白含量在尿素添加组显著升高，这也是由于动物采食的氮含量升高。

8.2.3.3 不同缓释尿素添加水平对海南黄牛瘤胃液性状的影响

研究表明，瘤胃液pH随着瘤胃内可消化蛋白含量升高而升高（马陕红等，2006），此外，瘤胃内的尿素含量越高会导致脲酶活性越高，脲酶在瘤胃内释放更多的氨，氨在瘤胃内溶解后呈碱性，会导致瘤胃pH进一步升高（徐作明等，2009）。这解释了本试验中，饲喂前后的处理二和处理三组的

pH 都显著升高的原因。瘤胃液中的 VFA 是有机物在消化过程中的主要产物，反映了瘤胃环境（NRC，2001），在饲养后，乙酸、丙酸、丁酸等有机酸会快速上升，在本试验中，饲喂后的瘤胃液内乙酸和丙酸含量显著高于饲喂前。在饲喂后，处理三组中的乙酸和丙酸含量有显著降低的趋势（$P<0.05$），这也是由于氨在瘤胃内的碱性中和了部分有机酸的氢离子，在肉牛日粮中补充适量尿素可能会降低有机酸总含量，这个现象或许可在高精料育肥后期得到有效应用。此外，瘤胃内 VFA 的含量也是反应消化代谢活跃度的重要指标，在三个添加组中，0.25%和 0.5%添加下的乙酸，丙酸含量都显著偏高（$P<0.05$）。这也说明，少量的缓释尿素添加量可以为黄牛的育肥提供丰富的脂肪合成底物（张娇娇等，2018）。瘤胃内氨态氮是合成瘤胃微生物菌体蛋白的主要原料，其含量受日粮结构的影响，有报告已经指出尿素可以提升瘤胃内氨态氮的浓度（Kropp et al.，1977），本研究中，在饲养后，缓释尿素的添加没有影响氨态氮的浓度（$P>0.05$），而在饲喂前，随尿素添加量增加氨态氮浓度显著降低（$P<0.05$），这证明，无论日粮中缓释尿素添加量的高低，日粮中蛋白在瘤胃内早期的降解和微生物合成菌体蛋白的效率是相近的（李龙瑞等，2012；张吉鹍等，2004）。在高缓释尿素添加组中，日粮中较高的非蛋白氮随着消化代谢时间的增加，使合成菌体蛋白效率上升，而降低了氨态氮浓度。另外，这个现象也可能与体内氮代谢和基础日粮组成相关，将有待进一步证实。

8.2.4　结论

尿素可以为反刍动物提供廉价的蛋白源，在海南黄牛（育肥期）日粮中（基础日粮粗蛋白质为 13.5%）补充 0.5%缓释尿素可以显著提升育肥期黄牛生长性能，且对血清指标和瘤胃液性状没有产生负面影响。尿素的利用和添加比例也与动物的基础日粮存在一定相关性，在生产应用中，要结合基础日粮组成，动物日龄等因素来综合确定。

第 9 章　海南地方猪精准饲养及发酵木薯饲料化应用技术

9.1　技术基本情况

9.1.1　技术研发背景

9.1.1.1　海南地方猪饲料转化率低、生长速度缓慢、瘦肉率低

生长速度缓慢是海南地方猪种面临的一个主要问题，一些地方猪如五指山猪平均日增重甚至远低于 500 g/d，而国外猪种大白猪、长白猪、杜洛克猪生长速度普遍在 900 g/d 左右，两者差距明显。海南地方猪生长速度缓慢导致养殖周期长、饲料消耗量大。加之海南地方猪的饲料采用的是外三元猪种的饲料，尽管外三元猪种饲料营养水平高，但由于品种特性原因，海南地方猪饲料转化率低（料肉比高达 3.5），瘦肉率偏低，进一步加重了养殖成本高。

9.1.1.2　海南地方猪缺乏营养需要量标准，造成饲料配方设计盲目

与中国其他品种地方猪面临的问题类似，由于对海南地方猪缺乏系统的科学研究，造成海南地方猪各个生长阶段营养需要量不明确，尤其是决定饲

料成本的能量和蛋白质需要量研究极其匮乏，导致不能充分挖掘海南地方猪耐粗饲的特性，一定程度上造成饲料资源浪费，影响海南地方猪的养殖效益。以屯昌猪饲料配方设计为例，尽管已有《屯昌黑猪（商品猪）饲养技术规程》省级地方标准，但随着养殖技术的发展及技术规程制定时间久远等问题，现有的饲养标准无法满足实际生产需要，造成屯昌猪的配方设计主要是参照美国 NRC 饲养标准，甚至养殖户依赖个人经验配制饲料或采用外三元猪的饲料。由于屯昌猪具有较好的耐粗饲和抗逆性，在体型、消化、生理代谢方面与外三元猪存在明显差异，参照外三元猪营养需求标准设计出的饲料不符合屯昌猪的营养需要，这一定程度上造成饲料浪费，影响屯昌猪养殖效益。除了影响经济效益外，缺乏科学性指导的饲料营养水平对屯昌猪的肉品质和瘦肉率也会产生负面影响。

9.1.1.3　海南地方猪养殖模式较为传统粗放

海南地方猪面临规模化养殖场小、散、弱的局面，小规模的基地型饲养方式仍占相当大的比重。海南地方猪饲养管理粗放，舍饲与放养相结合是海南地方猪典型饲养模式。

9.1.1.4　地缘性饲料挖掘潜力大

地缘性饲料资源挖掘和利用是降低养殖成本的关键因素，特别是降低中小养殖场（户）养殖成本方面，会起到最直接、最明显效果，也是我省中小地方养殖户的最迫切需求。针对中小养殖户，开发地缘性饲料饲养标准有利于促进乡村振兴，提升养殖户增收，也为地方养殖户注入养殖动力。我省粗饲料，副产物资源丰富，挖掘其饲用价值对养殖产业具有重大意义。

9.1.1.5　发酵木薯饲料化潜力

木薯在我省有一定种植面积，栽培技术简单，块根产量较大，且能量高，是替代猪日粮中能量原料（玉米）的优质资源。新鲜木薯中含有氢氰酸等非营养物质，但在经过发酵后会分解。我省地方猪食性广，发酵木薯在饲料化上具有较高潜力，且前期初步研究已经在采食量上得到了充分论证。

9.1.1.6 闲置土地利用

在我省部分市县的村镇周边，其主要栽培作物具有一定季节性，并且也有部分闲置土地，可利用这些土地栽培木薯，用于附近养殖户饲喂黑猪。这不仅可提升土地利用率，还可以降低养猪成本，调动养殖户积极性，提升劳动力效率。

9.1.2 技术试验一，25～50 kg 阶段能量需要量的研究

研究 25～50 kg 生长阶段海南黑猪能量需要量，通过评估不同能量水平对海南黑猪生长性能及肉品质等指标的影响，明确该生长阶段最适能量需要量。

（1）试验设计

选取健康体况相近的屯昌猪 48 头，随机分为 4 个能量水平处理组，即 9.82 MJ/kg、9.57 MJ/kg、9.32 MJ/kg 和 9.07 MJ/kg。每个分为 6 个水平，每个水平 2 头猪。

（2）试验结果

① 不同能量水平对屯昌黑猪生长性能及肉品质的影响

实验结果显示（表 9-1），与国家推荐标准水平 9.82 MJ/kg 组相比，饲喂净能水平为 9.57、9.32 或者 9.07 MJ/kg 的日粮均不影响黑猪末重及增重。表明 25～50 kg 阶段饲喂 9.07 MJ/kg 日粮可满足黑猪能量需要量。

表 9-1 不同能量水平对屯昌黑猪生长性能的影响

项目	9.82 MJ/kg	9.57 MJ/kg	9.32 MJ/kg	9.07 MJ/kg	P 值
初始体重/kg	26.40±2.48	26.43±2.25	26.46±2.30	26.40±1.82	1.000 0
最终体重/kg	60.88±2.14	56.05±3.11	56.25±2.60	60.42±2.77	0.436 5
平均日采食量 /（kg/d）	1.96±0.11^{ab}	1.94±0.09^{ab}	1.90±0.08^{b}	2.34±0.12^{a}	0.018 2
平均日增重 /（g/d）	555.29±20.13	518.39±13.35	487.49±15.11	543.91±27.73	0.109 0
饲料增重比 /（kg/kg）	3.57±0.08	4.45±0.77	4.02±0.11	4.35±0.12	0.412 7

② 不同能量水平对屯昌黑猪肉品质的影响

与国家推荐标准水平 9.82 MJ/kg 组相比，饲喂净能水平为 9.32 或者 9.07 MJ/kg 的日粮黑猪的肉色亮度和剪切力都有显著降低或者有降低的趋势（表 9-2）。表明 25～50 kg 阶段饲喂 9.32 或者 9.07 MJ/kg 日粮可改善黑猪的肉品质。

表 9-2　不同能量水平对屯昌黑猪肉品质的影响

项目	9.82 MJ/kg	9.57 MJ/kg	9.32 MJ/kg	9.07 MJ/kg	*P* 值
$pH_{45\ min}$	6.05±0.13	5.84±0.12	6.02±0.17	6.20±0.03	0.295 7
$pH_{24\ h}$	5.15±0.03	5.16±0.03	5.18±0.08	5.10±0.06	0.700 6
滴水损失/%	3.47±0.79	4.52±1.97	6.30±1.37	3.23±0.17	0.364 2
肉色红度（a*）	3.18±0.69	3.71±0.55	3.76±0.62	4.26±0.56	0.665 6
肉色黄度（b*）	7.32±0.54	8.87±0.44	9.79±2.64	5.91±1.24	0.292 7
肉色亮度（L*）	44.98±1.27 ^{a}	45.64±1.27 ^{a}	29.58±6.42 ^{b}	33.70±5.83 ^{ab}	0.031 7
剪切力（N）	54.78±2.12 ^{ab}	62.09±1.41 ^{a}	45.60±2.50 ^{b}	51.65±1.68 ^{b}	0.002 4

③ 不同能量水平对屯昌黑猪屠宰性能的影响

试验结果显示，不同能量水平对屯昌黑猪屠宰性能无显著的影响（表 9-3）。

表 9-3　不同能量水平对屯昌黑猪屠宰性能的影响

项目	9.82 MJ/kg	9.57 MJ/kg	9.32 MJ/kg	9.07 MJ/kg	*P* 值
胴体重/kg	44.30±1.12	40.17±1.52	44.73±1.20	43.93±1.07	0.103 0
屠宰率/%	73.59±1.82	72.00±1.43	73.59±1.20	74.50±1.66	0.722 7
瘦肉率/%	40.48±2.20	44.68±1.27	44.89±1.05	45.33±0.92	0.140 3
体脂率/%	36.05±2.47	34.27±2.66	33.58±1.10	30.32±2.58	0.406 5
皮率/%	11.46±3.73	10.00±3.13	7.24±2.50	11.22±2.96	0.765 8
骨率/%	13.04±0.34	12.17±0.51	13.53±0.51	12.35±1.01	0.458 2
背膘厚/mm	46.25±3.60	43.73±4.17	49.03±2.93	47.28±7.45	0.887 8
眼肌面积/cm^2	11.25±1.28	13.52±0.90	10.16±1.11	11.78±2.97	0.618 3

上述研究结果表明屯昌黑猪 25～50 kg 阶段饲喂净能水平为 9.07 MJ/kg

的日粮即可满足生长需要。试验结果对黑猪能量需求和日粮配制技术提供了指引。

9.1.3 技术试验二，发酵木薯发酵品质与毒素检测

发酵木薯块根经过6个月密封发酵后，pH平均为3.8，表现了较强酸性，未检测出霉菌毒素，确认了发酵木薯的安全性（表9-4）。

表 9-4 发酵木薯毒素检测

指标	氰化物	菌落总数	黄曲霉毒素 B1	玉米赤霉烯酮	呕吐毒素
木薯干卫生标准	≤100 mg/kg	3.9×10^4 CFU/kg	≤30 μg/kg	≤1 mg/kg	≤5 mg/kg
发酵木薯	未检出	3.9×10^4 CFU/kg	未检出	未检出	未检出

9.1.4 技术试验三，不同比例发酵木薯替代玉米对黑猪适口性和采食量

采用完全随机分组设计，保证各组饲料能值和粗蛋白及氨基酸水平一致，研究发酵木薯替代玉米的不同比例，对生长性能的影响。

各处理组替代比例见表9-5。

表 9-5 各处理组发酵木薯替代玉米比例

组别	处理方式	备注
1	发酵木薯替代 0 玉米	粉末，形成湿拌料再饲喂
2	发酵木薯替代 25%玉米	湿拌料，发酵木薯
3	发酵木薯替代 50%玉米	湿拌料，发酵木薯

选择育肥期屯昌黑猪150头，平均体重45 kg，随机分为三组，按照不同替代方案进行饲喂，针对生长性能，肠道微生物等开展试验。

与对照组相比，50%发酵木薯严重影响了猪采食量，且猪出现不良反应；25%发酵木薯添加组育肥猪的采食量没有显著差异，在饲喂30 d后，实验组平均末重未观察出显著差异，且饲喂期间未发生不良反应。

在另一项验证性试验中，采用 50 kg 阶段海南黑猪，发酵木薯替代了 10%玉米，结果也表现了较好的采食量，与对照组相比，采食量，末重和平均日增重均没有显著差异。

9.1.5　技术试验四，发酵木薯替代部分商品全价料的试验

我省中小型地方猪养殖户大部分是从饲料商店直接购得全价商品饲料进行饲喂，自身没有加工混合饲料能力，故用发酵木薯直接替代商品饲料的方式将更简单，直接地降低饲养成本。

试验方案：在养殖场随机选定 30 只平均体重 40 kg 屯昌黑猪，随机分为三组。对照组仅饲喂商品化全价饲料，处理一组用发酵木薯替代 5%全价料，处理二组替代 10%全价料，处理三组替代 15%全价料。结果显示在经过 28 天饲喂后，对照组和处理一组、处理二组的平均体重未表现出显著差异，但处理二组略有下降。本试验表明，在 40～45 kg 饲养阶段，发酵木薯替代全价料 10%对生长新性能不显著，可作为中小养殖户降低饲养成本的替代方案。

9.2　技术要点

9.2.1　木薯块根采收，粉碎及发酵技术

木薯主要栽培于中小型养殖场户周边的撂荒地，闲置土地，在生长过程中保证水分即可，采收期人工采收，收割的木薯块根简单清洁后，带皮直接经粉碎机切割即可。切割后直接装入发酵桶，并添加促发酵剂，密封发酵 120 d 以上。

9.2.2　发酵木薯块根替代玉米的日粮配制技术

采用发酵木薯块根替代玉米的日粮配制技术需注意以下几点。

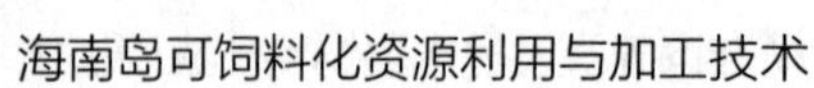

（1）木薯经过发酵以后淀粉含量下降，导致能值降低，在配制饲料时要充分考虑这点，以免能量不够。

（2）不同批次发酵木薯水分和干物质含量波动大，因此使用时要估测水分，以保日粮水分保持稳定。

（3）木薯本身氨基酸不平衡，发酵木薯配制需要适当补足氨基酸。

（4）发酵木薯酸度高，会造成口腔黏膜损伤和适口性下降，替代比例不可过高。

9.2.3 发酵木薯饲喂与保健技术

采用发酵木薯饲喂与保健技术需注意以下几点。

（1）定期检测发酵木薯的品质，避免发酵木薯酸败现象的产生。

（2）发酵木薯与其他饲料混合均匀后及时检测混合后饲料的酸度（以 pH = 4.0～6.0 为宜）。

（3）随时观察生猪粪便的形状，若有腹泻等症状，要及时排查是否是发酵木薯混合饲料所致。

（4）定期检测生猪的采食量、日增重等指标，直观分析发酵木薯的饲喂效果。

（5）饲喂一段时间后，对饲喂发酵木薯和正常饲料的生猪进行耳缘静脉采血，通过免疫指标（免疫球蛋白 A、G、M）和抗氧化指标（超氧化物歧化酶、谷胱甘肽过氧化物酶、丙二醛等）的变化从内分泌系统判断生猪的健康状况。

参考文献

［1］Duke J. Handbook of legumes of world economic importance［M］. Boston MA: Springer US, 1981.

［2］Kirkby E A. Principles of plant nutrition［M］. Dordreccht: Springer Science & Business Media, 2001.

［3］McDonald P, Henderson A R, Heron S J E. The biochemistry of silage［M］. UK: Chalcombe publications, 1991.

［4］National Research Council, Committee on Animal Nutrition, Subcommittee on Dairy Cattle Nutrition. Nutrient requirements of dairy cattle: 2001［M］. Washington, DC: National Academies Press, 2001.

［5］Shrestha P. Enhanced bioprocessing of lignocellulose: Wood-rot fungal saccharification and fermentation of corn fiber to ethanol［M］. Iowa State University, 2008.

［6］Statistical Analysis System(SAS). SAS/STAT 9.1 User's Guide［M］. Cary, NC: SAS Institute Inc., 2004.

［7］Van Soest P J. Nutritional ecology of the ruminant［M］. Isaka City: Cornell University Press, 1994.

［8］冯仰廉. 反刍动物营养学［M］. 北京：科学出版社，2004.

［9］郭成金. 实用蕈菌生物学［M］. 天津：天津科学技术出版社，2014.

［10］陆景陵. 植物营养学（上册）［M］. 2 版. 北京：中国农业大学出版社，2003.

［11］莫放. 反刍动物营养需要及饲料营养价值评定与应用［M］. 北京：中国农业大学出版社，2011.

［12］强胜. 植物学［M］. 北京：高等教育出版社，2006.

［13］肖杰. 海南省畜禽遗传资源志［M］. 海口：海南出版社，2011.

［14］徐春城. 现代青贮理论与技术［M］. 北京：科学出版社，2013.

［15］中国土壤学会农业化学专业委员会. 土壤农业化学常规分析方法［M］. 北京：科学出版社，1983.

［16］自给饲料品质评价研究会. 粗饲料品质评价手册［M］. 东京：日本草地畜产种子协会，2001.

［17］Abatan O, Oni A O, Adebayo K, et al. Effects of supplementing cassava peels with cassava leaves and cowpea haulms on the performance, intake, digestibility and nitrogen utilization of West African Dwarf goats［J］. Tropical animal health and production, 2015, 47: 123-129.

［18］Abd El - Hack M E, Alagawany M, Amer S A, et al. Effect of dietary supplementation of organic zinc on laying performance, egg quality and some biochemical parameters of laying hens［J］. Journal of animal physiology and animal nutrition, 2018, 102(2): 542-549.

［19］Abdou N, Nsahlai I V, Chimonyo M. Effects of groundnut haulms supplementation on millet stover intake, digestibility and growth performance of lambs［J］. Animal feed science and technology, 2011, 169(3-4): 176-184.

［20］Abouelezz K, Yuan J, Wang G, et al. The nutritive value of cassava starch extraction residue for growing ducks［J］. Tropical Animal Health and Production, 2018, 50(6): 1231-1238.

［21］Adhianto K, Hamdani M, Muhtarudin M. The effect of palm oil waste based rations enriched with cassava leaves silage and organic micro minerals on growth and nutrients digestibility of goat [J]. Advances in Animal and Veterinary Sciences, 2020, 8(11): 1154-1160.

[22] Aguirre-Fernández P A, Acosta-Pinto L M, Cardozo-Corzo L D, et al. Nutritional evaluation of silage with coffee(Coffea Arabica L.)cherry for ruminant supplementation [J]. Acta Agronómica, 2018, 67(2): 326-332.

[23] Ahmad N, Hasan Z A A, Muhamad H, et al. Determination of total phenol, flavonoid, antioxidant activity of oil palm leaves extracts and their application in transparent soap [J]. J. Oil Palm Res, 2018, 30(2): 315-325.

[24] Aiman-Zakaria A, Yong-Meng G, Ali-Rajion M, et al. The influence of plant polyphenols from oil palm(Elaeis guineensis Jacq.)leaf extract on fermentation characteristics, biohydrogenation of C18 PUFA, and microbial populations in rumen of goats: in vitro study [J]. Acta Agriculturae Scandinavica, Section A—Animal Science, 2017, 67(1-2): 76-84.

[25] Alli I, Fairbairn R, Noroozi E, et al. The effects of molasses on the fermentation of chopped whole-plant leucaena [J]. Journal of the Science of Food and Agriculture, 1984, 35(3): 285-289.

[26] Al - Rukibat R, Ismail Z, Al - Zghoul M B, et al. Establishment of reference intervals of selected blood biochemical parameters in Shami goats [J]. Veterinary Clinical Pathology, 2020, 49(4): 665-668.

[27] Anaeto M, Sawyerr A F, Alli T R, et al. Cassava leaf silage and cassava peel as dry season feed for West African dwarf sheep [J]. Global journal of science frontier research agriculture and veterinary sciences, 2013, 13(2): 1-4.

[28] Andrews N J. Board self-evaluation process [J]. Journal of Healthcare Management, 2006, 51(1): 60-66.

［29］ Arowolo M A, He J. Use of probiotics and botanical extracts to improve ruminant production in the tropics: A review［J］. Animal Nutrition, 2018, 4(3): 241-249.

［30］ Astuti T, Juandes P, Yelni G, et al. The Effect of a Local Biotechnological Approach on rumen fluid characteristics(pH, NH 3, VFA)of the oil palm fronds as ruminant feed［J］. International Journal of Agriculture Innovations & Research, 2015, 3(6): 2319-1473.

［31］ Astuti T, Rofiq M N, Nurhaita N. Evaluasi kandungan bahan kering, bahan organik dan protein kasar pelepah sawit fermentasi dengan penambahan sumber karbohidrat［J］. Jurnal Peternakan, 2017, 14(2): 42-47.

［32］ Astuti W D, Fidriyanto R, Ridwan R, et al. In vitro rumen fermentation of oil palm frond with addition of Lactobacillus plantarum as probiotic［J］. IOP Conference Series Earth and Environmental Science, 2019, 387(1): 012093.

［33］ Baytok E, Aksu T, Karsli M, et al. The effects of formic acid, molasses and inoculant as silage additives on corn silage composition and ruminal fermentation characteristics in sheep［J］. Turkish Journal of Veterinary & Animal Sciences, 2005, 29(2): 469-474.

［34］ Bergman E N. Energy contributions of volatile fatty acids from the gastrointestinal tract in various species［J］. Physiological reviews, 1990, 70(2): 567-590.

［35］ Bizzuti B E, de Abreu Faria L, da Costa W S, et al. Potential use of cassava by-product as ruminant feed［J］. Tropical Animal Health and Production, 2021, 53(1): 108.

［36］ Brhanu A, Gebremariam T. Using khat (Catha edulis) leftover meal as feed for sheep: its implication on feed intake, digestibility and growth

[J]. Online Journal of Animal and Feed Research, 2019, 9(5): 191-197.

[37] Buranakarl C, Thammacharoen S, Semsirmboon S, et al. Effects of replacement of para-grass with oil palm compounds on body weight, food intake, nutrient digestibility, rumen functions and blood parameters in goats [J]. Asian-Australasian Journal of Animal Sciences, 2020, 33(6): 921.

[38] Burque A R, Abdullah M, Babar M E, et al. Effect of urea feeding on feed intake and performance of male buffalo calves[J]. J. Anim. Pl. Sci, 2008, 18(1): 1-6.

[39] Cai Y, Benno Y, Ogawa M, et al. Effect of applying lactic acid bacteria isolated from forage crops on fermentation characteristics and aerobic deterioration of silage[J]. Journal of Dairy Science, 1999, 82(3): 520-526.

[40] Cai Y. The role of lactic acid bacteria in the preparation of high fermentation quality [J]. Grassland Science, 2001, 47(5): 527-533.

[41] Campagnoli A, Dell'Orto V. Potential application of electronic olfaction systems in feedstuffs analysis and animal nutrition [J]. Sensors, 2013, 13(11): 14611-14632.

[42] Cao Y, Cai Y, Takahashi T, et al. Effect of lactic acid bacteria inoculant and beet pulp addition on fermentation characteristics and in vitro ruminal digestion of vegetable residue silage [J]. Journal of Dairy Science, 2011, 94(8): 3902-3912.

[43] Cao Y, Takahashi T, Horiguchi K, et al. Effect of adding lactic acid bacteria and molasses on fermentation quality and in vitro ruminal digestion of total mixed ration silage prepared with whole crop rice [J]. Grassland Science, 2010, 56(1): 19-25.

[44] Cao Y, Takahashi T, Horiguchi K, et al. Methane emissions from sheep fed fermented or non-fermented total mixed ration containing whole-crop

rice and rice bran [J]. Animal Feed Science and Technology, 2010, 157(1-2): 72-78.

[45] Castellanos R, Altamirano S B, Moretti R H. Nutritional characteristics of cassava(Manihot esculenta Crantz)leaf protein concentrates obtained by ultrafiltration and acidic thermocoagulation [J]. Plant Foods for Human Nutrition, 1994, 45: 357-363.

[46] Catchpoole V R, Henzell E F. Silage and silage-making from tropical herbage species [J]. Herbage Abstracts, 1971, 41: 2132-2139.

[47] Chalupa W. Problems in feeding urea to ruminants [J]. Journal of Animal Science, 1968, 27(1): 207-219.

[48] Chang V S, Nagwani M, Holtzapple M T. Lime pretreatment of crop residues bagasse and wheat straw [J]. Applied Biochemistry and Biotechnology, 1998, 74: 135-159.

[49] Chanjula P, Cherdthong A. Effects of spent mushroom Cordyceps militaris supplementation on apparent digestibility, rumen fermentation, and blood metabolite parameters of goats [J]. Journal of Animal Science, 2018, 96(3): 1150-1158.

[50] Chumpawadee S, Leetongdee S. Effect of level of cassava pulp in fermented total mixed ration on feed intake, nutrient digestibility, ruminal fermentation and chewing behavior in goats [J]. Songklanakarin Journal of Science & Technology, 2020, 42(4): 753-758.

[51] Crawshaw R, Thorne D M, Llewelyn R H. The effects of formic and propionic acids on the aerobic deterioration of grass silage in laboratory units [J]. Journal of the Science of Food and Agriculture, 1980, 31(7): 685-694.

[52] Cunniff P, Washington D. Official methods of analysis of AOAC International [J]. J. AOAC Int, 1997, 80(6): 127.

[53] da Silva L O, de Carvalho G G P, Tosto M S L, et al. Digestibility, nitrogen metabolism, ingestive behavior and performance of feedlot goats fed high-concentrate diets with palm kernel cake [J]. Livestock Science, 2020, 241: 104226.

[54] Dahlan I. Oil palm frond, a feed for herbivores [J]. Asian-Australasian Journal of Animal Sciences, 2000, 13: 300-303.

[55] Dang H L, Lv R, Obitsu T, et al. Effect of replacing alfalfa hay with a mixture of cassava foliage silage and sweet potato vine silage on ruminal and intestinal digestion in sheep [J]. Animal Science Journal, 2018, 89(2): 386-396.

[56] Danner H, Holzer M, Mayrhuber E, et al. Acetic acid increases stability of silage under aerobic conditions [J]. Applied and Environmental Microbiology, 2003, 69(1): 562-567.

[57] Ding L M, Lascano G J, Heinrichs A J. Effect of precision feeding high-and low-quality forage with different rumen protein degradability levels on nutrient utilization by dairy heifers [J]. Journal of Animal Science, 2015, 93(6): 3066-3075.

[58] Do H Q, Son V V, Hang B P T, et al. Effect of supplementation of ammoniated rice straw with cassava leaves or grass on intake, digestibility and N retention by goats [J]. Livestock Research for Rural Development, 2002, 14(3): 29.

[59] Duff G C, Malcolm-Callis K J, Galyean M L, et al. Effects of dietary urea concentration on performance and health of receiving cattle and performance and carcass characteristics of finishing cattle [J]. Canadian journal of animal science, 2003, 83(3): 569-575.

[60] Dung N T, Mui N T, Ledin I. Effect of replacing a commercial concentrate with cassava hay (*Manihot esculenta* Crantz) on the performance of

growing goats [J]. Animal Feed Science and Technology, 2005, 119(3-4): 271-281.

[61] Ebrahimi M, Rajion M A, Goh Y M, et al. Impact of different inclusion levels of oil palm(Elaeis guineensis Jacq.)fronds on fatty acid profiles of goat muscles [J]. Journal of Animal Physiology and Animal Nutrition, 2012, 96(6): 962-969.

[62] Ebrahimi M, Rajion M A, Meng G Y, et al. Feeding oil palm(Elaeis guineensis, Jacq.) fronds alters rumen protozoal population and ruminal fermentation pattern in goats [J]. Italian Journal of Animal Science, 2015, 14(3): 3877.

[63] Ekpo J, Idorenyin M S, Metiabasi U, et al. Meat quality and sensory evaluation of pork from pig fed pro-vitamin A cassava leaf meal, pumpkin stem and moringa leaf meal as dietary supplements [J]. J. Agric. Food Sci, 2022, 6(2): 10-23.

[64] Emmanuel N, Patil N V, Bhagwat S R, et al. Effects of different levels of urea supplementation on nutrient intake and growth performance in growing camels fed roughage based complete pellet diets [J]. Animal Nutrition, 2015, 1(4): 356-361.

[65] Erdman R A, Proctor G H, Vandersall J H. Effect of rumen ammonia concentration on in situ rate and extent of digestion of feedstuffs [J]. Journal of Dairy Science, 1986, 69(9): 2312-2320.

[66] Ertekin İ, Kızılşimşek M. Effects of lactic acid bacteria inoculation in pre-harvesting period on fermentation and feed quality properties of alfalfa silage [J]. Asian-Australasian Journal of Animal Sciences, 2020, 33(2): 245.

[67] Evans E. An evaluation of the relationships between dietary parameters and rumen solid turnover rate [J]. Canadian Journal of Animal Science,

1981, 61(1): 97-103.

［68］Fant P, Ramin M, Jaakkola S, et al. Effects of different barley and oat varieties on methane production, digestibility, and fermentation pattern in vitro［J］. Journal of Dairy Science, 2020, 103(2): 1404-1415.

［69］Fariz-Nicholas A, Goh Y M, Fievez V. Improving Ruminal Degradibility Of Oil Palm Fronds Using Enzyme Extracts From White Rot Fungi［J］. Researchsquare, 2020.

［70］Fasae O A, Akintola O S, Sorunke A O, et al. The effects of feeding varying levels of cassava foliage on the performance of West African Dwarf goat［J］. Applied Tropical Agriculture, 2010, 15(2): 97-102.

［71］Fazry A H Z, Sapawe N, Aziz A I F A, et al. Microwave induced Hno2 and H3po4 activation of oil palm frond(OPF)for removal of malachite green［J］. Materials Today: Proceedings, 2018, 5(10): 22143-22147.

［72］Febrina D, Febriyanti R, Zam SI, et al. Nutritional content and characteristics of antimicrobial compounds from fermented oil palm fronds(Elaeis guineensis Jacq.)［J］. J. Trop. Life Sci., 2020, 10(1): 27-33.

［73］Ferraro V, Piccirillo C, Tomlins K, et al. Cassava(Manihot esculenta Crantz)and yam(Dioscorea spp.)crops and their derived foodstuffs: safety, security and nutritional value［J］. Critical Reviews in Food Science and Nutrition, 2016, 56(16): 2714-2727.

［74］Galyean M L. Protein levels in beef cattle finishing diets: Industry application, university research, and systems results［J］. Journal of Animal Science, 1996, 74(11): 2860-2870.

［75］Gao S, Ge C, Tian Y. Effect of Chinese herb feed additives on the biological and biochemical index of blood in growing and finishing Pigs［J］. JOURNAL-YUNNAN AGRICULTURAL UNIVERSITY, 2002, 17(2): 164-169.

［76］ Getachew G, Blümmel M, Makkar H P S, et al. In vitro gas measuring techniques for assessment of nutritional quality of feeds: a review［J］. Animal Feed Science and Technology, 1998, 72(3-4): 261-281.

［77］ Goulart M A, Montagner P, Lopes M S, et al. Milk composition, ruminal pH and metabolic parameters of dairy cows supplemented with slow-release urea［J］. Acta Scientiae Veterinari, 2013, 41(1): 394-399.

［78］ Gowda N K S, Vallesha N C, Awachat V B, et al. Study on evaluation of silage from pineapple (Ananas comosus) fruit residue as livestock feed［J］. Tropical Animal Health and Production, 2015, 47: 557-561.

［79］ Grilli D J, Fliegerová K, Kopečný J, et al. Analysis of the rumen bacterial diversity of goats during shift from forage to concentrate diet［J］. Anaerobe, 2016, 42: 17-26.

［80］ Gunun P, Cherdthong A, Khejornsart P, et al. Replacing concentrate with yeast-or EM-Fermented cassava peel (YFCP or EMFCP): Effects on the feed intake, feed digestibility, rumen fermentation, and growth performance of goats［J］. Animals, 2023, 13(4): 551.

［81］ Gupta M, Sharma R K, Rastogi A, et al. Effect of plane of nutrition on nitrogen balance, blood biochemical and serum enzymes in goats［J］. Indian Journal of Animal Research, 2018, 52(11): 1603-1607.

［82］ Hao Y, Huang S, Liu G, et al. Effects of different parts on the chemical composition, silage fermentation profile, in vitro and in situ digestibility of paper mulberry［J］. Animals, 2021, 11(2): 413.

［83］ Hattakum C, Kanjanapruthipong J, Nakthong S, et al. Pineapple stem by-product as a feed source for growth performance, ruminal fermentation, carcass and meat quality of Holstein steers［J］. South African Journal of Animal Science, 2019, 49(1): 147-155.

［84］ He L, Zhou W, Wang C, et al. Effect of cellulase and Lactobacillus casei

on ensiling characteristics, chemical composition, antioxidant activity, and digestibility of mulberry leaf silage [J]. Journal of dairy science, 2019, 102(11): 9919-9931.

[85] Henderson A R, McDonald P, Anderson D H. The effect of silage additives containing formaldehyde on the fermentation of ryegrass ensiled at different dry matter levels and on the nutritive value of direct-cut silage [J]. Animal Feed Science and Technology, 1982, 7(3): 303-314.

[86] Hong N T T, Wanapat M, Wachirapakorn C, et al. Effects of timing of initial cutting and subsequent cutting on yields and chemical compositions of cassava hay and its supplementation on lactating dairy cows [J]. Asian-Australasian Journal of Animal Sciences, 2003, 16(12): 1763-1769.

[87] Horii S. Physicochemical analytical method for nutritional experiments [J]. Animal Nutrition Testing Method, 1971: 280-298.

[88] Hristov A N, Ropp J K, Hunt C W. Effect of barley and its amylopectin content on ruminal fermentation and bacterial utilization of ammonia-N in vitro [J]. Animal Feed Science and Technology, 2002, 99(1-4): 25-36.

[89] Hu X, Hao W, Wang H, et al. Fermentation characteristics and lactic acid bacteria succession of total mixed ration silages formulated with peach pomace [J]. Asian-Australasian Journal of Animal Sciences, 2015, 28(4): 502.

[90] Huang C, Ge F, Yao X, et al. Microbiome and metabolomics reveal the effects of different feeding systems on the growth and ruminal development of yaks [J]. Frontiers in Microbiology, 2021, 12: 682989.

[91] Jami E, Israel A, Kotser A, et al. Exploring the bovine rumen bacterial community from birth to adulthood [J]. The ISME Journal, 2013, 7(6): 1069-1079.

[92] Jetana T, Suthikrai W, Usawang S, et al. The effects of concentrate added

to pineapple (Ananas comosus Linn. Mer.) Waste silage in differing ratios to form complete diets, on digestion, excretion of urinary purine derivatives and blood metabolites in growing, male, thai swamp buffaloes [J]. Tropical Animal Health and Production, 2009, 41: 449-459.

[93] Jiwuba P C, Jiwuba L C, Ogbuewu I P, et al. Enhancement values of cassava by-product diets on production and haemato-biochemical indices of sheep and goats: a review [J]. Tropical Animal Health and Production, 2021, 53: 1-11.

[94] Kawamoto H, Zhang J, Aoki Y, et al. Preventing a decrease in the palatability of round-baled silage by preserving it as fermented total mixed ration [J]. Grassland Science, 2009, 55(1): 52-56.

[95] Khempaka S, Thongkratok R, Okrathok S, et al. An evaluation of cassava pulp feedstuff fermented with A. oryzae, on growth performance, nutrient digestibility and carcass quality of broilers [J]. The Journal of Poultry Science, 2014, 51(1): 71-79.

[96] Kim M, Morrison M, Yu Z. Status of the phylogenetic diversity census of ruminal microbiomes [J]. FEMS Microbiology Ecology, 2011, 76(1): 49-63.

[97] Kim T I, Mayakrishnan V, Lim D H, et al. Effect of fermented total mixed rations on the growth performance, carcass and meat quality characteristics of Hanwoo steers [J]. Animal Science Journal, 2018, 89(3): 606-615.

[98] Knowles T A, Southern L L, Bidner T D, et al. Effect of dietary fiber or fat in low-crude protein, crystalline amino acid-supplemented diets for finishing pigs [J]. Journal of Animal Science, 1998, 76(11): 2818-2832.

[99] Köster H H, Woods B C, Cochran R C, et al. Effect of increasing proportion of supplemental N from urea in prepartum supplements on range beef cow performance and on forage intake and digestibility by

steers fed low-quality forage [J]. Journal of Animal Science, 2002, 80(6): 1652-1662.

[100] Kropp J R, Johnson R R, Males J R, et al. Microbial protein synthesis with low quality roughage rations: Isonitrogenous substitution of urea for soybean meal [J]. Journal of Animal Science, 1977, 45(4): 837-843.

[101] Kung Jr L, Myers C L, Neylon J M, et al. The effects of buffered propionic acid-based additives alone or combined with microbial inoculation on the fermentation of high moisture corn and whole-crop barley [J]. Journal of Dairy Science, 2004, 87(5): 1310-1316.

[102] Kung Jr L, Shaver R D, Grant R J, et al. Silage review: Interpretation of chemical, microbial, and organoleptic components of silages [J]. Journal of Dairy Science, 2018, 101(5): 4020-4033.

[103] Kung Jr L, Sheperd A C, Smagala A M, et al. The effect of preservatives based on propionic acid on the fermentation and aerobic stability of corn silage and a total mixed ration [J]. Journal of Dairy Science, 1998, 81(5): 1322-1330.

[104] Latif S, Müller J. Potential of cassava leaves in human nutrition: A review [J]. Trends in Food Science & Technology, 2015, 44(2): 147-158.

[105] Lee C Y, Park J E, Kim B B, et al. Determination of mineral components in the cultivation substrates of edible mushrooms and their uptake into fruiting bodies [J]. Mycobiology, 2009, 37(2): 109-113.

[106] Lettat A, Nozière P, Silberberg M, et al. Rumen microbial and fermentation characteristics are affected differently by bacterial probiotic supplementation during induced lactic and subacute acidosis in sheep [J]. BMC Microbiology, 2012, 12(1): 142.

[107] Li M, Zhang L, Zhang Q. Impacts of citric acid and malic acid on fermentation quality and bacterial community of cassava foliage silage

[J]. Frontiers in Microbiology, 2020, 11: 595622.

[108] Li M, Zhou H, Pan X, et al. Cassava foliage affects the microbial diversity of Chinese indigenous geese caecum using 16S rRNA sequencing [J]. Scientific Reports, 2017, 7(1): 45697.

[109] Li M, Zi X, Yang H, et al. Effects of king grass and sugarcane top in the absence or presence of exogenous enzymes on the growth performance and rumen microbiota diversity of goats [J]. Tropical Animal Health and Production, 2021, 53(1): 1-13.

[110] Li M, Zi X, Zhou H, et al. Effect of lactic acid bacteria, molasses, and their combination on the fermentation quality and bacterial community of cassava foliage silage [J]. Animal Science Journal, 2021, 92(1): e13635.

[111] Li M, Zi X, Zhou H, et al. Effects of sucrose, glucose, molasses and cellulase on fermentation quality and in vitro gas production of king grass silage [J]. Animal Feed Science and Technology, 2014, 197: 206-212.

[112] Li M, Zi X, Zhou H, et al. Silage fermentation and ruminal degradation of cassava foliage prepared with microbial additive [J]. Amb Express, 2019, 9(1): 1-6.

[113] Li Y, Nishino N. Changes in the bacterial community and composition of fermentation products during ensiling of wilted I talian ryegrass and wilted guinea grass silages [J]. Animal Science Journal, 2013, 84(8): 607-612.

[114] Li Y, Wang Y Z, Zhang G N, et al. Effects of Acremonium terricola culture supplementation on apparent digestibility, rumen fermentation, and blood parameters in dairy cows [J]. Animal Feed Science and Technology, 2017, 230: 13-22.

［115］ Lv R, Elsabagh M, Obitsu T, et al. Changes of photosynthetic pigments and phytol content at different levels of nitrogen fertilizer in Italian ryegrass fresh herbage and hay［J］. Grassland Science, 2022, 68(1): 53-59.

［116］ Lv R, EL-Sabagh M, Obitsu T, et al. Effects of nitrogen fertilizer and harvesting stage on photosynthetic pigments and phytol contents of Italian ryegrass silage［J］. Animal Science Journal, 2017, 88(10): 1513-1522.

［117］ Lynch J P, Baah J, Beauchemin K A. Conservation, fiber digestibility, and nutritive value of corn harvested at 2 cutting heights and ensiled with fibrolytic enzymes, either alone or with a ferulic acid esterase-producing inoculant［J］. Journal of Dairy Science, 2015, 98(2): 1214-1224.

［118］ Ma T, Chen D D, Tu Y, et al. Dietary supplementation with mulberry leaf flavonoids inhibits methanogenesis in sheep［J］. Animal Science Journal, 2017, 88(1): 72-78.

［119］ Maggiolino A, Lorenzo J M, Quiñones J, et al. Effects of dietary supplementation with Pinus taeda hydrolyzed lignin on in vivo performances, in vitro nutrient apparent digestibility, and gas emission in beef steers［J］. Animal Feed Science and Technology, 2019, 255: 114217.

［120］ Mahesh M S, Mohini M, Jha P, et al. Nutritional evaluation of wheat straw treated with Crinipellis sp. in Sahiwal calves［J］. Tropical Animal Health And Production, 2014, 46(3): 589-589.

［121］ Mao S, Zhang M, Liu J, et al. Characterising the bacterial microbiota across the gastrointestinal tracts of dairy cattle: membership and potential function［J］. Scientific Reports, 2015, 5(1): 16116.

［122］ Maranatha G, Manu A E, Sobang Y U L, et al. The evaluation of nutritive value and in vitro digestibility of Mulato grass(Brachiaria hybrid cv. Mulato)grown under mixed culture system with legume and horticulture plants on dry land［J］. IOP Conference Series: Earth and Environmental Science, 2019, 387(1): 012032.

［123］Mardalena M, Syarif S, Akmal A. Efek Pemberian Pelepah Sawit Yang Difermentasi Dengan Prolinas Terhadap Karakteristik Rumen Sapi Perah PFH［J］. Jurnal Ilmiah Ilmu-Ilmu Peternakan, 2016, 19(2): 55-62.

［124］Marden J P, Bayourthe C, Enjalbert F, et al. A new device for measuring kinetics of ruminal pH and redox potential in dairy cattle［J］. Journal of Dairy Science, 2005, 88(1): 277-281.

［125］McLaren G A, Anderson G C, Tsai L I, et al. Level of readily fermentable carbohydrates and adaptation of lambs to all-urea supplemented rations［J］. The Journal of Nutrition, 1965, 87(3): 331-336.

［126］Menke K H, Raab L, Salewski A, et al. The estimation of the digestibility and metabolizable energy content of ruminant feedingstuffs from the gas production when they are incubated with rumen liquor in vitro［J］. The Journal of Agricultural Science, 1979, 93(1): 217-222.

［127］Milton C T, Brandt Jr R T, Titgemeyer E C. Urea in dry-rolled corn diets: finishing steer performance, nutrient digestion, and microbial protein production［J］. Journal of Animal Science, 1997, 75(5): 1415-1424.

［128］Mirzaei-Alamouti H, Moradi S, Shahalizadeh Z, et al. Both monensin and plant extract alter ruminal fermentation in sheep but only monensin affects the expression of genes involved in acid-base transport of the ruminal epithelium［J］. Animal Feed Science and Technology, 2016, 219: 132-143.

［129］Nagel S A, Broderick G A. Effect of formic acid or formaldehyde treatment of alfalfa silage on nutrient utilization by dairy cows

［J］. Journal of dairy science, 1992, 75(1): 140-154.

［130］ Nishino N, Li Y, Wang C, et al. Effects of wilting and molasses addition on fermentation and bacterial community in guinea grass silage ［J］. Letters in Applied Microbiology, 2012, 54(3): 175-181.

［131］ Nishino N, Wada H, Yoshida M, et al. Microbial counts, fermentation products, and aerobic stability of whole crop corn and a total mixed ration ensiled with and without inoculation of Lactobacillus casei or Lactobacillus buchneri ［J］. Journal of Dairy Science, 2004, 87(8): 2563-2570.

［132］ NRC I. Nutrient requirements of dairy cattle ［J］. National Research Council, 2001: 519.

［133］ Nsahlai I V, Siaw D, Osuji P O. The relationships between gas production and chemical composition of 23 browses of the genus Sesbania ［J］. Journal of the Science of Food and Agriculture, 1994, 65(1): 13-20.

［134］ Nurhaita H N. Effect of tea leaves powder supplementation on fermented oil palm fronds on fermentation characteristics, rumen microbial profile, and methane production in vitro ［J］. Adv. Anim. Vet. Sci, 2021, 9(7): 971-977.

［135］ Oba M, Allen M S. Effects of brown midrib 3 mutation in corn silage on productivity of dairy cows fed two concentrations of dietary neutral detergent fiber: 1. Feeding behavior and nutrient utilization ［J］. Journal of Dairy Science, 2000, 83(6): 1333-1341.

［136］ Okoruma M L, Esobhawan A O, Eghaghara O O. Mixture of orange and pineapple pulps meal as alternative energy sources in the diet of ram lambs ［J］. Journal of Agriculture and Life Sciences, 2015(2): 95-103.

［137］ Olayinka A A, kabiru Babatunde J. Effects of Urea inclusion on characteristics of Silage blend of Sunflower and cassava peels [J]. Journal of Agriculture and Veterinary Science, 2021, 14(7): 1-4.

[138] Ooi Z X, Teoh Y P, Kunasundari B, et al. Oil palm frond as a sustainable and promising biomass source in Malaysia: A review[J]. Environmental Progress & Sustainable Energy, 2017, 36(6): 1864-1874.

[139] Ørskov E R, McDonald I. The estimation of protein degradability in the rumen from incubation measurements weighted according to rate of passage [J]. The Journal of Agricultural Science, 1979, 92(2): 499-503.

[140] Paris W, Marchesan R, Prohmann P E F, et al. Use of slow release urea in the mineral supplementation of beef cattle Tifton-85 pasture [J]. Semina Ciències Agrariás, 2013, 34(1): 409-418.

[141] Patra A K, Kamra D N, Agarwal N. Effects of extracts of spices on rumen methanogenesis, enzyme activities and fermentation of feeds in vitro [J]. Journal of the Science of Food and Agriculture, 2010, 90(3): 511-520.

[142] Phengvichith V, Ledin I. Effect of feeding different levels of wilted cassava foliage(Manihot esculenta, Crantz)on the performance of growing goats [J]. Small Ruminant Research, 2007, 71(1-3): 109-116.

[143] Pilajun R, Inthiseang W, Kaewluan W, et al. Nutritional status of grazing Lowline Angus crossbred supplemented with fermented cassava starch residue [J]. Tropical Animal Health and Production, 2020, 52: 2417-2423.

[144] Qiao F, Fei W, REN L, et al. Effect of steam-flaking on chemical compositions, starch gelatinization, in vitro fermentability, and energetic values of maize, wheat and rice [J]. Journal of Integrative Agriculture, 2015, 14(5): 949-955.

[145] Rahman M M, Lourenço M, Hassim H A, et al. Improving ruminal

degradability of oil palm fronds using white rot fungi [J]. Animal Feed Science and Technology, 2011, 169(3-4): 157-166.

[146] Rodrigues M A M, Pinto P, Bezerra R M F, et al. Effect of enzyme extracts isolated from white-rot fungi on chemical composition and in vitro digestibility of wheat straw [J]. Animal Feed Science and Technology, 2008, 141(3-4): 326-338.

[147] Rohweder D A, Barnes R F, Jorgensen N. Proposed hay grading standards based on laboratory analyses for evaluating quality [J]. Journal of Animal Science, 1978, 47(3): 747-759.

[148] Sahoo B, Walli T K. Effects of formaldehyde treated mustard cake and molasses supplementation on nutrient utilization, microbial protein supply and feed efficiency in growing kids[J]. Animal Feed Science and Technology, 2008, 142(3-4): 220-230.

[149] Sampaio C B, Detmann E, Paulino M F, et al. Intake and digestibility in cattle fed low-quality tropical forage and supplemented with nitrogenous compounds [J]. Tropical Animal Health and Production, 2010, 42(7): 1471-1479.

[150] Santoso B, Hariadi B T, Manik H, et al. Silage quality of king grass (Pennisetum purpureophoides) treated with epiphytic lactic acid bacteria and tannin of acacia [J]. Media Peternakan, 2011, 34(2): 140-145.

[151] Santoso B, Widayati T W, Hariadi B T. Improvement of fermentation and the in vitro digestibility characteristics of agricultural waste-based complete feed silage with cellulase enzyme treatment [J]. Advances in Animal and Veterinary Sciences, 2020, 8(8): 873-881.

[152] Santoso B, Widayati T W, Hariadi B. The fermentation quality and in vitro nutrient digestibility of agricultural waste based-complete feed silage with different composition of oil palm frond and rice crop residue

［J］. Adv Anim Vet Sci, 2019, 7(8): 621-628.

［153］Shaikh H M, Pandare K V, Nair G, et al. Utilization of sugarcane bagasse cellulose for producing cellulose acetates: Novel use of residual hemicellulose as plasticizer［J］. Carbohydrate Polymers, 2009, 76(1): 23-29.

［154］Shain D H, Stock R A, Klopfenstein T J, et al. Effect of degradable intake protein level on finishing cattle performance and ruminal metabolism［J］. Journal of Animal Science, 1998, 76(1): 242-248.

［155］Shellito S M, Ward M A, Lardy G P, et al. Effects of concentrated separator by-product (desugared molasses) on intake, ruminal fermentation, digestion, and microbial efficiency in beef steers fed grass hay［J］. Journal of Animal Science, 2006, 84(6): 1535-1543.

［156］Siqueira E, Arruda S F, RMD Vargas, et al. β-Carotene from cassava (Manihot esculenta Crantz) leaves improves vitamin A status in rats［J］. Comparative Biochemistry and Physiology Part C: Toxicology & Pharmacology, 2007, 146(1-2): 235-240.

［157］Sniffen C J, O'connor J D, Van Soest P J, et al. A net carbohydrate and protein system for evaluating cattle diets: II. Carbohydrate and protein availability［J］. Journal of Animal Science, 1992, 70(11): 3562-3577.

［158］Son K N, Kim Y K, Lee S K, et al. The Effects of Processing Methods of Corn on In vitro DM Digestability and In sacco Degradability in Rumen［J］. Journal of Animal Science and Technology, 2003, 45(3): 433-442.

［159］Song J, Ma Y, Zhang H, et al. Fermented Total Mixed Ration Alters Rumen Fermentation Parameters and Microbiota in Dairy Cows［J］. Animals, 2023, 13(6): 1062.

［160］Stanley C C, Williams C C, Jenny B F, et al. Effects of feeding milk replacer once versus twice daily on glucose metabolism in Holstein and

Jersey calves [J]. Journal of Dairy Science, 2002, 85(9): 2335-2343.

[161] Stritzler N P, Jensen B B, Wolstrup J. Factors affecting degradation of barley straw in sacco and microbial activity in the rumen of cows fed fibre-rich diets: Ⅲ. The amount of supplemental energy [J]. Animal Feed Science and Technology, 1998, 70(3): 225-238.

[162] Sugiharto S, Yudiarti T, Isroli I, et al. The potential of tropical agro-industrial by-products as a functional feed for poultry [J]. Iranian Journal of Applied Animal Science, 2018, 8(3): 375-385.

[163] SUN G, LV Y, ZHANG J. A study on the associative effect of whole corn silage-peanut vine and Leymus chinensis by rumen fermentation in vitro [J]. Acta Prataculturae Sinica, 2014, 23(3): 224-231.

[164] Supapong C, Cherdthong A, Wanapat M, et al. Effects of sulfur levels in fermented total mixed ration containing fresh cassava root on feed utilization, rumen characteristics, microbial protein synthesis, and blood metabolites in Thai native beef cattle [J]. Animals, 2019, 9(5): 261.

[165] Supapong C, Cherdthong A. Effect of sulfur and urea fortification of fresh cassava root in fermented total mixed ration on the improvement milk quality of tropical lactating cows [J]. Veterinary Sciences, 2020, 7(3): 98.

[166] Supapong C, Cherdthong A. Effect of sulfur concentrations in fermented total mixed rations containing fresh cassava root on rumen fermentation [J]. Animal Production Science, 2020, 60(11): 1429-1434.

[167] Sutton J D, Dhanoa M S, Morant S V, et al. Rates of production of acetate, propionate, and butyrate in the rumen of lactating dairy cows given normal and low-roughage diets [J]. Journal of Dairy Science, 2003, 86(11): 3620-3633.

[168] Syarif S. Kecernaan In Vitro Ransum yang Mengandung Pelepah Sawit

［J］. Jurnal Embrio, 2010, 2(3): 41-48.

［169］ Tao H, Cui B, Zhang H, et al. Identification and characterization of flavonoids compounds in cassava leaves (*Manihot esculenta* Crantz) by HPLC/FTICR-MS［J］. International Journal of Food Properties, 2019, 22(1): 1134-1145.

［170］ Taylor-Edwards C C, Hibbard G, Kitts S E, et al. Effects of slow-release urea on ruminal digesta characteristics and growth performance in beef steers［J］. Journal of Animal Science, 2009, 87(1): 200-208.

［171］ Thang C M, Ledin I, Bertilsson J. Effect of feeding cassava and/or Stylosanthes Foliage on the Performance of Crossbred Growing Cattle［J］. Tropical Animal Health and Production, 2010, 42(1): 1-11.

［172］ Thang C M, Ledin I, Bertilsson J. Effect of using cassava products to vary the level of energy and protein in the diet on growth and digestibility in cattle［J］. Livestock Science, 2010, 128(1-3): 166-172.

［173］ Tiwari U, Kerr B, Jha R. PSIII-32 Nutrient and amino acids digestibility of animal protein byproduct in swine, determined using an in vitro model［J］. Journal of Animal Science, 2018, 96: 312-313.

［174］ Van Baale M J, Sargeant J M, Gnad D P, et al. Effect of forage or grain diets with or without monensin on ruminal persistence and fecal Escherichia coli O157: H7 in cattle［J］. Applied and Environmental Microbiology, 2004, 70(9): 5336-5342.

［175］ Van Houtert M. Challenging the rational for altering VFA ratios in growing ruminants［J］. Feed Mix, 1996, 4(1): 8-11.

［176］ Van Man N, Wiktorsson H. Cassava tops ensiled with or without molasses as additive effects on quality, feed intake and digestibility by heifers［J］. Asian-Australasian Journal of Animal Sciences, 2001, 14(5): 624-630.

［177］ Van Soest P J, Robertson J B, Lewis B A. Methods for dietary fiber, neutral detergent fiber, and nonstarch polysaccharides in relation to animal nutrition［J］. Journal of Dairy Science, 1991, 74(10): 3583-3597.

［178］ Van Soest P J. Rice straw, the role of silica and treatments to improve quality［J］. Animal Feed Science and Technology, 2006, 130(3-4): 137-171.

［179］ Verdoorn G H, van Wyk B E. Pyrrolizidine alkaloids from seeds ofCrotalaria capensis［J］. Phytochemistry, 1992, 31(1): 369-371.

［180］ Villalba J J, Ates S, MacAdam J W. Non-fiber carbohydrates in forages and their influence on beef production systems［J］. Frontiers in Sustainable Food Systems, 2021, 5: 566338.

［181］ Wan Zahari M, Abu Hassan O, Wong H K, et al. Utilization of oil palm frond-based diets for beef and dairy production in Malaysia［J］. Asian-Australasian Journal of Animal Sciences, 2003, 16(4): 625-634.

［182］ Wanapat M, Kang S, Khejornsart P, et al. Improvement of whole crop rice silage nutritive value and rumen degradability by molasses and urea supplementation［J］. Tropical Animal Health and Production, 2013, 45: 1777-1781.

［183］ Wanapat M, Puramongkon T, Siphuak W. Feeding of cassava hay for lactating dairy cows［J］. Asian-Australasian Journal of Animal Sciences, 2000, 13(4): 478-482.

［184］ Wanapat M, Totakul P, Viennasay B, et al. Sunnhemp (Crotalaria juncea, L.) silage can enrich rumen fermentation process, microbial protein synthesis, and nitrogen utilization efficiency in beef cattle crossbreds［J］. Tropical Animal Health and Production, 2021, 53(1): 187.

［185］ Wang F, Nishino N. Resistance to aerobic deterioration of total mixed ration silage: Effect of ration formulation, air infiltration and storage period on fermentation characteristics and aerobic stability [J]. Journal of the Science of Food and Agriculture, 2008, 88(1): 133-140.

[186] Wang T, Niu K, Fan A, et al. Dietary intake of polyunsaturated fatty acids alleviates cognition deficits and depression-like behaviour via cannabinoid system in sleep deprivation rats [J]. Behavioural Brain Research, 2020, 384: 112545.

[187] Wang Y, Spratling B M, ZoBell D R, et al. Effect of alkali pretreatment of wheat straw on the efficacy of exogenous fibrolytic enzymes [J]. Journal of Animal Science, 2004, 82(1): 198-208.

[188] Wei C, Lin S, Wu J, et al. Supplementing vitamin E to the ration of beef cattle increased the utilization efficiency of dietary nitrogen [J]. Asian-Australasian Journal of Animal Sciences, 2016, 29(3): 372.

[189] Wei X, Ouyang K, Long T, et al. Dynamic variations in rumen fermentation characteristics and bacterial community composition during in vitro fermentation [J]. Fermentation, 2022, 8(6): 276.

[190] Westwood C T, Lean I J, Garvin J K, et al. Effects of genetic merit and varying dietary protein degradability on lactating dairy cows[J]. Journal of Dairy Science, 2000, 83(12): 2926-2940.

[191] Wina E, Muetzel S, Becker K. The dynamics of major fibrolytic microbes and enzyme activity in the rumen in response to short-and long-term feeding of Sapindus rarak saponins [J]. Journal of Applied Microbiology, 2006, 100(1): 114-122.

[192] Wittayakun S, Chainetr W, Innaree W, et al. Influence of amylopectin and nitrogen supplementation on digestibility and ruminal fermentation of dairy heifers based on diets with high ratio of pineapple waste silage to Pangola grass hay [J]. Agriculture and Agricultural Science Procedia, 2016, 10: 353-357.

[193] Yahaya M S, Goto M, Yimiti W, et al. Evaluation of fermentation quality of a tropical and temperate forage crops ensiled with additives of fermented juice of epiphytic lactic acid bacteria (FJLB) [J]. Asian-Australasian Journal of Animal Sciences, 2004, 17(7): 942-946.

[194] Yan S, Wolcott R D, Callaway T R, et al. Evaluation of the bacterial diversity in the feces of cattle using 16S rDNA bacterial tag-encoded FLX amplicon pyrosequencing (bTEFAP) [J]. BMC Microbiology, 2008, 8(1): 125-132.

[195] Yee Tong Wah K L, Hulman B, Preston T R. Effect of urea level on the performance of cattle on a molasses/urea and restricted forage feeding system [J]. Tropical Animal Production, 1981, 6: 60-65.

[196] Yuan X J, Dong Z H, Desta S T, et al. Adding distiller's grains and molasses on fermentation quality of rice straw silages [J]. Ciência Rural, 2016, 46(12): 2235-2240.

[197] Yuan X J, Guo G, Wen A Y, et al. The effect of different additives on the fermentation quality, in vitro digestibility and aerobic stability of a total mixed ration silage [J]. Animal Feed Science and Technology, 2015, 207: 41-50.

[198] Yuan XianJun, Dong Zhi-Hao, Desta S T, et al. Adding distiller's grains and molasses on fermentation quality of rice straw silages [J]. Ciência Rural, 2017, 46(12): 2235-2240.

[199] Zhang G, Fang X, Feng G, et al. Silage fermentation, bacterial community, and aerobic stability of total mixed ration containing wet corn gluten feed and corn stover prepared with different additives [J]. Animals, 2020, 10(10): 1775.

[200] Zhang G, Li Y, Fang X, et al. Lactation performance, nitrogen utilization, and profitability in dairy cows fed fermented total mixed

ration containing wet corn gluten feed and corn stover in combination replacing a portion of alfalfa hay [J]. Animal Feed Science and Technology, 2020, 269: 114687.

[201] Zhang H, Cheng X, Elsabagh M, et al. Effects of formic acid and corn flour supplementation of banana pseudostem silages on nutritional quality of silage, growth, digestion, rumen fermentation and cellulolytic bacterial community of Nubian black goats [J]. Journal of Integrative Agriculture, 2021, 20(8): 2214-2226.

[202] ZHANG S, Chaudhry A S, Ramdani D, et al. Chemical composition and in vitro fermentation characteristics of high sugar forage sorghum as an alternative to forage maize for silage making in Tarim Basin, China [J]. Journal of Integrative Agriculture, 2016, 15(1): 175-182.

[203] Zhu X, Liu B, Xiao J, et al. Effects of different roughage diets on fattening performance, meat quality, fatty acid composition, and rumen microbe in steers [J]. Frontiers in Nutrition, 2022, 9: 885069.

[204] Zi X, Li M, Zhou H. Effects of citric acid and Lactobacillus plantarum on silage quality and bacterial diversity of king grass silage [J]. Frontiers in Microbiology, 2021, 12: 631096.

[205] 包健，盛永帅，蔡旋，等. 鲜食大豆秸秆、茭白鞘叶和甘蔗渣营养成分和瘤胃降解率的研究 [J]. 饲料研究，2017（23）：11-15.

[206] 柴凤久，刘崇生，罗新义，等. 苜蓿引种筛选试验初报 [J]. 草业科学，2005（04）：36-39.

[207] 常荣鑫，戚如鑫，史剑云，等. 白菜尾菜与稻草秸秆混合青贮饲料对瘤胃微生物体外发酵的影响 [J]. 中国畜牧杂志，2020，56（02）：106-110.

[208] 陈方志，李剑波，李志才. 生物发酵稻草与氨化稻草黄牛育肥对比试验 [J]. 湖南畜牧兽医，2019（3）：42-44.

[209] 陈功轩，向海，郑霞，等. 饲用苎麻与稻草不同比例混合青贮品质及饲用价值评价［J］. 中国饲料，2019（5）：82-85.

[210] 陈雷，原现军，郭刚，等. 添加乳酸菌制剂和丙酸对全株玉米全混合日粮青贮发酵品质和有氧稳定性的影响［J］. 草业学报，2016，25（7）：112-120.

[211] 陈鑫珠，张建国. 不同茬次和高度热研四号王草的乳酸菌分布及青贮发酵品质［J］. 草业学报，2021，30（01）：150-158.

[212] 陈艳琴，刘斌，周汉林，等. 体外产气法评定几种山蚂蝗亚族植物的营养价值［J］. 热带作物学报，2011，32（05）：816-820.

[213] 陈勇，罗富成，毛华明，等. 施肥水平和不同株高刈割对王草产量和品质的影响［J］. 草业科学，2009，26（02）：72-75.

[214] 陈作栋，赵二龙，梁欢，等. 不同添加剂对皇竹草青贮品质的影响［J］. 黑龙江畜牧兽医，2018（07）：135-137.

[215] 崔艺燕，田志梅，李贞明，等. 木薯及其副产品的营养价值及在动物生产中的应用［J］. 中国畜牧兽医，2018，345（08）：102-113.

[216] 代航，鲁曼，杨海明，等. 日粮中添加稻壳粉对雏火鸡生长性能、体尺指标、内脏器官发育和经济效益的影响［J］. 中国畜牧兽医，2017，44（12）：3491-3496.

[217] 代正阳，邵丽霞，屠焰，等. 甘蔗副产物饲料化利用研究进展［J］. 饲料研究，2017（23）：11-15.

[218] 邓干然，郑爽，李国杰，等. 木薯叶饲料化利用技术研究进展［J］. 饲料工业，2018，39（23）：17-22.

[219] 邓思川，甘乾福，梁学武. 化学处理对真姬菇菌糠营养成分及人工瘤胃发酵特性的影响［J］. 上海交通大学学报，2014，32（4）：24-28，33.

[220] 丁良，原现军，闻爱友，等. 添加剂对西藏啤酒糟全混合日粮青贮发酵品质及有氧稳定性的影响［J］. 草业学报，2016，7：112-120.

[221] 董龙，蔡昭艳，韦巧云，等. 有机肥对“台农 16 号”菠萝生长、产

量及果实品质的影响［J］. 中国南方果树，2021，50（1）：46-49.

［222］冯美利，刘立云，曾鹏. 椰园复合经营模式及效益分析［J］. 现代农业科技，2007，（11）：45-46.

［223］冯巧娟，朱琳，吴安琪，等. 青贮时间和温度对木薯块根和叶发酵品质及氢氰酸含量的影响［J］. 草业科学，2018，35（5）：1293-1298.

［224］付锦涛，倪奎奎，杨富裕. 添加不同比例稻草对构树青贮品质的影响［J］. 草学，2019（4）：28-33.

［225］高峰，江芸，苏勇. 不同锌源对蛋鸡产蛋性能和蛋品质的影响［J］. 家畜生态学报，2007，28（1）：30-31.

［226］郭婷婷，彭新利，陈玉春，等. 甘蔗渣固态发酵方式研究［J］. 畜牧业环境，2016（6）：32-33.

［227］郭旭生，崔慰贤. 提高秸秆饲料利用率和营养价值的研究进展［J］. 饲料工业，2002（11）：12-15.

［228］韩娟，周杰，王国铸，等. 早期饲喂稻壳稀释日粮对扬州鹅生长、屠宰性能及器官指数的影响［J］. 中国家禽，2015（8）：30-35.

［229］郝振帆，刘国道，杨虎彪. 猪屎豆种质资源萌发期的耐旱性评价［J］. 热带作物学报，2021，42（10）：2789-2797.

［230］何川，陈艳乐，蒋丛树，等. 农作物秸秆饲料处理技术的研究现状［J］. 畜牧与饲料科学，2010，31（10）：26-28.

［231］何翠薇，陈玉萍，覃洁萍，等. 木薯茎杆及叶化学成分初步研究. 时珍国医国药，2011，22（4）：908-909.

［232］何文修，张智亮，计建炳. 稻壳生物质资源利用技术研究进展［J］. 化工进展，2016，35（5）：1366-1376.

［233］何香玉，马艳艳，成艳芬，等. 体外发酵法评定不同茬次和生长年限苜蓿的营养价值［J］. 动物营养学报，2015，27（3）：978-988.

［234］侯冠彧，白昌军，王东劲. 热带优良牧草舍饲海南黄牛的适口性分析［J］. 畜牧兽医科学，2006（10）：32-34.

[235] 胡海超，周璐丽，王定法，等. 木薯敬业和王草不同混合比例青贮对饲料品质的影响［J］. 热带农业科学，2021，41（3）：120-124.

[236] 胡琳，王定发，李韦，等. 不同精粗比对木薯茎叶型全混合日粮山羊瘤胃降解率的影响［J］. 中国畜牧兽医，2016，43（11）：2914-2921.

[237] 胡琳，王定发，李韦，等. 日粮中添加不同比例木薯茎叶对海南黑山羊生长性能，血清生化指标和养分表现消化率的影响［J］. 中国畜牧兽医，2016，43（12）：3193-3199.

[238] 胡咏梅，艾慎，丁一敏，等. 蔗渣饲料生料发酵工艺的研究［J］. 饲料工业，2006，27（17）：27-29.

[239] 华金玲，从光雷，郭亮，等. 构树对黄淮白山羊瘤胃发酵特性、消化代谢、生产性能及肉品质的影响［J］. 南京农业大学学报，2019，42（05）：924-931.

[240] 郇树乾，王坚. 热带牧草银合欢的青贮研究［J］. 畜牧与饲料科学，2011，32（2）：25-27.

[241] 黄江丽，何力，计少石，等. 体外产气法评定耐重金属饲料桑的饲料价值［J］. 江西科学，2020，38（03）：320-325+348.

[242] 黄洁，魏云霞，刘丽娟，等. 华南9号食用木薯间作花生、玉米对产量性状的影响［J］. 热带农业科学，2022，42（07）：1-5.

[243] 黄秋连，周昕，王健，等. 添加乳酸菌、糖蜜和无机酸对羊草青贮饲料发酵品质及体外干物质消失率的影响［J］. 动物营养学报，2021，33（1）：420-427.

[244] 黄雅莉，邹彩霞，韦升菊，等. 体外产气法研究半胱胺对水牛瘤胃发酵参数和甲烷产量的影响［J］. 动物营养学报，2014，26（01）：125-133.

[245] 吉中胜，黄耘，农秋阳，等. 碱化甘蔗渣制作牛羊饲料的研究［J］. 轻工科技，2018，34（7）：34-35.

[246] 冀凤杰，侯冠彧，张振文，等. 木薯叶的营养价值、抗营养因子及其在生猪生产中的应用［J］. 热带作物学报，2015，36（07）：1355-1360.

[247] 贾雪峰，李标，张振文，等. 木薯叶养蚕的发展现状与展望［J］. 中国热带农业，2016（06）：40-45.

[248] 江兰，孟庆翔，任丽萍，等. 饲粮尿素添加水平对生长育肥牛生长性能和血液生化指标的影响[J]. 中国农业科学，2012，45(4)：761-767.

[249] 姜义宝，王成章，李振田. 高丹草不同刈割高度对产量、品质及青贮效果的影响［J］. 河南农业科学，2005（03）：78-79.

[250] 蒋昌顺. 柱花草的研究进展［J］. 热带作物学报，2005，26（4）：104-108.

[251] 蒋亚君，申晴，丁西朋，等. 柱花草种质资源表型性状的多样性分析［J］. 草业科学，2017，34（05）：1032-1041.

[252] 焦爱霞，曹桂兰，郭建春，等. 不同基因型稻草蛋白质含量［J］. 中国农业科技导报，2006（2）：10-14.

[253] 焦万洪，李莉. 牛羊营养成分与瘤胃生态环境剖析［J］. 中国畜禽种业，2015，11（03）：99.

[254] 金日光，崔九锋，朴占学，等. 稻壳填充饲料加工与喂猪试验[J]. 饲料研究，1988（4）：7-9.

[255] 鞠振华. 尿素等非蛋白氮在肉牛饲料中的应用［J］. 中国畜牧兽医文摘，2014，30（9）：200.

[256] 寇宇斐，朱文斌，李飞，等. 饲粮中添加不同比例全株桑枝叶对育肥湖羊生长性能、养分表观消化率、血清抗氧化指标和瘤胃发酵参数的影响［J］. 动物营养学报，2021，33（05）：2776-2785.

[257] 赖景涛，李秀良，刘瑞鑫. 菠萝皮对乳用牛产奶量的影响［J］. 中国牛业科学，2011，37（6）：41-42.

[258] 赖志强，蔡小艳，滕少花，等. 广西柱花草的研究及开发利用[J]. 中国草食动物科学，2012，32（05）：40-43.

[259] 黎凌铄，彭忠利，陈仕勇，等. 小肽与酵母培养物对舍饲牦牛瘤胃微生物多样性和发酵参数的影响［J］. 中国饲料，2021（05）：16-23.

[260] 李爱华，李小龙. 日粮中添加缓释尿素对育肥牛血清尿素含量的影响［J］. 甘肃畜牧兽医，2006，1：5-8.

[261] 李成舰，蒋雪，杨大盛，等. 混菌发酵对杏鲍菇菌糠营养成分及其体外瘤胃发酵的影响［J］. 湖南农业大学学报，2020，46（4）：443-448.

[262] 李俶，王芳，李积华，等. 菠萝皮渣营养成分及矿质元素检测分析［J］. 食品科技，2011，36（4）：257-265.

[263] 李冬芳，刘世雄，于春微，等. 复合菌培养物及β-葡聚糖对肉羊抗氧化能力与炎症因子含量的影响［J］. 动物营养学报，2021，33（05）：2964-2970.

[264] 李改英，廉红霞，孙宇，等. 青贮紫花苜蓿对奶牛生产性能、尿素氮和血液生化指标的影响［J］. 草业科学，2015，32（8）：1329-1336.

[265] 李开绵，林雄，黄洁. 国内外木薯科研发展概况［J］. 热带农业科学，2001（1）：56-60.

[266] 李琳，杨培龙，李秀梅，等. 芦竹不同高度、不同部位及不同青贮时间的营养价值比较［J］. 草地学报，2020，28（04）：1168-1172.

[267] 李龙瑞，张吉鹍，邹庆华. 稻草添补百脉根体外甲烷产量的动态响应［J］. 草业科学，2012，29（1）：135-143.

[268] 李龙兴，龚正发，黎俊，等. 糖蜜和乳酸菌对去穗玉米秸秆青贮发酵品质的影响［J］. 草地学报，2018，26（04）：1026-1029.

[269] 李茂，字学娟，白昌军，等. 不同生长高度王草瘤胃降解特性研究［J］. 畜牧兽医学报，2015，46（10）：1806-1815.

[270] 李茂，字学娟，白昌军，等. 不同贮藏温度对王草青贮发酵品质的影响［J］. 中国畜牧兽医，2014，41（10）：91-94.

[271] 李茂，字学娟，刁其玉，等. 添加单宁酸对木薯叶青贮品质和有氧稳定性的影响［J］. 草业科学，2019（6）：1662-1667.

[272] 李茂，字学娟，刁其玉，等. 添加有机酸改善木薯叶青贮品质和营养成分［J］. 热带作物学报，2019，40（7）：1312-1316.

［273］李茂，字学娟，胡海超，等. 添加葡萄糖对木薯叶青贮品质和营养成分的影响［J］. 家畜生态学报，2019，40（7）：34-37.

［274］李茂，字学娟，胡海超，等. 添加乙醇对木薯叶青贮品质和营养成分的影响［J］. 黑龙江畜牧兽医，2018（24）：147-149.

［275］李茂，字学娟，吕仁龙，等. 添加乳酸菌和纤维素酶对王草青贮品质和瘤胃降解率的影响［J］. 中国畜牧杂志，2020，56（07）：161-165.

［276］李茂，字学娟，徐铁山，等. 木薯叶粉对鹅生长性能和血液生理生化指标的影响［J］. 动物营养学报，2016，28（10）：3168-3174.

［277］李茂，字学娟，张英，等. 凋萎和添加剂对王草青贮品质和营养价值的影响［J］. 动物营养学报，2014，26（12）：3757-3764.

［278］李茂，字学娟，周汉林. 精粗比对海南黑山羊生长性能和血液指标的影响［J］. 家畜生态学报，2017（3）：31-35.

［279］李世霞，王洪荣，王梦芝，等. 银杏叶提取物对山羊瘤胃液体外发酵及微生物蛋白产量的影响［J］. 扬州大学学报（农业与生命科学版），2008（03）：59-62.

［280］李维姣，梁辛，陈超贵. 木薯杆叶与巨菌草混合青贮对奶水牛泌乳性能及乳品质影响的试验研究［J］. 广西畜牧兽医，2018，2: 98-100.

［281］李文娟，王世琴，姜成钢，等. 体外法评定南方 4 种经济作物副产品及 3 种暖季型牧草的营养价值研究［J］. 畜牧与兽医，2017，49（04）：33-39.

［282］李笑春. 不同脱毒方法对木薯氢氰酸含量的影响［J］. 饲料研究，2011（5）：34-35.

［283］李燕红，欧阳峰，梁娟. 农业废弃物稻壳的综合利用［J］. 广东农业科学，2008（6）：90-92.

［284］李义书，侯冠彧，刘诚，等. 不同能量水平精料对日本和牛与雷琼牛杂交牛生长性能和血浆生化指标的影响［J］. 中国畜牧兽医，2018，45（5）：1219-1225.

[285] 李玉军，赵珊珊，葛林，等. 反刍动物碳水化合物营养的研究进展［J］. 山东畜牧兽医，2012，33（08）：85-87.

[286] 李玉帅，吴森，曹阳春，等. 日粮尿素添加水平对秦川肉牛瘤胃发酵性能的影响［J］. 家畜生态学报，2017，38（4）：38-43.

[287] 李志春，孙健，游向荣，等. 香蕉茎叶青贮饲料对波尔山羊血液生化指标的影响［J］. 中国饲料，2015（16）：37-39+42.

[288] 梁瑜，雷赵民，吴建平，等. 不同添加剂（物）对玉米秸秆青贮有机酸含量的影响［J］. 甘肃农业大学学报，2012，10（5）：34-39.

[289] 林苓. 海南黄牛与其杂交一代生产性能对比试验分析［J］. 湖北农业科学，2013，52（16）：3899-3890+3904.

[290] 林清华，李常健，李雁. 用甘蔗渣生产单细胞蛋白的初步试验［J］. 氨基酸和生物资源，1998，20（1）：16-18.

[291] 蔺红玲，周汉林，董荣书，等. 砂仁茎叶和“热研4号”王草混合青贮对其营养成分及发酵品质的影响［J］. 热带作物学报，2021，42（12）：3633-3638.

[292] 刘蓓一，丁成龙，许能祥，等. 不同比例稻草和多花黑麦草混合青贮对饲料pH、微生物数量及有氧稳定性的影响［J］. 江苏农业学报，2018（1）：99-105.

[293] 刘博，李跃东. 浅谈稻壳的综合利用与开发［J］. 农产品加工（创新班），2010，（5）：64-66.

[294] 刘春龙，李忠秋，孙海霞，等. 影响青贮饲料品质的因素［J］. 中国牛业科学，2006，32（5）：62-66.

[295] 刘国道，白昌军，王东劲，等. 热研4号王草选育［J］. 草地学报，2002，10（2）：92-96.

[296] 刘虎，陈思佳，周水岳，等. 不同锌源及水平对蛋鸡生产性能、蛋品质、血液生化指标以及蛋锌含量的影响［J］. 饲料工业，2017，38（19）：22-26.

[297] 刘建新，杨振海，叶均安，等. 青贮饲料的合理调制与质量评定标准（续）[J]. 饲料工业，1999，20（4）：3-5.

[298] 刘建勇，李乔仙，张继才，等. 香蕉茎叶与稻草混贮试验研究[J]. 中国牛业科学，2014（6）：12-14.

[299] 刘洁，刁其玉，赵一广，等. 饲粮不同 NFC/NDF 对肉用绵羊瘤胃 pH、氨态氮和挥发性脂肪酸的影响 [J]. 动物营养学报，2012，24（06）：1069-1077.

[300] 刘圈炜，孙瑞萍，魏立民，等. 维生素 A 对海南和牛抗氧化指标及血液生化指标的影响 [J]. 中国畜牧兽医，2012，39（9）：110-113.

[301] 刘圈祎，王峰，魏立民，等. 复合酶制剂青贮菌草对海南黑山羊生产性能及血清生化指标的影响 [J]. 中国饲料，2018，11: 62-65.

[302] 刘仙喜，吴夫，蒋启程，等. 诺丽对海南黑山羊生长和免疫性能的影响 [J]. 广东农业科学，2022，49（10）：127-134.

[303] 刘显茜，邹三全，徐梽宇，等. 菠萝皮渣热风对流干燥工艺研究[J]. 食品与发酵科技，2020，56（1）：39-43.

[304] 刘晓军. 稻壳的开发与利用 [J]. 粮油加工，2007（5）：14-15.

[305] 刘洋，洪亚楠，姚艳丽，等. 中国甘蔗渣综合利用现状分析 [J]. 热带农业科学，2017，37（2）：91-95.

[306] 刘玉，林萌萌，郑爱华，等. 杂交构树不同高度及不同部位的营养价值比较 [J]. 畜牧兽医杂志，2018，37（06）：77-78+81.

[307] 刘远升，赵书平. 日粮纤维营养价值及其应用 [J]. 河南职业技术师范学院学报，2002（02）：41-43.

[308] 刘振贵，张添奕. 潮州市稻草利用现状及开展稻草养牛的前景 [J]. 广东饲料，2018（7）：34-36.

[309] 罗启荣. 甘蔗叶与甘蔗渣用于饲料的开发利用 [J]. 农业与科技技术，2017，37（12）：243.

［310］罗阳，何芳，浣成，等. 体外产气法评价发酵桑叶对湖羊瘤胃发酵参数的影响［J］. 福建农业学报，2020，35（11）：1258-1264.

［311］吕庆芳，王润莲. 菠萝皮渣的营养成分分析及利用的研究［J］. 果树学报，2011，28（3）：443-447.

［312］吕仁龙，曾庆羚，李茂，等. 不同比例甘蔗渣在糖蜜添加下对发酵型全混合日粮品质和干物质消化率的影响［J］. 饲料工业，2022，43（5）：45-50.

［313］吕仁龙，胡海超，李茂，等. 不同比例稻壳对发酵型全混合日粮品质的影响［J］. 家畜生态学报，2019，40（11）：39-44.

［314］吕仁龙，胡海超，李茂，等. 木薯茎叶发酵型全混合日粮的品质与瘤胃降解［J］. 饲料研究，2019，42（03）：5-8.

［315］吕仁龙，胡海超，王春，等. 不同比例稻壳发酵型全混合日粮对黑山羊生长性能的影响［J］. 中国畜牧杂志，2020，47（5）：117-121.

［316］吕仁龙，胡海超，张兴波，等. 不同高度王草中叶绿素和叶绿醇含量在青贮前后的变动［J］. 动物营养学报，2019，31（9）：4208-4217.

［317］吕仁龙，李汉丰，何德林，等. 不同干稻草添加比例对海南黄牛和杂交牛生长性能和血清生化指标的影响［J］. 饲料研究，2020（1）：1-4.

［318］吕仁龙，张立冬，李茂，等. 不同比例菠萝皮与木薯茎叶混合青贮对发酵品质和瘤胃消化率的影响［J］. 饲料工业，2020，41（15）：55-59.

［319］吕仁龙，张立冬，王春，等. 不同稻壳比例发酵型全混合日粮对海南黑山羊生长性能的影响［J］. 中国畜牧杂志，2020，56（05）：117-121.

［320］吕仁龙，张雨书，张祎，等. 不同比例姬菇菌糠与王草混合在高水分条件下青贮效果及对体外消化的影响［J］. 饲料研究，2022，45（24）：12-16.

［321］马亨德兰纳散，张宏定. 木薯叶喂猪的效果［J］. 热带作物译丛，1976（01）：38-39.

［322］马吉锋，黄金涛，陈志徽，等. 甘蔗粕对育肥牛生长性能、肉品

质、血液生化指标及抗氧化性能的影响［J］. 饲料工业，2021，42（1）：38-43.

［323］马健，毛江，刘艳芳，等. 不同刈割高度对禾王草干草和青贮品质的影响［J］. 饲料研究，2016（05）：52-56.

［324］马清河，李茂，周汉林. 纤维素酶对王草青贮品质和碳水化合物含量的影响［J］. 黑龙江畜牧兽医，2011（02）：79-81.

［325］马陕红，昝林森，茹彩霞. 可降解蛋白及非蛋白氮对模拟瘤胃体外发酵、营养物质降解率的影响［J］. 中国畜牧杂志，2006，42（13）：36-39.

［326］马威，任丽萍，王黎文，等. 淀粉糊化尿素对生长育肥牛生长性能和血浆生化指标的影响［J］. 动物营养学报，2011，23（10）：1710-1715.

［327］玛里兰·毕克塔依尔，古丽米拉·拜看，哈丽代·热合木江，等. 不同添加剂对玉米秸秆为主的 TMR 青贮发酵品质及饲用价值的影响［J］. 安徽农业科学，2016，44（3）：67-69，73.

［328］玛里兰·毕克塔依尔，刘克正，艾比布拉·伊马木. 玉米秸秆为主 TMR 发酵饲料的发酵品质和粒度评价［J］. 山东农业科学，2017，49（2）：151-155.

［329］毛一帆，盛利民. 单季稻秸秆包膜青贮饲料试验［J］. 现代农业科技，2021（02）：197-198.

［330］孟梅娟，涂远璐，白云峰，等. 小麦秸与非常规饲料组合效应的研究［J］. 动物营养学报，2016，28（09）：3005-3014.

［331］穆麟，李顺，曾宁波，等. 添加糖蜜、乳酸菌制剂对籽粒苋与稻秸混合青贮品质的影响［J］. 草地学报，2019，27（02）：482-487.

［332］穆胜龙，杨冉冉，周波，等. 植物乳杆菌和布氏乳杆菌对甘蔗尾青贮品质的影响［J］. 中国畜牧兽医，2018，45（5）：1226-1233.

［333］潘伟彬. 生态茶园复合栽培的农学与生态学研究［J］. 江西农业学报，2009，21（02）：65-67+70.

［334］潘艺伟，宦海琳，许能祥，等. 不同糖蜜及添加量对稻草饲料发酵品质的影响［J］. 江苏农业科学，2020，48（1）：155-159.
［335］庞思成. 菌糠代替麸皮喂养尼罗罗非鱼试验［J］. 饲料研究，1993（12）：12-14.
［336］彭丽娟，李孟伟，杨承剑，等. 不同乳酸菌和酵母菌添加量及发酵天数对甘蔗尾青贮发酵品质及营养价值的影响［J］. 畜牧与兽医，2022，54（03）：21-27.
［337］秦建伟，初汉平，史海诚，等. 牡丹籽饼对济宁青山羊生长性能、营养物质表观消化率及血清抗氧化性能的影响［J］. 饲料研究，2021，44（01）：6-9.
［338］邱小燕，原现军，郭刚，等. 添加糖蜜和乙酸对西藏发酵全混合日粮青贮发酵品质及有氧稳定性影响［J］. 草业学报，2014，23（06）：111-118.
［339］邱玉朗，罗斌，于维，等. 发酵全混合日粮对肉羊生长性能与血液生化指标的影响［J］. 饲料研究，2013（12）：46-48.
［340］全林发，李勃，刘学，等. 菠萝皮添加对稻草青贮品质的影响［J］. 饲料研究，2014（13）：85-88.
［341］冉娟，王济民. 基于饲料需求的我国饲料谷物需求预测分析［J］. 中国农业大学学报，2017，22（05）：190-198.
［342］任海伟，王莉，朱朝华，等. 白酒糟与菊芋渣混合青贮发酵品质及微生物菌群多样性［J］. 农业工程学报，2020，36（15）：235-244.
［343］任志花，贾玉山，卢强，等. 添加剂对紫花苜蓿营养成分与发酵品质的影响［J］. 草学，2020（2）：26-30.
［344］荣辉，余成群，下条雅敬，等. 添加绿汁发酵液、乳酸菌制剂和葡萄糖对象草青贮发酵品质的影响［J］. 草业学报，2013，22（3）：108-115.
［345］申成利，陈明霞，李国栋，等. 添加乳酸菌和菠萝皮对柱花草青贮品质的影响［J］. 草业学报，2012，21（4），192-197.

[346] 师周戈，李岩，焦光月，等. 我国肉牛品种比较及影响品种选择的因素分析 [J]. 家畜生态学报，2015，36（6）：82-87.

[347] 施力光，刘诚，胡显伟，等. 海南黄牛与其他杂交牛肉氨基酸和脂肪酸含量比较研究 [J]. 中国草食动物科学，2018（2）：22-24.

[348] 施力光，赵春萍，曹婷，等. 不同日粮精粗比对海南黑山羊抗氧化性能的影响 [J]. 中国草食动物科学，2015，35（01）：29-31.

[349] 史陈博，安世钰，赵洁，等. 日粮中添加杏鲍菇菌糠对湖羊生长性能、瘤胃发酵和瘤胃发育的影响[J]. 南京农业大学学报，2020，43(06)：1063-1071.

[350] 司丽炜，韩红燕. 牛羊瘤胃微生物多样性及其影响因素 [J]. 中国饲料，2020（21）：8-14.

[351] 宋汉英，朱昌显，吴克甸，等. 香菇菌糠喂猪试验简报 [J]. 食用菌，1985，4: 32-33.

[352] 孙贵宾，常娟，尹清强，等. 纤维素酶和复合益生菌对全株玉米青贮品质的影响 [J]. 动物营养学报，2018，30（11）：4738-4745.

[353] 孙秋娟，呙于明，张天国，等. 羟基蛋氨酸螯合铜/锰/锌对产蛋鸡蛋壳品质、酶活及微量元素沉积的影响[J]. 中国农业大学学报，2011，16（4）：127-133.

[354] 孙鑫东，田莎，赵月香，等. 等比回归法测定全粒木薯生长猪消化能和代谢能 [J]. 动物营养学报，2019，31（04）：1781-1788.

[355] 孙郁婷，吕仁龙，王燕茹，等. 不同采集地猪屎豆营养差异及对黑山羊瘤胃消化的影响 [J]. 中国饲料，2022（24）：101-107.

[356] 谭文彪，覃培龙. 象草常规营养成分及总能含量分析 [J]. 西南林学院学报，2008（03）：45-47.

[357] 谭文兴，吴兆鹏，韦家周，等. 甘蔗揉搓或膨化处理作肉牛粗饲料的可行性研究 [J]. 广西糖业，2017，38（11）：46-50.

[358] 谭支良，周传社，Shah M A，等. 体外法研究日粮不同来源氮和碳水

化合物比例对干物质体外降解率的影响［J］. 动物营养学报，2004，16（4）：18-24.

［359］唐波，王群，奚雨萌，等. 蛋氨酸羟基异丙酯对犊牛生长、血清生化指标和激素水平的影响［J］. 江苏农业学报，2014，30（3）：567-573.

［360］陶剑，孟立，卫恒习，等. 不同中草药复方对断奶仔猪生长性能、免疫、抗应激及抗氧化能力的影响［J］. 黑龙江畜牧兽医，2020（6）：112-117.

［361］陶莲，刁其玉. 青贮发酵对玉米秸秆品质及菌群构成的影响［J］. 动物营养学报，2016，28（1）：198-207.

［362］田静，朱琳，董朝霞，等. 处理方法对木薯块根氢氰酸含量和营养成分的影响［J］. 草地学报，2017，25（4）：875-879.

［363］佟桂娟. 牧草青贮的意义和作用［J］. 中国畜牧兽医文摘，2014，30（6）：194.

［364］屯妮萨·麦提赛伊迪，阿里娅古丽·依布热依木，等. 碱性次氯酸钠-苯酚分光光度法测定甲醇处理的瘤胃液中氨态氮浓度［J］. 新疆农业科学，2012，49（3）：565-570.

［365］万素梅，胡守林，张波，等. 不同紫花苜蓿品种产草量及营养成分研究［J］. 西北农业学报，2004（1）：14-17.

［366］王邓勇，孟蕾，罗新义. 裹包 TMR 的发酵及品质［J］. 饲料博览，2017（17）：67-68.

［367］王定发，陈松笔，周汉林，等. 5 种木薯茎叶营养成分比较［J］. 养殖与饲料，2016（6）：48-50.

［368］王定发，李梦楚，周璐丽，等. 不同青贮处理方式对甘蔗尾叶饲用品质的影响［J］. 家畜生态学报，2015，36（9）：51-56.

［369］王东劲，侯冠彧，于向春. 舍饲情况下热带优良牧草品种的适口性分析［J］. 中国草食动物，2005（5）：34-35.

［370］王东劲，周汉林，李琼，等. 木薯叶粉养鸡试验［J］. 中国草食动物，

2000（1）：32-33.

［371］王刚，李明，王金丽，等. 热带农业废弃物资源利用现状与分析——木薯废弃物综合利用［J］. 广东农业科学，2011，38（1）：12-14.

［372］王国仓，李增辉，范秀兰. 微生物在青贮饲料中的作用［J］. 内蒙古畜牧科学，2003（3）：55-56.

［373］王海荣，侯先志，王贞贞，等. 不同纤维水平日粮对绵羊瘤胃内环境的影响［J］. 内蒙古农业大学学报（自然科学版），2008，29（3）：9-14.

［374］王辉，王灿，杨建峰，等. 海南主要热带经济林复合栽培发展现状与构建［J］. 中国热带农业，2016，（6）：8-14.

［375］王继文，王立志，闫天海，等. 山羊瘤胃与粪便微生物多样性［J］. 动物营养学报，2015，27（8）：2559-2571.

［376］王加启. 反刍动物饲料的发展方向——青贮与全混合日粮裹包技术［J］. 饲料与畜牧，2009（8）：1.

［377］王坚，李雪枫，周汉林，等. 王草菠萝皮混合青贮发酵品质研究［J］. 热带农业工程，2014，38（20）：1-6.

［378］王坚，李雪枫，周汉林，等. 柱花草菠萝皮混合青贮发酵品质研究［J］. 热带农业工程，2014，38（3）：7-10.

［379］王立志，李红宇. 不同精粗比对反刍动物采食行为及饲料利用的影响［J］. 青海畜牧兽医杂志，2006（2）：41-42.

［380］王隆，李璟怡，欧阳可寒，等. 不同青贮添加剂对去油芳樟枝叶青贮饲料营养成分、青贮发酵品质和瘤胃体外发酵特性的影响［J］. 动物营养学报，2022，34（3）：1789-1799.

［381］王琦，瞿明仁，宗益波，等. 干稻草对黄牛瘤胃液生理指标的影响［J］. 内蒙古农业大学学报，2014（5）：12-16.

［382］王启芝，杨家会，何仁春，等. 木薯杆微贮与自然发酵青贮品质比较分析［J］. 黑龙江畜牧兽医，2020（2）：104-107.

［383］王桃，王建军，李旺平，等. 影响肉牛育肥效果的因素及其提升措施［J］. 中国牛业科学，2019，45（2）：62-64.

［384］王文飞，段娜，姜灵伟，等. 发酵全混合日粮对肉羊消化吸收功能和生长性能的影响研究［J］. 中国农业大学学报，2020，25（12）：40-48.

［385］王文强，周汉林，唐军. 狼尾草属牧草研究及利用进展［J］. 热带农业科学，2018，38（6）：49-55+78.

［386］王晓敏，刘培剑. 菠萝渣在动物生产中的应用研究进展［J］. 广东饲料，2016（1）：41-42.

［387］王雪，寇蛟龙，张珣，等. 玉米芯发酵全混合饲料的制作及营养成分分析［J］. 中国畜牧杂志，2019，55（6）：96-99.

［388］王亚芳，姜富贵，成海建，等. 不同青贮添加剂对全株玉米青贮营养价值、发酵品质和瘤胃降解率的影响［J］. 动物营养学报，2020，32（6）：2765-2774.

［389］王艳萍，马博，吕转平. 菠萝渣对山羊生长性能、瘤胃发酵及血液生化指标的影响［J］. 中国饲料，2021（22）：110-113.

［390］王艳荣，王鸿升，张海棠，等. 木薯渣在动物生产中的应用研究进展［J］. 粮食与饲料工业，2012，（12）：42-43+47.

［391］王一平. 菌渣发酵饲料对蛋鸡生产性能、蛋品质及血液生化指标的影响［J］. 浙江农业科学，2020，61（6）：1200-1202+1207.

［392］王媛，周璐丽，王定发，等. 假蒟提取物对海南黑山羊生长性能和日粮养分表观消化率的影响［J］. 热带农业科学，2018（11）：89-92+96.

［393］韦树昌，农秋阳，黄耘，等. 甘蔗制糖副产物制备反刍动物颗粒饲料的研究［J］. 轻工科技，2019，35（5）：16-17.

［394］魏晓斌，殷国梅，薛艳林，等. 添加乳酸菌和纤维素酶对紫花苜蓿青贮品质的影响［J］. 中国草地学报，2019，41（6）：86-90.

［395］吴灵丽，施力光，刘强，等. 发酵木薯渣替代不同比例王草对海南黑山羊生长性能、屠宰性能及肉品质的影响［J］. 中国畜牧杂志，2020，

56（6）：102-105+110.

［396］吴谦，马立安. 以甘蔗渣为唯一碳源生产单细胞蛋白的研究［J］. 湖北农学院农学报，2002，22（2）：150-152.

［397］吴琼，王思珍，张适，等. 基于16S rRNA高通量测序技术分析草原红牛瘤胃微生物多样性和功能预测的研究［J］. 畜牧与兽医，2020（1）：62-67.

［398］吴硕，邹璇，王明亚，等. 陈皮柑汁对柱花草和水稻秸秆青贮品质的影响［J］. 草地学报，2021，29（7）：1565-1570.

［399］吴天佑，赵睿，罗阳，等. 不同粗饲料来源饲粮对湖羊生长性能、瘤胃发酵及血清生化指标的影响［J］. 动物营养学报，2016（6）：1907-1915.

［400］吴兆鹏，谭文兴，蚁细苗，等. 甘蔗渣的饲用价值及其作为饲料应用的研究进展［J］. 中国牛业科学，2016，42（5）：41-45.

［401］夏中生，覃崇谦，王振权. 木薯叶粉替代麦麸饲喂肉鸭试验［J］. 广西农业科学，1992（2）：86-87.

［402］谢金玉，陈兴乾，唐积超，等. 不同品种的柱花草在广西的生产表现［J］. 广西畜牧兽医，2018，34（2）：62-64.

［403］辛杭书，刘凯玉，张永根，等. 不同处理水稻秸秆对体外瘤胃发酵模式、甲烷产量和微生物区系的影响［J］. 动物营养学报，2015，27（5）：1632-1640.

［404］熊忙利，张兆顺. 有效微生物群（EM）发酵稻壳饲料试验分析［J］. 陕西农业科学，2014，60（6）：15-16.

［405］徐缓，林立铭，王琴飞，等. 木薯嫩茎叶饲料化利用品质分析与评价［J］. 饲料工业，2016，37（23）：18-22.

［406］徐作明，夏科，郗伟斌. 反刍动物非蛋白氮研究进展［J］. 养殖与饲料，2009（3）：59-61.

［407］许冰，彭兴民，封超年，等. 干热河谷地区印楝林农复合栽培模式经

济效益分析［J］. 广西林业科学，2017，46（2）：201-205.

［408］薛忠，黄涛，宋刚，等. 木薯茎秆纤维的微观结构和性能［J］. 江苏农业科学，2019，47（12）：265-269.

［409］闫益波，张玉换，宋献艺，等. 不同粗精比全混合日粮短期育肥黑山羊的效果试验［J］. 饲料研究，2016（4）：13-16.

［410］严琳玲，张瑜，白昌军. 20 份柱花草营养成分分析与评价［J］. 湖北农业科学，2016，55（1）：128-133.

［411］杨宝奎，刘信宝，沈益新，等. 不同青贮饲料对肉牛生长性能及血清生化指标的影响［J］. 畜牧与兽医，2016，48（11）：5-9.

［412］杨红梅，王瑜. 食用菌菌渣在动物饲料应用中的研究进展［J］. 中国草食动物科学，2018，5: 48-50，67.

［413］杨华，傅衍，陈安国. 猪血液生化指标与生产性能的关系［J］. 国外畜牧科技，2001（1）：34-37.

［414］杨晶晶，李冬芳，张政，等. 不同水平微生物发酵蛋白补充料对绵羊瘤胃发酵特性的影响［J］. 中国畜牧杂志，2020，56（9）：150-155+162.

［415］杨眉，迟晓君. 国菠萝皮渣综合利用的研究进展［J］. 中国果菜，2019，39（8）：48-51.

［416］杨晓亮，王宗礼，玉柱，等. 不同的粗饲料搭配对 TMR 饲料发酵品质的影响［J］. 草业科学，2009，27（2）：139-143.

［417］杨正楠，廖良坤. 菠萝皮渣发酵饲料特性及对营养的改善［J］. 热带农业科学，2018（10）：5-9.

［418］叶盛权，侯少波，张琴，等. 菠萝皮饲料添加剂的研制［J］. 食品研究与开发，2004，25（6）：45-47.

［419］叶玉秀，雷湘兰，程文科，等. 海南黑山羊研究进展与产业发展思路［J］. 热带农业科学，2016，36（10）：114-118.

［420］易显凤，赖志强，姚娜，等. 紫色象草在我国南方地区的种植表现［J］. 南方农业学报，2015，46（03）：523-527.

［421］余成群，荣辉，孙维，等. 干草调制与贮存技术的研究进展［J］. 草业科学，2010，27（08）：143-150.

［422］余汝华，赵丽华，莫放，等. 玉米秸秆青贮饲料中水溶性碳水化合物测定方法研究［J］. 饲料工业，2003，24（9）：38-39.

［423］袁崇善，张爱武. 菌糠的营养及其在家畜饲料中的应用［J］. 家畜生态学报，2019，40（1）：69-73.

［424］原现军，余成群，李志华，等. 西藏青稞秸秆与多年生黑麦草混合青贮发酵品质的研究［J］. 草业学报，2012，21（4）：325-330.

［425］张崇玉，王保哲，张桂国，等. 饲料中的粗纤维、NDF、ADF和ADL含量的快速测定方法［J］. 山东畜牧兽医，2015，36（09）：20-22.

［426］张桂香，王元，矫强，等. 盐法提取菠萝蛋白酶的研究［J］. 食品工业科技，2004，25（6）：103-104.

［427］张华，童津津，孙铭维，等. 植物提取物对反刍动物瘤胃发酵、生产性能及甲烷产量的调控作用及其机制［J］. 动物营养学报，2018，30（6）：2027-2035.

［428］张会会，李孟伟，唐振华，等. 半胱胺对夏季水牛泌乳性能、抗氧化性能和瘤胃微生物多样性的影响［J］. 中国畜牧兽医，2021，48（3）：901-915.

［429］张吉鹍，李龙瑞，吴文旋，等. 稻草补饲苜蓿对山羊瘤胃发酵的组合效应［J］. 草业科学，2014，31（2）：313-320.

［430］张吉鹍，吴文旋，李龙瑞，等. 稻草补饲苜蓿对山羊瘤胃发酵的组合效应［J］. 草业科学，2014（2）：313-320.

［431］张娇娇，李珊珊，白彦福，等. 饲用缓释尿素对模拟瘤胃体外发酵的影响［J］. 家畜生态学报，2018，39（6）：34-39.

［432］张立苹，吴常宝，牟玉莲，等. 21日龄CD163基因编辑猪血液生理生化及免疫指标的测定和分析［J］. 江西农业学报，2019，31（12）：77-81.

[433] 张乃锋，刁其玉，李辉. 植物蛋白对6—11日龄犊牛腹泻与血液指标的影响［J］. 中国农业科学，2010，43（19）：4094-4100.

[434] 张盼盼，薛树媛，金海，等. 不同物候期牧草对放牧绵羊瘤胃发酵指标的影响［J］. 中国畜牧兽医，2018，45（3）：698-704.

[435] 张沛，杨国辉，魏丽娟，等. 稻壳粉固态发酵生产蛋白饲料的工艺［J］. 中国饲料，2015（8）：25-27.

[436] 张芹，李广利，于迎辉，等. 我国木薯深加工现状及发展分析［J］. 粮食与饲料工业，2017，12（1）：31-34.

[437] 张生伟，王小平，张展海，等. 青贮杂交构树对杜湖杂交肉羊生长性能、血清生化指标和肉品质的影响［J］. 草业学报，2021，30（3）：89-99.

[438] 张兴隆，李胜利，李新胜，等. 全混合日粮（TMR）技术探索及应用［J］. 乳业科学与技术，2002，25（4）：25-26，34.

[439] 张雪蕾，张庆丽，陈青，等. 纤维素酶对饲用苎麻青贮品质及饲用价值的影响［J］. 饲料研究，2018（6）：33-37.

[440] 张亚格，胡海超，施力光，等. 不同配比粗饲料对海南黑山羊生长、养分消化及血液生化指标的影响［J］. 中国畜牧兽医，2018，45（11）：3086-3094.

[441] 张亚格，字学娟，李茂，等. 有机酸对柱花草青贮品质和营养成分的影响［J］. 动物营养学报，2016，28（5）：1609-1614.

[442] 张英，周汉林，刘国道，等. 不同含水量对不同生长时期的王草青贮品质的影响［J］. 家畜生态学报，2013，34（7）：39-43.

[443] 张英，周汉林，刘国道，等. 绿汁发酵液与纤维素酶对王草青贮品质的影响［J］. 草业科学，2013，30（10）：1640-1647.

[444] 张颖，刘艳春. 不同粗饲料对科尔沁肉牛瘤胃降解率及营养物质消化率的影响［J］. 饲料研究，2019（5）：15-19.

[445] 张雨书，程诚，李茂，等. 木薯茎叶与不同比例王草和菠萝皮混合青

贮对海南黑山羊育肥效果的影响［J］. 畜牧与兽医，2022，54（7）：15-21.

［446］张雨书，吕仁龙，李茂，等. 发酵型全混合日粮技术及其在热带地区的应用进展［J］. 饲料研究，2021，44（15）：131-135.

［447］张雨书，张洁，李茂，等. 糖蜜对不同比例干稻草和王草混合青贮品质的影响［J］. 中国饲料，2022（1）：121-126.

［448］张志国，王丹，高阳，等. 添加复合益生菌对全混合日粮发酵品质的影响［J］. 中国畜牧兽医，2017，44（12）：3536-3542.

［449］赵二龙，冯春燕，王剑飞，等. 不同水平缓释尿素对肉牛生产性能、养分消化率和血液生化指标的影响［J］. 中国畜牧杂志，2019，55（8）：96-100.

［450］赵二龙，冯春燕，王剑飞，等. 缓释尿素替代日粮中豆粕对肉牛生长性能、养分表观消化率和血清生化指标的影响［J］. 黑龙江畜牧兽医，2019（08）：109-113.

［451］赵金怀，赵思国. 动物尿素，氨中毒的症状与诊治［J］. 现在畜牧科技，2014（5）：163.

［452］赵明坤，尚以顺，赵熙贵，等. 贵州牧草种质资源研究与利用［J］. 中国草地学报，2006（3）：44-52.

［453］赵钦君，吴甜，刘大森. 发酵 TMR 及其在生产中的应用［J］. 中国饲料，2016（14）：34-36+40.

［454］赵士萍，周敏，蒋林树. 青贮饲料添加剂的研究进展［J］. 中国农学通报，2016，32（20）：6-10.

［455］赵政，李旭. 乳酸菌和纤维素酶对早籼稻秸秆青贮饲料品质的试验［J］. 饲料工业，2010，31（17）：22-25.

［456］甄玉国，陈雪，朴光赫，等. 米曲霉培养物与酵母培养物组合对绵羊瘤胃菌群多样性的影响［J］. 中国畜牧杂志，2018，54（6）：96-100.

［457］郑宇慧，张新雨，李胜利. 木薯渣与甜菜颗粒粕组合效应对奶牛瘤胃

发酵特性的影响［J］. 中国畜牧杂志，2021，57（2）：130-136.

［458］郑子乔，罗星，祝经伦. 添加剂对青贮水稻秸秆发酵品质的改善作用［J］. 中国饲料，2019（10）：17-21.

［459］钟社棣. 木薯叶饲养蓖麻蚕的总结报告［J］. 广东蚕丝通讯，1960（3）：7-9.

［460］周璐丽，王定发，张振文，等. 华南7号木薯茎叶营养价值评价［J］. 热带作物学报，2016，37（12）：2245-2249.

［461］周璐丽，王定发，周雄，等. 日粮中添加青贮香蕉茎秆饲喂海南黑山羊的试验研究［J］. 家畜生态学报，2015，36（7）：28-32.

［462］周璐丽，周汉林，王定发，等. 日粮添加发酵木薯副产物饲喂海南黑山羊的试验效果［J］. 家畜生态学报，2018，39（3）：65-68.

［463］朱琳，董朝霞，张建国. 添加菠萝皮对构树叶青贮发酵品质及蛋白组分的影响［J］. 广东农业科学，2014（5）：74-78.

［464］朱妮，陈奕业，吴汉葵，等. 不同类型添加剂对甘蔗梢青贮品质的影响［J］. 黑龙江畜牧兽医，2019（23）：99-102.

［465］邹彩霞，杨炳壮，罗荣太，等. 应用体外产气法评定广西区内3种臂形草和2种坚尼草的营养价值［J］. 饲料工业，2011，32（19）：45-48.

［466］邹知明，邓玲姣，蒋建生，等. 猪屎豆生产性能测定及其饲喂家兔的效果研究［J］. 中国养兔杂志，2008（3）：10-12.

［467］Astuti W D, Widyastuti Y, Fidriyanto R, et al. In vitro gas production and digestibility of oil palm frond silage mixed with different levels of elephant grass［C］. IOP Conference Series: Earth and Environmental Science. IOP Publishing, 2020, 439(1): 012022.

［468］Azmi M A, Yusof M T, Zunita Z, et al. Enhancing the utilization of oil palm fronds as livestock feed using biological pre-treatment method［C］. IOP Conference Series: Earth and Environmental Science. IOP Publishing, 2019, 230(1): 012077.

［469］Cai Y M. Development of lactic acid bacteria inoculant for whole crop rice silage in Japan［C］. International Symposium on Production and Utilization of Whole Crop Rice for Feed, Busan, Korea.200 6: 85-89.

［470］Jamarun N, Pazla R, Zain M, et al. Milk quality of Etawa crossbred dairy goat fed combination of fermented oil palm fronds, Tithonia(Tithonia diversifolia)and Elephant Grass(Pennisetum Purpureum)［J］. Journal of Physics: Conference Series. IOP Publishing, 2020, 1469(1): 012004.

［471］Kim J G, Chung E S, Ham J S, et al. Development of lactic acid bacteria inoculant for whole crop rice silage in Korea［C］. International Symposium on Production and Utilization of Whole Crop Rice for Feed, Busan, Korea, 2006: 82.

［472］Phuc B H N. Review of the nutritive value and effects of inclusion of forages in diets for pigs［C］. Workshop-seminar "Forages for Pigs and Rabbits" MEKARN-CelAgrid, Phnom Penh, Cambodia, 2006: 22-24.

［473］Rusli N D, Mat K, Hasnita C H, et al. Fatty acid profile of meat goats fed pre-treated oil palm frond［C］. IOP Conference Series: Earth and Environmental Science. IOP Publishing, 2021, 756(1): 012018.

［474］Tafsin M, Khairani Y, Hanafi N D. In vitro digestibility of oil palm frond treated by local microorganism(MOL)［C］. IOP Conference Series: Earth and Environmental Science. IOP Publishing, 2018.

［475］陈谷，邰建辉. 美国商业应用中的紫花苜蓿质量及质量标准［C］. 第三届中国苜蓿发展大会论文集，2010：667-672.

［476］徐春城，玉柱，张建国. 咖啡渣发酵 TMR 饲料的发酵品质及营养价值［C］. 中国草学会饲料生产委员会饲草生产学术研讨会，2009.

［477］臧艳运，王雁，陈鹏飞，等. 青贮饲料品质评定标准［C］. 中国草学会青年工作委员会学术研讨会论文集（上册），2010.

［478］张吉鹍，卢德勋，胡明，等. 粗饲料分级指数参数的模型化及粗饲料

科学搭配的组合效应研究［C］. 中国畜牧兽医学会动物营养学分会：学术研讨会，2004.

［479］Commonly Used In Ruminant Diets［D］. Kelantan: Universiti Malaysia Kelantan, 2020.

［480］Jagatheswaran A. Determination Of Oxalic Acid And Silica Contents In The Feed Ingredients Muhd Z. Evaluation on serum mineral profile in boer goats feed with physical pretreatment of oil palm frond［D］. Universiti Malaysia Kelantan, 2018.

［481］蔡子睿. 酱油糟和菌渣在发酵全混合日粮中的应用研究［D］. 南京：南京农业大学，2016.

［482］曾俊棋. 笋壳饲料的资源化利用及其氰甙脱毒方法的研究［D］. 杭州：浙江农林大学，2015.

［483］高健. 瘤胃上皮挥发性脂肪酸吸收与生物钟因子表达关系的研究［D］. 扬州大学，2017.

［484］李胜开. 南方农副产品混合青贮饲料的营养价值评定及对肉牛生长性能和血液生化指标的影响［D］. 南宁：广西大学，2017.

［485］李万仓. 构树叶活性成分分析及抑菌作用研究［D］. 武汉：华中科技大学，2008.

［486］李伟玲. 桑叶对肉羊生产性能、血液生化指标、免疫抗氧化功能和肉品质的影响［D］. 呼和浩特：内蒙古农业大学，2012.

［487］刘芳. 奶牛 TMR 配方设计及发酵 TMR 的营养特性研究［D］. 广州：华南农业大学，2008.

［488］米见对. 单宁含量对高寒植物体外发酵参数和产气量的影响［D］. 兰州：兰州大学，2011.

［489］潘军. 菌糠营养价值评定及其在肉牛日粮中的应用［D］. 郑州：河南农业大学，2010.

［490］税静. 稻草袋式青贮技术及四川不同品种稻草青贮特性研究［D］.

雅安：四川农业大学，2009.

［491］屯妮萨·麦提赛伊迪. 不同精粗比日粮、粗料型日粮添喂烟酰胺对绵羊瘤胃微生物代谢的影响［D］. 乌鲁木齐：新疆农业大学，2012.

［492］汪水平. 不同日粮对奶牛瘤胃发酵、纤维消化、行为学及生产性能的影响［D］. 西北农林科技大学，2004.

［493］王慧丽. TMR 在发酵过程中及有氧状态下酵母菌群落演替规律研究［D］. 北京：中国农业大学，2015.

［494］王贞贞. 不同氮源日粮对绵羊瘤胃纤维降解菌群及纤维降解的影响［D］. 呼和浩特：内蒙古农业大学，2007.

［495］王志军. 饲草组合优化及其发酵品质评价［D］. 呼和浩特：内蒙古农业大学，2016.

［496］尉志霞. 不同生育期和日间刈割时间对紫花苜蓿青贮特性和发酵品质的影响［D］. 晋中：山西农业大学，2019.

［497］吴秋妃. 木薯叶提取液制备及其抗氧化作用研究［D］. 海口：海南大学，2019.

［498］谢骁. 低质粗饲料日粮干预对湖羊瘤胃发酵和微生物菌群的影响［D］. 杭州：浙江大学，2018.

［499］徐雅飞. 利用甘蔗渣、甘蔗糖蜜生产发酵饲料的研究［D］. 南宁：广西大学，2007.

［500］许浩. 水牛瘤胃对不同木质素单体组成粗饲料中纤维降解的研究［D］. 武汉：华中农业大学，2017.

［501］张献月. 乳酸菌和芽孢杆菌复合微生态制剂在肉仔鸡生产中的应用效果研究［D］. 南昌：江西农业大学，2013.

［502］张新蕊. 海南常见猪屎豆属植物野百合碱含量及脂溶性成分的研究［D］. 海口：海南大学，2011.

［503］周瑞. 饲粮中燕麦干草含量对绵羊营养物质消化代谢及瘤胃微生物区系的影响［D］. 兰州：甘肃农业大学，2016.

附录一：缩略语表

缩写	英文名称	中文名称
FTMR	Fermented total mixed rations	发酵型全混合日粮
d	Day	天数
h	Hour	小时
DM	Dry matter	干物质
CP	Crude protein	粗蛋白
EE	Ether extracts	粗脂肪
NDF	Neutral detergent fiber	中性洗涤纤维
ADF	Acid detergent fiber	酸性洗涤纤维
NFC	Non-fibrous Carbohydrate	非纤维性碳水化合物
Ash	Crude ash	粗灰分
LA	Lactic acid	乳酸
AA	Acetic acid	乙酸
PA	Propionic acid	丙酸
BA	Butyric acid	丁酸

附录二：相关原料产品获取及基地附图

附图 1　木薯种植基地

附图 2　木薯采摘

附图 3　王草种植及收割

附图 4　王草粉碎

附图 5　王草及木薯茎叶粉碎后晾晒

附图 6　燕麦草

附图 7　干稻草

附图 8　玉米麸皮豆粕

附图 9　原料全植株玉米秆

附图 10　发酵型全混合日粮生产线

附图 11　发酵型全混合日粮压缩打包机

附图 12　发酵型全混合日粮成品图（海南天禾详论科技有限公司）

附图 13　发酵型全混合日粮装车

附图 14　发酵型全混合日粮产品养殖应用

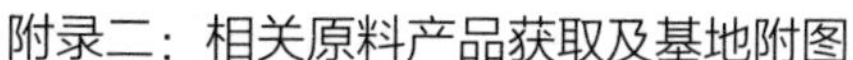

附图 15　海南屯昌湖羊养殖基地初试

附图 16　海南儋州黑山羊保种基地初试